杨晓峰 主 编

蔡卫娜 周 飞 副主编

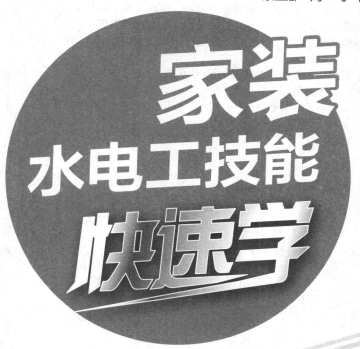

化学工业出版社

·北京·

本书全面介绍了家装水电工现场各项操作技能和注意要点。主要内容包括工具仪表的正确使用、家装电工基础、家装水暖工操作基本技能、卫生洁具的安装操作、家庭配电线路设计和安装、常用照明设备的安装以及其他家电设备的安装等内容。帮助读者快速了解家装水电工基本知识，并轻松掌握现场各项操作技能。

本书适合水电工初学者及其他水电工从业人员、低压电工、高压电工、维修电工、建筑电工及弱电电工等人员阅读。同时，也可作为大专、中专、中职院校及各种短期培训班和再就业工程培训的教材或教学参考书。

图书在版编目（CIP）数据

家装水电工技能快速学/杨晓峰主编. —北京：化学工业出版社，2017.3
ISBN 978-7-122-28923-0

Ⅰ.①家… Ⅱ.①杨… Ⅲ.①住宅-室内装修-给排水系统-建筑施工②住宅-室内装修-电气设备-建筑施工Ⅳ.①TU767②TU821③TU85

中国版本图书馆 CIP 数据核字（2017）第 013905 号

责任编辑：刘丽宏　　　　　　　　　文字编辑：孙凤英
责任校对：宋　玮　　　　　　　　　装帧设计：刘丽华

出版发行：化学工业出版社（北京市东城区青年湖南街 13 号　邮政编码 100011）
印　　装：北京云浩印刷有限责任公司
850mm×1168mm　1/32　印张 11¾　字数 333 千字
2017 年 4 月北京第 1 版第 1 次印刷

购书咨询：010-64518888（传真：010-64519686）　售后服务：010-64518899
网　　址：http://www.cip.com.cn
凡购买本书，如有缺损质量问题，本社销售中心负责调换。

定　　价：39.80 元　　　　　　　　　　　　　　　版权所有　违者必究

前 言

　　众所周知，随着人民生活水平的不断提高，人们的居住环境要求也越来越高，正因为如此，人们对室内外装修也提出了新的要求。装饰装修电工和装修水工是装饰装修行业不可缺少的工种，其工作内容涉及前期的总体设计、中期的具体施工以及后期的灯具、弱电系统安装及相关电器选择安装、供水系统以及供暖系统施工安装等。由于对装修的要求高，也促使装修行业人员要具备较高水平的电工和水工知识。装饰装修电工和水工在整个装饰装修过程中起着非常重要的作用。为了使广大装饰装修人员及电工水工爱好者及初学者快速掌握此项技术，我们特编写了此书。

　　本书全面介绍了家装水电工现场各项操作技能和注意要点。全书共分9章，前半部分详细讲解了电工基础知识、装饰装修电工常用工具仪表、配电屏、配电装置及漏电保护器、线路敷设、室外架空线路的安装、室内电气装置的安装、弱电系统的安装及家装电工的安全技术等内容；后半部分详细介绍了水工基础知识、水工操作技能、给水排水系统与地暖安装知识。在每部分中都设有实际操作技能，同时书中还提供了部分原材料应用数据，因此本书是一本不可多得的实用技术书籍。本书适合水电工初学者及其他水电工从业人员、低压电工、高压电工、维修电工、建筑电工及弱电电工等人员阅读。同时，也可作为大专、中专、中职院校及各种短期培训班及再就业工程培训的教材或教学参考书。

本书由杨晓峰主编，蔡卫娜、周飞副主编，参加本书编写的还有王俊杰、杨柳、杨雪、王建海、蔺福新、李响、李德春、石东、李江涛、王伯涛、肖爱兵、杨金峰、王亚超、张海军、温秋杰、赵金亮、张伯虎等。

由于水平有限，书中不足之处在所难免，恳请读者批评指正。

编者

2016 年 12 月

目 录

第1章 电工基础 （001）

第8章　水工基础知识　(298)

第9章　水工操作技能　　(331)

第1章
电工基础

1.1 电路

（1）**简单电路** 最简单的电路是由电源 E（发电机、电池等）、负载 R（用电设备如电灯、电动机等）、连接导线（金属导线）和电气辅助设备（开关 K、仪表等）组成的闭合回路，如图 1-1 所示。

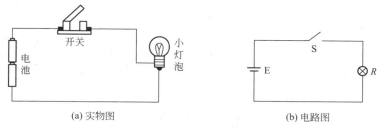

(a) 实物图　　　　　　　　　　(b) 电路图

图 1-1　电路

（2）**串联电路** 把若干个电阻或电池一个接一个成串地连接起来，使电流只有一个通路，也就是把电气设备首尾相连叫串联，如图 1-2(a) 所示。

串联电路的特点是：①串联电路中的电流处处相同；②串联电路中总电压等于各段电压之和；③几个电阻串联时，总电阻等于各个电阻值之和。可用以下公式表示：

$$U=U_1+U_2+U_3+\cdots$$
$$R=R_1+R_2+R_3+\cdots$$

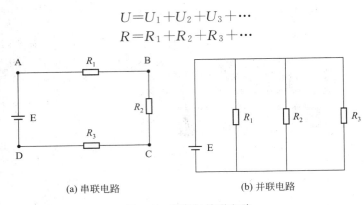

(a) 串联电路   (b) 并联电路

图 1-2   串联与并联电路

(3) 并联电路 把若干个电阻或电池相互并排地连接起来，也可以说将电气设备的头和头、尾和尾各自相互连在一起，使电流同时有几个通路叫并联，如图 1-2(b) 所示。

并联电路的特点是：①并联电路中各分路两端的电压相等；②并联电路的总电流等于各分路电流之和；③几个电阻并联时，总电阻的倒数等于各电阻的倒数之和。

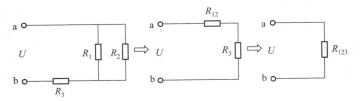

图 1-3   混联电路

(4) 混联电路 在电路中，既有串联又有并联的连接，统称为混联或叫复联，如图 1-3 所示。如果要计算总电阻，先计算电路中单纯的串联或并联，然后计算总电阻。如图 1-3 所示，先要将 R_1 和 R_2 两个并联合并为一个电阻（按并联计算），然后再和 R_3 串联合并，得到下一个总电阻。可用以下公式表示：

$$\frac{1}{R_{12}}=\frac{1}{R_1}+\frac{1}{R_2}, R=R_{12}+R_3$$

(5) **电路工作状态** 电气设备在正常工作时，电路中电流由电源的一端经过电气设备流回到电源的另一端，形成回路。

电路有三种状态，如图1-4所示。

① 通路。通路是指正常工作状态下的闭合电路。此时，开关闭合，电路中有电流通过，灯泡发光。

② 开路。又叫断路，是指电源与负载之间未接成闭合电路，即电路中有一处或多处是断开的。此时，电路中没有电流通过，灯泡不发光。开关处于断开状态时，电路断路是正常状态；但当开关处于闭合状态时，电路仍然开路，就属于故障状态，需要检修了。

③ 短路。短路是指电源不经过负载直接被导线相连的状态。此时，电源提供的电流比正常通路时的电流大许多倍，严重时，会烧毁电源和短路内的电气设备。因此，电路中不允许无故短路，特别不允许电源短路。电路短路的保护装置是熔断器。

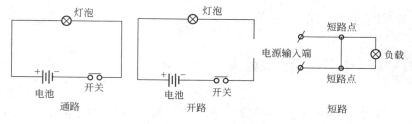

图1-4 电路三种工作状态

(6) **电功率** 电功率是单位时间内电流所做的功，例如手电筒发光，就是干电池的电流在做功。每秒钟电流所做的功，就叫电功率，用字母 P 来表示。实践证明，电功率等于电压乘以电流。电功率的单位是瓦特，简称"瓦"，用符号"W"表示。

$$电功率＝电压×电流，P＝UI$$

为了便于记忆，上述公式可用图1-5(a)表示。在计算时，用手盖住要求的数值，剩下的就是用来计算的公式。在实用中，有时用更大的千瓦单位，千瓦用符号"kW"表示。

$$1 千瓦（kW）＝1000 瓦（W）$$

电功率在实用中，过去常以马力（hp）为单位，瓦与马力的关系为：1 马力（hp）＝736 瓦（W）。

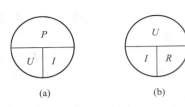

图 1-5　电功率和欧姆定律
公式图示

(7) **欧姆定律**　任何导体都有一定的电阻，在导体两端加上电压，导体中就有电流，那么电流与电压、电阻之间有什么规律呢？实践证明，电路中电压越高电流就越大，电路中电阻越大电流就越小。用公式和符号表示如下：

$$电流 = \frac{电压}{电阻}, I = \frac{U}{R}$$

为了便于记忆，把公式用图 1-5(b) 表示。用手遮住要求的数值，剩下的就是运算公式。例如要求电流时，用手遮住电流，公式就是电流 $= \frac{电压}{电阻}$ 或 $\frac{U}{R}$，电流、电压、电阻三者之间的这种规律，就叫做欧姆定律。

1.2 电工常用计算

(1) **电能的定义与计算**　电功率是指单位时间内电流所做的功，而电能是指一段时间内所做的功，所以，电能（也称电功）= 电功率×时间。实用中电能的单位是瓦·时，这个单位表示 1h 内电流所做的功的总能量，它的代表符号分别用 "W·h" 或 "kW·h" 表示。电度表所记下的 1 度电就是 1 千瓦·时（kW·h）。

(2) **负荷率**　负荷率是一段时间内的平均有功负荷与最高有功负荷之比的百分数，用以衡量平均负荷与最高负荷之间的差异程度。从经济运行方面考虑，负荷率愈接近 1，设备的利用程度愈高，用电愈经济。负荷率的计算式为

$$负荷率(\%) = \frac{平均有功负荷(kW)}{最高有功负荷(kW)} \times 100\%$$

日、月、年负荷率可按以下公式计算：

$$日负荷率(\%) = \frac{日有功负荷(kW/24h)}{8 - [24h 中某时最高负荷(kW)]} \times 100\%$$

$$月平均日负荷率(\%)=\frac{月内日负荷率之和}{日负荷率天数}\times100\%$$

$$年平均日负荷率(\%)=\frac{各月平均日负荷率之和}{12}\times100\%（近似计算）$$

要提高负荷率，主要是压低高峰负荷和提高平均负荷，因为负荷率就是二者的比值。

企业负荷率的高低与生产班制和用电性质有关。例如，实行三班制生产的企业，24h 内的负荷平稳，变化不大，所以负荷率就比较高，而实行一班或两班制生产的企业，负荷率就比较低。也就是说，连续性生产的企业，负荷率就较高，非连续性生产的企业，用电负荷高峰一般比较集中，冲击性负荷所占比重较大，负荷率就比较低。所以，要提高负荷率，就必须调整高峰负荷。一般采取以下措施来调整负荷：

① 降低全厂内部总的高峰负荷，即错开各车间的上、下班时间，午休时间和用餐时间。

② 调整大容量用电设备的工作时间，即避开高峰用电时间。例如，规定某些大型用电设备只能在深夜运行。

③ 调整各车间的生产班次和工作时间，实行在高峰用电时间让电。

④ 实行车间计划用电，严格控制高峰用电时间的电力负荷。

⑤ 采取技术措施（如安装定量器），合理分配高峰电力指标等。

调整电力负荷，实行计划用电，提高负荷率，是一项具有全局性的工作。用电单位提高负荷率，可以减少受电变压器容量，降低高峰负荷，减少基本电费开支，降低生产成本。用户提高了负荷率，避开了高峰用电时间，供电部门就可充分发挥输配电磁线路和变压器等供电设备的效能，减少供电网络中的电能损耗，从而可以减少国家投资。

(3) 计算日用电量、日平均负荷和瞬间负荷

① 日用电量的计算　一是未装变流倍率装置的电度表（直通表），电度表在 24h 内的累积数就是日用电量，即

本日正 24 点电度表的读数－上日 24 点的电度表读数＝日用

电量

二是装有变流倍率装置的电度表，电度表在 24h 内的累积数乘以变流倍率所得数就是日用电量。

只装有电流互感器（CT）的电度表：

日用电量：电度表（0～24 点）累计数×CT（倍率）

同时装有电流互感器（CT）、电压互感器（PT）的电度表：

日用电量＝电度表（0～24 点）累积数×CT（倍率）×PT（倍率）

② 日平均负荷的计算：

$$日平均负荷(kW) = \frac{日用电量(kW \cdot h)}{24h}$$

③ 瞬间负荷的计算　一是根据实测电流、电压计算：

$$有功功率(kW) = \frac{\sqrt{3} \times 电流(A) \times 电压(V) \times 功率因数}{1000}$$

二是用秒表法计算：

$$有功功率(kW) = \frac{3600RK_{CT}K_{PT}}{NT}$$

式中，R 为测量时间内有功电度表转盘的转数（通常测量 10～20 转）；T 为测量时间，s；K_{CT} 为电流互感器倍率（变流比）；K_{PT} 为电压互感器倍率（变压比）；3600 为 1h 的秒数；N 为有功电度表铭牌上标明的常数，r/(kW·h)。

注：没有电流、电压互感器时，K_{CT}、K_{PT} 均为 1。

(4) 计算照明负荷　照明负荷的计算应该分别计算各支线功率、干线功率及三相总功率。

① 照明支线的功率计算：

$$P_c = P_i（千瓦）$$

式中，P_i 为支线上装灯容量。

由此可见照明支线功率 P_c 就是支线上的装灯容量，即这条支线上装灯总的瓦数的多少。注意单位用千瓦。

② 照明干线的功率计算：

$$P = K_c P_c$$

式中，K_c 为需用系数；P_c 为各支线的功率。

③ 三相功率计算：

$$P_\Sigma = K_c \times 3P_c$$

由于照明负荷是不均匀的，在计算三相功率时，P_c 应该按最大一相负荷（装灯容量）来计算。

(5) 导线截面积的计算和选用

① 确定选择导线截面积的一般原则　电气线路能否安全运行，与导线截面积的选择是否正确有着密切的关系。通常，当负荷电流通过导线时，由于导线具有电阻，导线发热，温度升高。当裸导线的发热温度过高时，导线接头处的氧化加剧，接触电阻增大；如果发热温度进一步升高，可能发生断线事故。当绝缘导线（包括电缆）的温度过高时，绝缘老化和损坏，甚至引起火灾。因此，选择导线截面积，首先应满足发热条件这一要求，即导线通过的电流，不得超过其允许的最大安全电流。其次，为保证导线具有必要的机械强度，要求导线的截面积不得太小。因为导线截面积越小，其机械强度越低。所以，规程对不同等级的线路和不同材料的导线，分别规定了最小允许截面积。

此外，选择导线截面积，还应考虑线路上的电压降和电能损耗。

根据实践经验，低压动力线路的负荷电流较大，一般先按发热条件来选择导线截面积，然后验算其机械强度和电压降。低压照明线路对电压的要求较高，所以先按允许电压降来选择导线截面积，然后验算其发热条件和机械强度。高压线路的电流一般都较小，且厂矿企业的高压配电磁线路也不长，在发热和电压降方面易于满足要求，所以高压线路一般先按经济电流密度来选择导线截面积，然后验算其机械强度。

在三相四线制供电系统中，零线的允许载流量不应小于线路中的最大单相负荷电流和三相最大不平衡电流，并且还应满足接零保护的要求。

在单相线路中，由于零线和相线都通过相同的电流，因此零线截面积应与相线截面积相同。

② 低压线路的导线截面积选择　低压线路的导线截面积，一般应考虑以下几方面的要求来选择：

a.机械强度。低压线路的导线要经受拉力，电缆要经受拖曳，必须考虑二者不因机械损伤而断裂。按机械强度选择导线的允许最小截面积可参考表1-1。

表 1-1　导线和电缆的最小截面积　　　　　mm²

导线用途	导线最小截面积	
	铜导线	铝导线（铝绞线）
室内照明用导线 室外照明用导线	0.5 1.0	2.5 2.5
吊灯用双芯软电缆 移动式家用电器用的双芯软电缆	0.5 0.75	
移动式工业用电设备用的多芯软电缆	1.0	
固定架设在室内绝缘支持物上的绝缘导线,其间距为: 2m 及以下 6m 及以下 12m 以下	1.0 2.5 4	2.5 4 10
室内(厂房内)1kV 以下裸导线 室外 1kV 以下(5～35kV)裸导线	2.5 6	4 16(35)
穿管或木槽板配线的绝缘导线	1.0	2.5
室外沿墙敷设的绝缘导线 室外其他方式敷设的绝缘导线	2.5 4	4 10

b.载流量。导线应能够承受长期负荷电流所引起的温升。各类导线都规定了长期允许温度和短时最高温度，从而决定了导线允许长期通过的电流和短路时的热稳定电流。选择导线截面积时，应考虑计算的负荷电流不超过导线的长期载流量，即：

$$I_\Sigma \leqslant I_n$$

式中，I_n 为不同截面积导线的额定电流，A；I_Σ 为根据计算负荷求出的计算电流，A。

c.电压损失。导线的电压降必须限制在一定范围以内。按规定，电力线路在正常情况下的电压波动不得超过±5%（临时供电磁线路可降低8%）。当线路有分支负荷时，如果给出负载的电功率 P 和送电距离 L，允许的电压损失为 ε，则配电导线的截面积（线路功率因数为1）可按下式计算：

$$S(\mathrm{mm^2})=K_\mathrm{n}\frac{\sum(PL)}{c\varepsilon}\%=K_\mathrm{n}\frac{P_1L_1+P_2L_2}{c\varepsilon}\%$$

式中，P 为负载电功率，kW；L 为送电磁线路的距离，m；ε 为允许的相对电压损失，%；c 为系数，视导线材料、送电电压而定（表1-2）；K_n 为需要系数，视负载用电情况而定，其值可从一般电工手册或参考书中查到。

表 1-2　公式中的系数 c 值

额定电压/V	电源种类	系数 c 值	
		铜导线	铝导线
380/220	三相四线	77	46.3
220		12.8	7.25
110	单相或直流	3.2	1.9
36		0.34	0.21

选择导线截面积，一般来说，应考虑以上三个因数。但在具体情况下，往往有所侧重，哪一因素是主要的，是起决定作用的，就侧重考虑该因数。例如，对于长距离输电磁线路，主要考虑电压降，导线截面积根据限定的电压降来确定；对于较短的配电磁线路，可不计算线路电压降，主要考虑允许电流来选择导线截面积；对于负荷较小的架空线路，一般只根据机械强度来确定导线截面积。这样，选择导线截面积的工作就可大大简化。

【例1】　感性负载：距配电变压器 550m 处有一用电器，其总功率为 11kW，采用 380V 三相四线制线路供电，电气效率 $\eta=0.81$；$\cos\varphi=0.83$，$K_\mathrm{n}=1$，要求 $\varepsilon=5\%$，应选择多大截面积的导线？

解： ① 按导线的机械强度考虑，导线架空敷设，导线的截面积不得小于 10mm²。

② 按允许电流考虑，首先求出电动机的工作电流（计算电流）：

$$I_1=\frac{P_\mathrm{n}}{\sqrt{3}U_1\,\eta\cos\varphi}=\frac{11}{\sqrt{3}\times380\times0.81\times0.83}=24.8\mathrm{A}$$

为了计算方便，可大致估计 380V 电动机的工作电流每千瓦为 2A。

从电工手册或参考书中查得 $S=2.5\mathrm{mm^2}$ 的橡皮绝缘铝导线明敷时的允许电流为 25A，可满足电动机的要求，即 $I_\Sigma \leqslant I_\mathrm{n}$。

③ 按允许电压降考虑，首先计算电动机自电源取得的电功率

$$P_\text{电} = \frac{P}{\eta} = \frac{11}{0.81} = 13.6\mathrm{kW}$$

若选用铝导线，则 $c=46.3$，$K_\mathrm{n}=1$，代入前面的公式求出导线截面积为

$$S = \frac{K_\mathrm{n}PL}{c\varepsilon}\% = \frac{13.6 \times 550}{46.3 \times 5} = \frac{7480}{231} = 32.4\mathrm{mm^2}$$

为了满足以上三个条件，可选用 $S=35\mathrm{mm^2}$ 的 BLX 型橡皮绝缘铝导线。

1.3 三相交流电路

目前，世界各国电力系统普遍采用三相制供电方式，组成三相交流电路，日常生活中的单相用电也是取自三相交流电中的一相。三相交流电之所以被广泛应用，是因为它节省线材，输送电能经济方便，运行平稳。

(1) 三相交流的产生 三相交流电由三相交流发电机产生，其过程与单相交流电基本相似。

① 三相交流发电机的简单构造 三相交流发电机原理示意图如图 1-6 所示，它主要由定子和转子两部分组成。发电机定子铁芯由内圆开有槽口的绝缘薄硅钢片叠制而成，槽内嵌有三个尺寸、形状、匝数和绕向完全相同的独立绕组 U_1U_2、V_1V_2 和 W_1W_2。它们在空间位置互差 $120°$，其中 U_1、V_1、W_1 分别是绕组的始端，U_2、V_2、W_2 分别是绕组的末端。每个绕组称为发电机中的一相，分别称为 U 相、V 相和 W 相。发电机的转子铁芯上绕有励磁绕组，通过固定在轴上的两个滑环引入直流电流，使转子磁化成磁极，建立磁场，产生磁通。

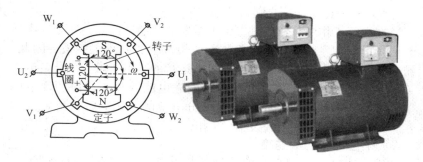

图1-6　三相交流发电机原理及实物示意图

② 三相对称正弦量　当转子磁极在原动机驱动下以角速度 ω 顺时针匀速旋转时，相当于每相绕组沿逆时针方向匀速旋转，做切割磁感线运动，从而产生三个感应电压 u_U、u_V、u_W。由于三相绕组的结构完全相同，在空间位置互差 120°，并以相同角速度切割磁感线，所以这三个正弦电压的最大值相等，频率相同，而相位互差 120°。

u_U、u_V、u_W 分别叫 U 相电压、V 相电压和 W 相电压，我们

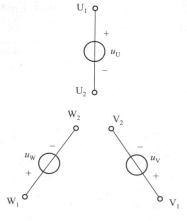

图1-7　三相电源

把这种最大值（有效值）相等、频率相同、相位互差 120°的三相电压称为三相对称电压。每相电压都可以看作是一个独立的正弦电压源，其参考极性规定：各绕组的始端为"＋"极，末端为"－"极，如图1-7所示。将发电机三相绕组按一定方式连接后，就组成了一个三相对称电压源，可对外供电。

③ 相序　在三相电压源中，各相电压到达正的或负的最大值的先后次序，称为三相交流电的相序。习惯上，选用 U 相电压作参考，V 相电压滞后 U 相电压 120°，W 相电压又滞后 V 相电压 120°（或 W 相电压超前 U 相电压 120°），所以它们的相序为 U—

V—W，称为正序，反之则为负序。

在实际工作中，相序是一个很重要的问题。例如，几个发电厂并网供电，相序必须相同，否则发电机都会遭到重大损害。因此，统一相序是整个电力系统安全、可靠运行的基本要求。为此，电力系统并网运行的发电机、变压器、输送电能的高压线路和变电所等，都按技术标准采用不同颜色区分电源的三相：用黄色表示 U 相，绿色表示 V 相，红色表示 W 相。

（2）三相电源的连接

① 三相电源的星形连接　把三相电源的三个绕组的末端 U_2、V_2、W_2 连接成一个公共点 N，由三个始端 U_1、V_1、W_1 分别引出三根导线 L_1、L_2、L_3 向负载供电的连接方式称为星形连接，如图 1-8(a) 所示。

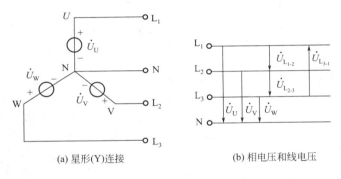

(a) 星形(Y)连接　　　　(b) 相电压和线电压

图 1-8　三相四线制电源

公共点 N 称为中点或零点，从 N 点引出的导线称为中性线或零线。若 N 点接地，则中性线又叫地线。由始端引出的三根输电磁线称为相线，俗称火线。这种由三根火线和一根中性线组成的三相供电制系统，在低压配电中常采用。有时为了简化线路图，常省略三相电源不画，只标出相线和中线符号，如图 1-8(b) 所示。

电源每相绕组两端的电压称为相电压，在三相四线制中，相电压就是相线与中性线之间的电压。三个相电压的瞬时值用 u_U、u_V、u_W 表示，相电压的正方向规定为由绕组的始端指向末端，即由相线指向中性线。

相线与相线之间的电压成为线电压，它们的瞬时值用 $u_{L_{1-2}}$、$u_{L_{1-3}}$、$u_{L_{2-1}}$ 表示。线电压的正方向由下标数字的先后次序来表明。

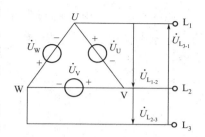

图1-9 三相电源的三角形连接

② 三线电源的三角形连接 将三相电源的三个绕组的始、末端顺次相连，接成一个闭合三角形，再从三个连接点 U、V、W 分别引出三根输电磁线 L₁、L₂、L₃，如图 1-9 所示，这就是三相电源的三角形（△）连接。

由于三相对称电压 $\dot{U}_U + \dot{U}_V + \dot{U}_W = 0$，所以三角形闭合回路的总电压为零，不会引起环路电流。要特别注意的是：三相电源作三角形连接时，必须把各相绕组始、末端顺次连接，任何一相绕组接反，闭合回路中的总电压将会是相电压的两倍，从而产生很大的环路电流，致使电源绕组烧毁。

(3) 三相负载的连接 在三相负载中，如果每相负载的电阻、电抗分别相等，则称为三相对称负载。一般情况下，三相异步电动机等三相用电设备是三相对称负载；而由三组单相负载组合成的三相负载常是不对称的。

要使负载正常工作，必须满足负载实际承受的电源电压等于额定电压。因此，三相负载也有星形和三角形连接方法，以满足它对电源电压的要求。

① 三相负载的星形连接 把三相负载的一端连接在一起，称为负载中性点，在图 1-10 中用 N′ 表示，它常与三相电源的中性线连接；把三相负载的另一端分别与三相电源的三根相线连接。这种连接方式称为三相负载的星形（Y）连接，如图 1-10 所示，是最常见的三相四线制供电磁线路。

在三相四线制电路中，每相负载两端的电压叫做负载的相电压，用 $U_{y相}$ 表示，其正方向规定为由相线指向负载的中性点，即相线指向中线。若忽略输电磁线电阻上的电压降，负载的相电压等于电源的相电压，电源的线电压等于负载相电压的 $\sqrt{3}$ 倍。当电源的线电压为各相负载的额定电压的 $\sqrt{3}$ 倍时，三相负载必须采用星形连接。

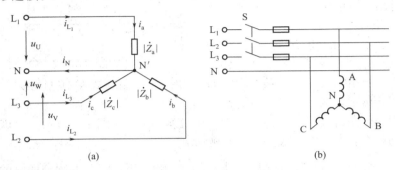

(a)　　　　　　　　　　　　　　(b)

图 1-10　三相负载的星形连接

在三相电路中，流过每相负载的电流叫相电流，用 $I_相$ 表示，正方向与相电压方向相同；流过每根相线的电流叫线电流，用 $I_线$ 表示，正方向规定由电源流向负载，工程上通称的三相电流，若没有特别说明，都是指线电流的有效值；流过中性线的电流称为中性线电流，用 I_N 表示，正方向规定为由负载中点流向电源中点。显然，在三相负载的星形连接中，线电流就是相电流。由三相对称电源和三相对称负载组成的电路称为三相对称电路。在三相四线制三相对称电路中，每一相都组成一个单相交流电路，各相电压与电流的数量和相位关系，都可采用单相交流电路的方法来处理。

在三相对称电压作用下，流过三相对称负载的各相电流也是对称的。因此，计算三相对称电路，只要计算出其中一相，再根据对称特点，就可以推出其他两相。

三相对称负载作星形连接时，中性线电流为零，因此可以把中性线去掉，而不影响电路的正常工作，各相负载的相电压仍为对称的电源相电压，三相四线制变成了三相三线制，称为 Y-Y 对称电路。因为在工农业生产中普遍使用的三相异步电动机等三相负载一般是对称的，所以三相三线制也得到了广泛应用。

② 三相负载的三角形连接　三相负载分别接在三相电源的每

两根相线之间的连接方式，称为三相负载的三角形连接，如图 1-11 所示。当电源线电压等于各相负载的额定电压时，三相负载应该接成三角形。

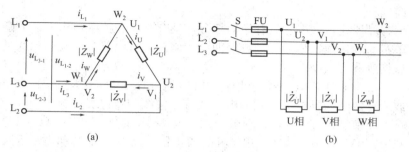

图 1-11 三相负载的三角形连接

1.4 常用材料

1.4.1 导线

导电材料大部分是金属，其特点是导电性好，有一定的机械强度，不易氧化和腐蚀，容易加工焊接。

(1) 铜、铝和电磁线电缆

① 铜：铜导电性好，有足够的机械强度，并且不易腐蚀，被广泛应用于制造变压器、电机和各种电器线圈。

铜根据材料的软硬程度，分为硬铜和软铜两种。在产品型号中，铜导线的标志是"T"，"TV"表示硬铜，"TR"表示软铜。

② 铝：铝导线的导电系数虽比铜大，但它密度小，同样长度的两根导线，若要求它们的电阻值一样，铝导线的截面积比铜导线大 1.68 倍。

铝资源丰富，价格较低，是铜材料最好的代用品，但铝导线焊接比较困难。

铝也分为硬铝和软铝，用作电机、变压器线圈的大部分是软铝。产品型号中，铝导线的标志是"L"，"LV"表示硬铝，"LR"

表示软铝。

③ 电磁线电缆：电磁线电缆品种很多，按照它们的性能、结构、制造工艺及使用特点分为裸线、电磁线、绝缘线电缆和通信电缆四种。

a. 裸线：该产品只有导体部分，没有绝缘和护层结构，分为圆单线、软接线、型线和硬绞线四种，修理电机电器时经常用到的是软接线和型线。

b. 电磁线：电磁线应用于电机电器及电工仪表中，作为绕组或元件的绝缘导线。常用的电磁线有漆包线和绕包线。

c. 聚氯乙烯和橡皮绝缘导线：广泛用于额定电压（U_0/U）450/750V、300/500V 及以下和直流电压 1000V 以下的动力装置及照明线路敷设中，是最常用材料之一。

(2) 家装中不同截面积电磁线的应用　家装中不同截面积电磁线应用规则一般为：

① 1.4～2mm^2 单芯线，用于灯具照明；

② 1.4～2mm^2 二芯护套线，用于工地上明线；

③ 1.4～2mm^2 三芯护套线，用于土地上明线；

④ 1.4～2mm^2 双色单芯线，用于开关接地线；

⑤ 10mm^2 七芯线，用于总进线；

⑥ 10mm^2 双色七芯线，用于总进线地线；

⑦ 2～4mm^2 单芯线，用于插座；

⑧ 1～4mm^2 二芯护套线，用于工地上明线；

⑨ 1～4mm^2 三芯护套线，用于柜式空调；

⑩ 1～4mm^2 双色单芯线，用于照明接地线；

⑪ 4～6mm^2 单芯线，用于 3 匹以上空调；

⑫ 3～6mm^2 双色单芯线，用于 3 匹空调接地线；

⑬ 5～10mm^2 单芯线，用于总进线；

⑭ 5～10mm^2 双色单芯线，用于总进线地线。

(3) 家装电路电磁线的选择　各种家装电磁线如图 1-12 所示。

① 选择具有合格认证的产品，例如长城标志的国标认证电磁线。注意不要选择合格证上标明的制造厂名、产品型号、额定电压与电磁线表面的印刷标志不同的产品。

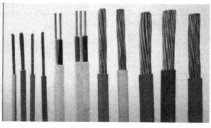

图 1-12 各种电磁线

② 电磁线表面一般规定必须具有制造厂名、产品型号、额定电压等标志，因此，选购电磁线时一定要选择有这些标志的电磁线。

③ 应选购外观光滑平整、绝缘或护套的厚度均匀不偏芯、绝缘与护套层没有损坏、标志印字清晰、手摸电磁线时没有油腻感、绝缘或护套应有规定的厚度的电磁线。

④ 一般选择具有塑料或橡胶绝缘保护层的单股铜芯电磁线。

⑤ 选择电磁线导体的线径要合理。导体截面积对应的导体直径见表1-3。

表 1-3 导体截面积对应的导体直径

导体截面积/mm²	导体参考直径/mm	导体截面积/mm²	导体参考直径/mm
1	1.13	2.5	1.78
1.5	1.38	4	2.25

⑥ 优质电磁线的选择方法：鉴别电磁线优劣的方法见表1-4。

表 1-4 鉴别电磁线优劣的方法

方法	特　点
看包装、看认证	成卷的电磁线包装牌上一般应有合格证、厂名、厂址、检验章、生产日期、商标、规格、电压、"长城标志"、生产许可证号、质量体系认证书等
看颜色	铜芯电磁线的横断面，优等品紫铜颜色光亮、色泽柔和。如果铜芯黄中偏红，说明所用的铜材质量较好；如果黄中发白，说明所用的铜材质量较差
手感	将电磁线头用手反复弯曲，如果手感柔软、抗疲劳强度好、塑料或橡胶手感弹性大、电磁线绝缘体上没有龟裂，则为优质品

续表

方　法	特　　点
火烧是否产生明火	如果电磁线外层塑料皮色泽鲜亮、质地细密,用打火机点燃没有明火,则为优质品
检验线芯是否居中	截取一段电磁线,察看线芯是否位于绝缘层的正中,即厚度均匀。不居中较薄一面很容易被电流击穿
检查长度、线芯是否弄虚作假	电磁线长度的误差不能超过 5%,截面线径的误差不能超过0.02%,如果在长度与截面积上有弄虚作假的现象,一般属于低劣产品
绝缘层	绝缘层完整没有损坏为好的产品

1.4.2　绝缘材料

由电阻系数大于 $10^9\,\Omega\cdot cm$ 的物质所构成的材料在电工技术上叫做绝缘材料,在修理电机和电器时必须合理地选用。

(1) 固体绝缘材料的主要性能指标

① 击穿强度。

② 绝缘电阻。

③ 耐热性　固体绝缘材料的耐热性见表 1-5。

表 1-5　固体绝缘材料的耐热性

等级代号	耐热等级	允许最高温度/℃	等级代号	耐热等级	允许最高温度/℃
0	Y	90	4	F	155
1	A	105	5	H	180
2	E	120	6	C	>180
3	B	130			

④ 黏度、固体含量、酸值、干燥时间及胶化时间。

⑤ 机械强度。

⑥ 绝缘材料的分类和名称　固体绝缘材料的分类及名称见表 1-6。

表 1-6　固体绝缘材料的分类及名称

分类代号	分类名称	分类代号	分类名称
1	漆树脂和胶类	4	压塑料类
2	浸渍材料制品	5	云母制品类
3	层压制品类	6	薄膜、粘带和复合制品类

（2）**绝缘漆**

① 浸漆类 浸渍漆主要用来浸渍电机、电器的线圈和绝缘漆零件，以填充其间膜和微孔，提高它们的电气及力学性能。

② 覆盖漆 覆盖漆有清漆和瓷漆两种，用于涂覆经浸渍处理后的线圈和绝缘零部件，使其表面形成连续而均匀的漆膜，作为绝缘保护层。

③ 硅钢片漆 硅钢片漆用于覆盖硅钢片表面，以降低铁芯的涡流损耗，增强防锈及耐腐蚀的能力。

（3）**电工绝缘胶带** 电工绝缘胶带即电气绝缘胶粘带，是以软质聚氯乙烯（PVC）薄膜为基材，涂橡胶型压敏胶制造而成的，具有良好的绝缘、耐燃、耐电压、耐寒等特性，适用于电线接驳、电气绝缘防护等绝缘保护，如电线缠绕，变压器、马达、电容器、稳压器等的绝缘保护。

电工绝缘胶带主要分为三种，如图 1-13 所示。一种是绝缘黑胶布，只有绝缘功能，但不阻燃也不防水，现在已经逐渐淘汰了，只是在一些民用建筑电气上还有人在用。

绝缘黑胶布　　　　PVC电气阻燃胶带　　　　高压自粘带

图 1-13　常用电工绝缘胶带

第二种是 PVC 电气阻燃胶带，具有绝缘、阻燃和防水三种功能，但由于它是 PVC 材质，所以延展性较差，不能把接头包裹得很严密，防水性不是很理想，不过现在已经被广泛应用。

第三种是高压自粘带，一般用在等级较高的电压上，由于它的延展性好，在防水上要比第二种更出色，所以人们也把它应用在低压的领域，但由于它的强度不如 PVC 电气阻燃胶带，通常这两种配合使用。

1.4.3 电热材料

电热材料用于制造各种电阻加热设备中的发热元件，并作为电阻接到电路中，把电能变为热能，使加热设备的温度升高。

常用的电热材料有镍铬合金和铁铬铝合金。

① 镍铬合金：其特点是电阻系数高，加工性能好，高温时机械强度较弱，用后不变脆，适用于移动式设备上。

② 铁铬铝合金：其特点是抗氧化性比镍铬合金好，但高温时机械强度较差，用后会变脆，适用于固定设备上。

1.4.4 保护材料

电工常用保护材料为熔丝，常用的是铝锡合金线。合理地选择熔丝，有利于设备安全可靠运行，现简单介绍如下。

(1) 照明及电热设备线路

① 装在线路上的总熔丝额定电流，等于电度表等电流的0.9～1倍。

② 装在支线上的熔丝额定电流，等于支线上所有电气设备额定电流总和的1～1.1倍。

(2) 交流电动机线路

① 单台交流电动机线路上的熔丝额定电流，等于该电动机额定电流的1.4～2.5倍。

② 多台交流电动机线路的总熔丝额定电流，等于线路上功率最大一台电动机额定电流的1.4～2.5倍，再加上其他电动机额定电流的总和。

1.4.5 布线材料

家装中的布线材料一般包括电磁线、PVC线管、线面配件、开关等材料，每一种材料都有很多品种，每一种品种又有很多规格。

1.4.6 辅助材料

(1) 钉子的种类 钉子的种类见表1-7。

表 1-7 钉子的种类

类型	说 明
钢钉	钢钉一般用于水泥墙地面与面层材料的连接以及基层结构固定,具有不用钻孔打眼、不易生锈等特点,在安装水电工程中应用较少,但钢钉夹线器应用较广泛
圆钉	圆钉主要用于基层结构的固定,具有易生锈、强度小、价格低、型号全等特点,在安装水电工程中应用较少
直钉	直钉主要用于表层板材的固定,在安装水电工程中应用较少
纹钉	纹钉主要用于基层饰面板的固定,在安装水电工程中应用较少
膨胀螺钉/螺栓	在安装水电工程中应用较多,主要起固定导线槽等作用

(2) 小螺钉螺钉头型以及代号 小螺钉螺钉头型以及代号见表 1-8。

表 1-8 小螺钉螺钉头型以及代号

代号	小螺钉螺钉头型	代号	小螺钉螺钉头型
B	球面圆柱头	P	平圆头
C	圆柱头	PW	平圆头带垫圈
F(K)	沉头	R	半圆头
H	六角头	T	大扁头
HW	六角头带垫圈	V	蘑菇头
O	半沉头		

(3) 小螺钉螺钉牙型以及代号 小螺钉螺钉牙型以及代号见表 1-9。

表 1-9 小螺钉螺钉牙型以及代号

代号	小螺钉螺钉牙型	代号	小螺钉螺钉牙型
A	自攻尖尾,疏	HL	高低牙
AB	自攻尖尾,密	M	机械牙
AT	自攻丝尖尾切脚	P	双丝牙
B	自攻平尾,疏	PTT	P 型三角牙
BTT	B 型三角牙	STT	S 型三角牙
C	自攻平尾,密	T	自攻平尾切脚
CCT	C 型三角	U	菠萝牙纹

(4) **小螺钉表面处理以及代号**　小螺钉表面处理以及代号见表 1-10。

表 1-10　小螺钉表面处理以及代号

代号	小螺钉表面处理	代号	小螺钉表面处理
Zn	白锌	C	彩锌
B	蓝锌	F	黑锌
O	氧化黑	Ni	镍
Cu	青铜	Br	红铜
P	磷		

(5) **小螺钉槽型以及代号**　小螺钉槽型以及代号见表 1-11。

表 1-11　小螺钉槽型以及代号

代号	小螺钉槽型	代号	小螺钉槽型
+	十字槽	—	一字槽
T	菊花槽	H	内六角
PZ	米字槽	+—	+—槽
Y	Y 形槽	H	H 形槽

(6) **膨胀螺栓（钉）的种类**　膨胀螺栓（钉）的种类见表 1-12。

表 1-12　膨胀螺栓（钉）的种类

类　型	螺钉或者螺栓	胀管
塑料膨胀螺栓(钉)一式	圆头木螺钉、垫圈	塑料胀管 1
塑料膨胀螺栓(钉)二式	圆头螺钉、垫圈	塑料胀管 2
沉头膨胀螺栓(钉)	螺母、弹簧垫圈、垫圈、沉头螺栓	金属胀管
裙尾膨胀螺栓(钉)	螺栓、垫圈、金属螺母	铅制胀管
箭尾膨胀螺栓(钉)	圆头螺钉、垫圈	金属胀管
橡胶膨胀螺栓(钉)	圆头螺钉、垫圈	橡皮胀管
金属膨胀螺栓(钉)	圆头木螺钉、垫圈	金属胀管

（7）**钢钉线卡** 钢钉线卡主要起固定线路的作用，其螺钉采用优质钢钉，因此而得名。钉钢线卡具有圆形、扁形，不同形状具有不同的规格，即大小尺寸不同。

（8）**胀塞** 胀塞就是塞入墙壁中，利用胀形结构稳固在墙壁中，然后可供螺钉固定等。它的种类有塑料八角形胀塞、塑料多角形胀塞、尼龙加长胀塞等，每个种类具有不同的规格，其外形如图 1-14（a）所示。

（9）**双钉管卡** 双钉管卡就是需要两颗钉子才能固定管子的卡子。实际中，有时采用一颗钉子，是不规范的操作，其外形如图 1-14（b）所示。

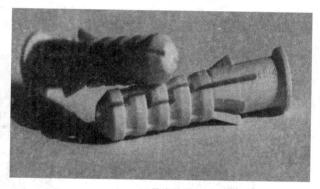

(a) 胀塞外形

(b) 双钉管卡外形

图 1-14 胀塞与双钉管卡的外形

（10）**压线帽的种类** 压线帽的种类见表 1-13。

表 1-13　压线帽的种类

种类	说　明
螺旋式压线帽	用于连接电磁线,其内具有螺纹,使用时先剥去电磁线外皮,然后插入接头内,再旋转即可
弹簧螺旋式压线帽	用于连接电磁线,其内具有弹簧,使用时旋转弹簧夹紧电磁线,具有不易脱落的优点
双翼螺旋式压线帽	双翼螺旋式压线帽内部一般也具有弹簧
安全型压线帽	使用时先剥去电磁线外皮,然后插入接头内,再用工具压着即可

(11) 端头的种类　端头的种类见表 1-14。

表 1-14　端头的种类

种　类	图　例	种　类	图　例
Ⅰ型裸端头		叉型绝缘端子	
圆型预绝缘端头		针型绝缘端子	
叉型无绝缘焊接端子		扁平型绝缘端子	

续表

种 类	图 例	种 类	图 例
平插式全绝缘母端子		子弹型绝缘公端子	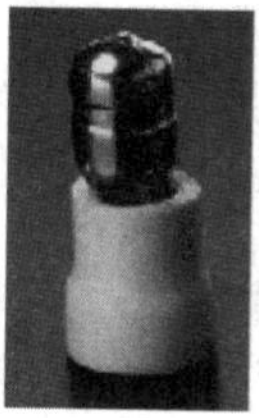
钩型绝缘母端子		欧式端子	

（12）束带与扎带的种类 束带与扎带的种类见表 1-15。

表 1-15 束带与扎带的种类

种 类	图 例
束带	 尼龙、耐燃材料、各种颜色
圆头束带	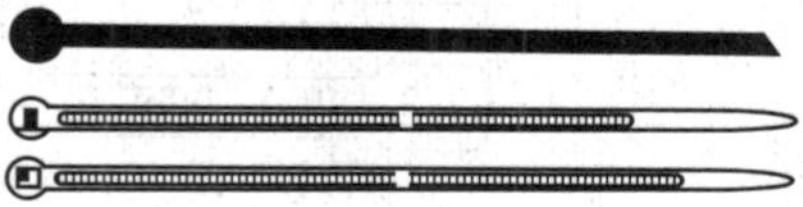 尼龙、耐燃材料、各种颜色
双扣式尼龙扎带	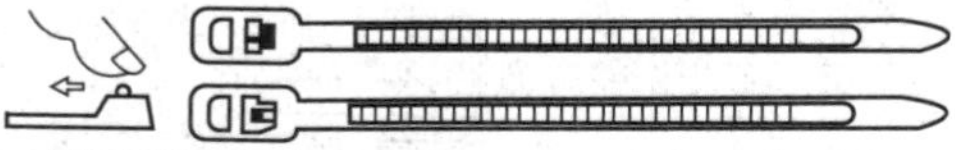 束紧后将尾端插入扣带孔，可增加拉力、防滑脱等
尼龙固定扣环	

种　类	图　　例
双孔束带	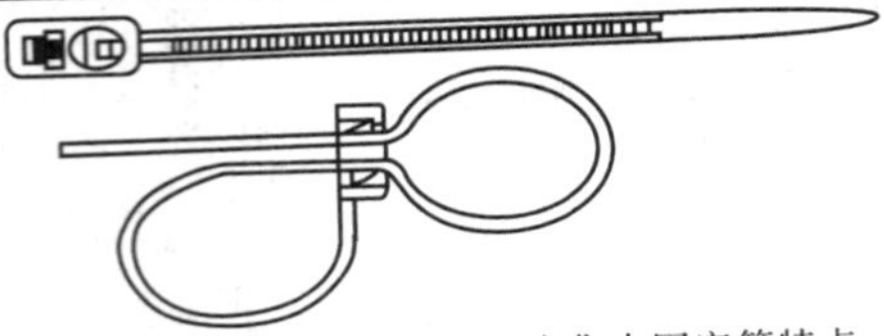 可以固定捆绑两束电线,具有集中固定等特点
粘扣式束带	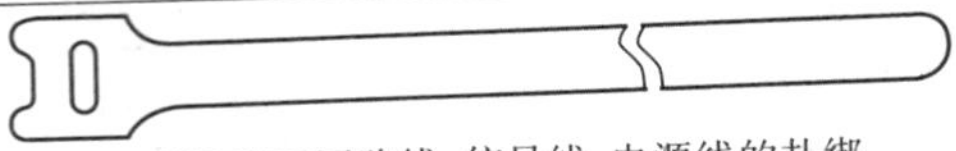 一般适用于网路线、信号线、电源线的扎绑
插鞘式束带	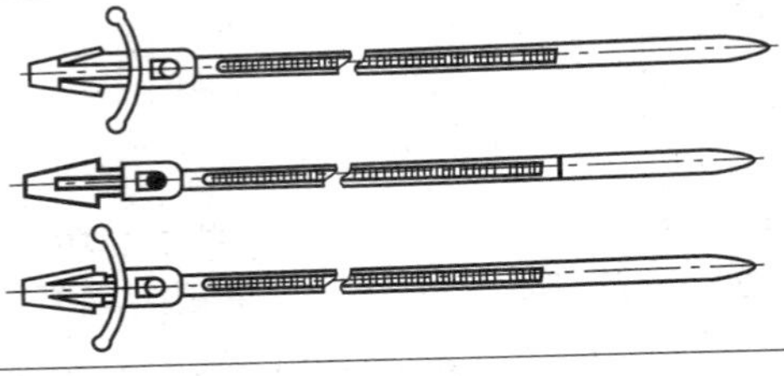
特氟龙束带	
可退式束带	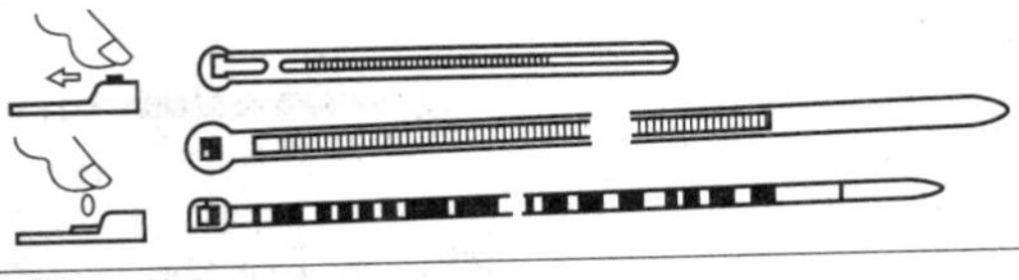
重拉力束带	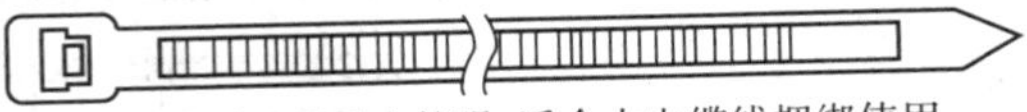 宽度较大,承受力较强,适合大电缆线捆绑使用
固定头式扎带	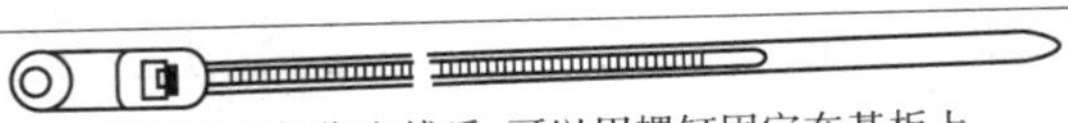 使用束线捆绑电线后,可以用螺钉固定在基板上
可退式不锈钢束带	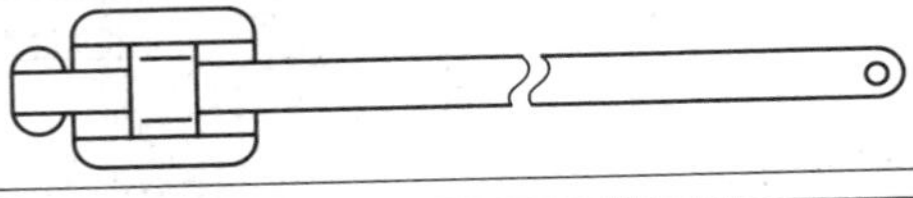
反穿式束带	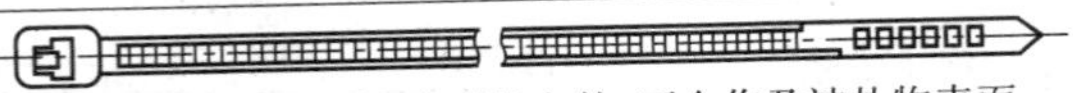 束紧时光滑面向内,齿列状向外,不会伤及被扎物表面

1.5 电工基本识图

1.5.1 常用电气工程图

（1）**电气系统图** 电气系统图是表示整个工程或其中某一项目的供电方式和电能输送的关系的图样。

（2）**电气平面图** 电气平面图是在建筑平面图基础上绘制的，表示各种电气设备与线路平面位置的图样，是进行建筑电气设备安装的重要依据。由于电气平面图采用较大的缩小比例，因此只能反映电气设备之间的相对位置。

（3）**设备布置图** 设备布置图是表示各种电气设备的平面与空间的位置、安装方式及其相互关系的图样，通常由平面图、立面图、断面图、剖面图及各种构件详图等组成。

（4）**电路图** 电路图是表示某一具体设备或系统的电气工作原理的图样，用来指导具体设备与系统的安装、接线、调试、使用与维护。

（5）**安装接线图** 安装接线图是表示某一设备内部各种电气元件之间位置关系及接线的图样，用来指导电气安装接线、查线，它是与电路图相对应的一种图样。

（6）**电气设备、线路在图样上的标注法** 装饰施工中常用的电气工程图，主要是电气系统图和电气平面图。电气工程中使用的设备、线路及安装方法等，都要用图形符号和文字符号表达。阅读电气工程图，首先要了解和熟悉这些符号的形式及含义。

① 线路在图样上的标注法 在电气系统图和电气平面图上，一般用单线法表示电气线路，即不论一条电气线路中有几根导线，均用一条图线表示。导线根数的表示方法见表1-16。

表 1-16 导线根数的表示方法

序号	图形符号	说 明
1	——————	一般符号，表示线路中有 2 根导线

序号	图形符号	说　明
2	 ///	小短斜线的根数表示导线根数,此图为3根导线
3	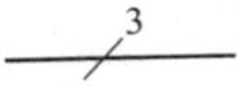 3 /	小短斜线上的数字表示导线根数,此图为3根导线

　　电气线路所使用导线的型号、根数、截面积、敷设方式和敷设位置，需要在导线图形符号旁加文字标注，线路标注的一般格式如下：

$$a\text{-}d(ef)\text{-}g\text{-}h$$

　　式中，a 为线路编号或功能符号；d 为导线型号；e 为导线根数；f 为导线截面积，mm^2；g 为导线敷设方式的文字符号，见表 1-17；h 为导线敷设位置的文字符号，见表 1-18。

表 1-17　导线敷设方式的文字符号

序号	文字符号	导线敷设方式	序号	文字符号	导线敷设方式
1	SC	穿焊接钢管敷设	3	PC	穿 PVC 管敷设
2	TC	空电磁线管敷设	4	PR	穿塑料导线槽敷设

表 1-18　导线敷设位置的文字符号

序号	文字符号	导线敷设位置	序号	文字符号	导线敷设位置
1	WC	暗敷设在墙内	4	ACC	暗敷设在吊顶内
2	FC	暗敷设在地面内	5	WE	沿墙面明敷设
3	CC	暗敷设在顶棚内	6	CE	沿顶棚面明敷设

　　线路标注方法的示例如图 1-15 所示。

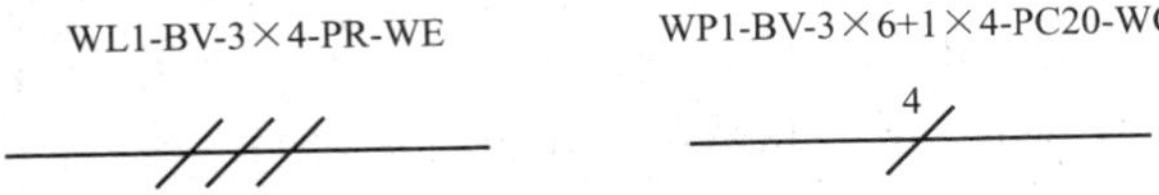

WL1-BV-3×4-PR-WE　　　　　　WP1-BV-3×6+1×4-PC20-WC

(a) 照明支路　　　　　　　　　(b) 动力支路

图 1-15　线路标注方法示例

　　图 1-15(a) 中线路标注的格式如下：

WL1-BV-3×4-PR-WE

含义是：第一条照明支线（WL1）；塑料绝缘铜芯导线（BV）；共有 3 根线，每根截面积为 4mm² （3×4）；敷设方式为穿塑料导线槽敷设（PR）；敷设位置为沿墙面明敷设（WE）。

图 1-15（b）中线路标注的格式如下：

WP1-BV-3×6+1×4-PC20-WC

含义是：第一条动力支线（WP1）；塑料绝缘铜芯导线（BV）；共有 4 根导线，其中 3 根截面积为 6mm² （3×6），1 根截面积为 4mm² （1×4）；穿直径为 20mm 的 PVC 管（PC20）；暗敷设在墙内（WC）。

② 家装电路图中的开关电气符号 家装电路图中的开关电气符号见表 1-19。

表 1-19 家装电路图中的开关电气符号

图形符号	说　明	图形符号	说　明
	开关(机械式)	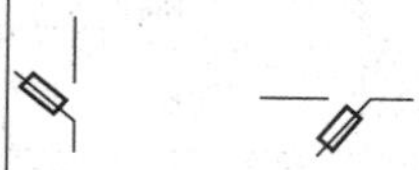	熔断器式开关
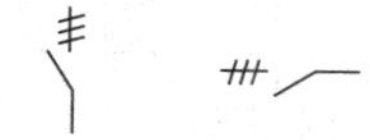	多级开关一般符号单线表示		熔断器式隔离开关
	多级开关一般符号多线表示	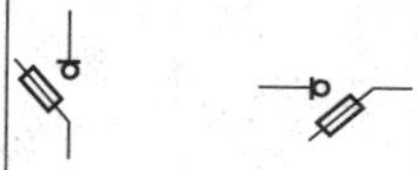	熔断器式负荷开关
	负荷开关(负荷隔离开关)	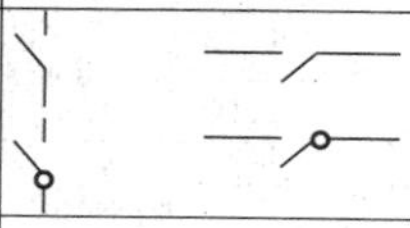	动合(常开)触点 注：本符号也可用作开关一般符号
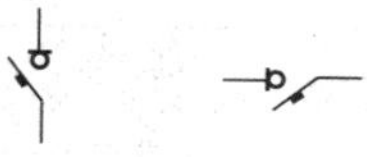	具有自动释放功能的负荷开关		按钮开关(不闭锁)
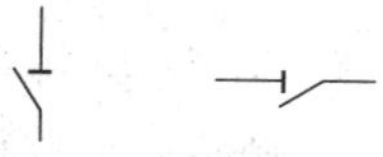	隔离开关		旋钮开关、旋转开关(闭锁)

③ 装修电路图中的触点电气符号 装修电路图中的触点电气

符号见表 1-20。

表 1-20 装修电路图中的触点电气符号

图形符号	说　明
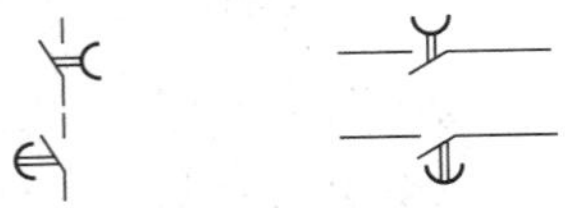	当操作器件被吸合时延时闭合的动合触点
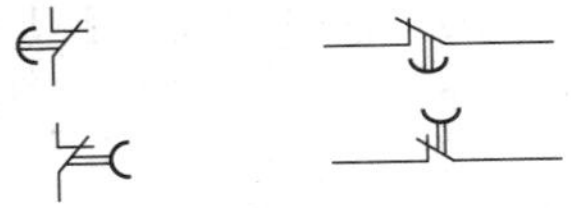	当操作器件被吸合时延时断开的动断触点
	当操作器件被吸合时延时闭合和释放时延时断开的动合触点
	位置开关,动合触点 限制开关,动合触点
	位置开关,动断触点 限制开关,动断触点
	热敏开关,动合触点
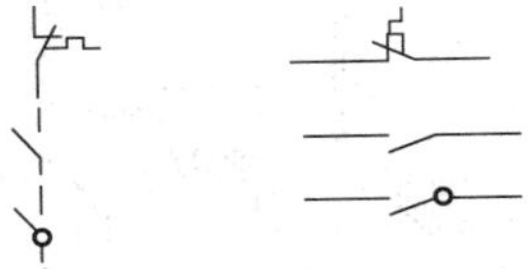	热敏自动开关,动断触点 动合(常开)触点
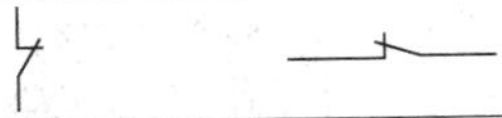	动断(常闭)触点
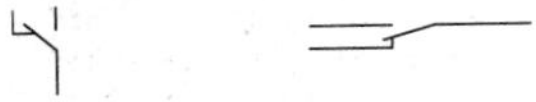	先断后合的转换触点
	接触器(在非动作位置触点断开)
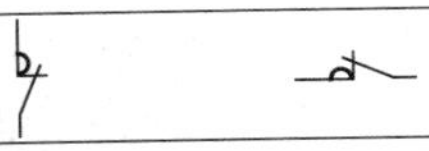	接触器(在非动作位置触点闭合)
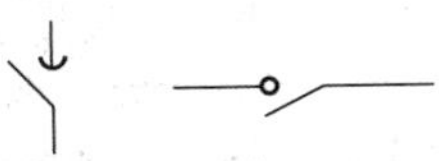	当操作器件被吸合或释放时,暂时闭合的过渡动合触点

续表

图形符号	说　明
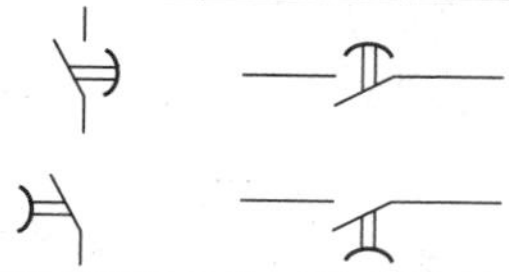	当操作器件被释放时延时断开的动合触点
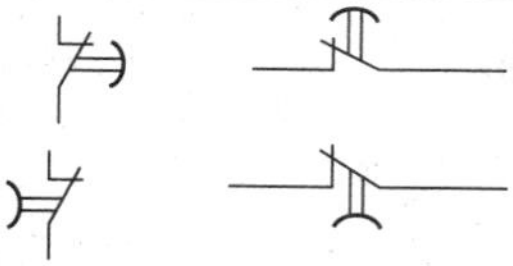	当操作器件被释放时延时闭合的动断触点

④ 装修电路图中的插座、连接片电气符号　装修电路图中的插座、连接片电气符号见表1-21。

表1-21　装修电路图中的插座、连接片电气符号

图形符号	说　明
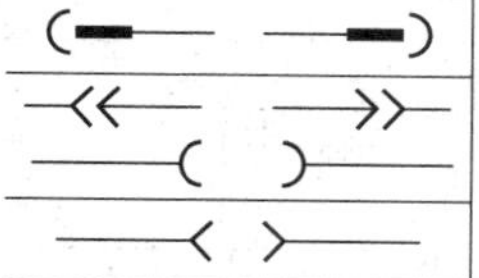	插头和插座(凸头的和内孔的) 插座(内孔的)或插座的一个极
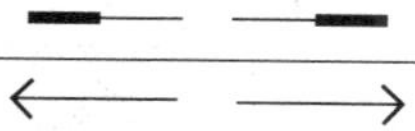	插头(凸头的)或插头的一个极
	换接片
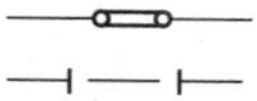	接通的连接片
8	吊线灯附装拉线开关，250V-3A(立轮式)，开关绘制方向表示拉线开关的安装方向
	明装单极开关(单极二线)，跷板式开关，250V-6A
	暗装单极开关(单极二线)，跷板式开关，250V-6A
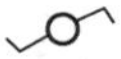	明装双控开关(单极三线)，跷板式开关，250V-6A
	暗装双控开关(单极三线)，跷板式开关，250V-6A

续表

图形符号	说　　明
	暗装按钮式定时开关,250V-6A
	暗装拉线式定时开关,250V-6A
	暗装拉线式多控开关,250V-6A
	暗装按钮式多控开关,250V-6A
	电铃开关,250V-6A
	天棚灯座(裸灯头)
	墙上灯座(裸灯头)
	开关一般符号
	单极开关
	暗装单极开关
	密闭(防水)单极开关
	防爆单极开关
	双极开关
	暗装双极开关
	密闭(防水)双极开关
	防爆双极开关
	三极开关
	暗装三极开关
	密闭(防水)三极开关
	防爆三极开关
	单极拉线开关
	单极限时开关

续表

图形符号	说　　明
	具有指示灯的开关
	双极开关(单极三线)
	暗装单相三极防脱锁紧型插座(带接地),250V-10A,距地 0.3m,居民住宅及儿童活动场所应采用安全插座,如采用普通插座时,应距地 1.8m
	暗装三相四极防脱锁紧型插座(带接地)300V-20A,距地 0.3m
	安装Ⅰ型插座,50V-10A,距地 0.3m
	暗装调光开关,调光开关,距地 1.4m
	金属地面出线盒
	防水拉线开关(单相二线),250V-3A,瓷制
	拉线开关(单极二线),250V-3A
	拉线双控开关(单极三线),250V-3A
	明装单相二极插座	250V-10A,距地 0.3m,居民住宅及儿童活动场所应注意安全插座,如采用普通插座时,应距地 1.8m
	明装单相三极插座(带接地)	
	明装单相四极插座(带接地),380V-15A,25A,距地 0.3m
	暗装单相二极插座	250V-10A,距地 0.3m,居民住宅及儿童活动场所应注意安全插座,如采用普通插座时,应距地 1.8m
	暗装单相三极插座(带接地)	
	暗装单相四极插座(带接地),380V-15A,25V,距地 0.3m
	暗装单相二极防脱锁紧型插座,250V-10A,距地 0.3m,居民住宅及儿童活动场所应注意安全插座,如采用普通插座时,应距地 1.8m

⑤ 装修电路图中灯的标注　装修电路图中灯的标注见表1-22。

表 1-22　装修电路图中灯的标注

图形符号	说　明	图形符号	说　明
⊗	各灯具一般符号	 三管荧光灯符号	三管荧光灯
⊗	花灯	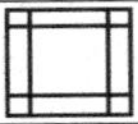 荧光灯花灯组合符号	荧光灯花灯组合
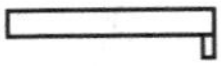 荧光灯列符号	荧光灯列(带状排列荧光灯)	 防爆灯符号	防爆灯
单管荧光灯符号	单管荧光灯	 投光灯符号	投光灯
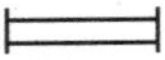 双管荧光灯符号	双管荧光灯		

⑥ 装修电路图中弱电的标注　装修电路图中弱电的标注见表 1-23。

表 1-23　装修电路图中弱电的标注

图形符号	说　明	图形符号	说　明
 壁龛电话交接箱符号	壁龛电话交接箱	 感烟符号	感烟火灾探测器
室内电话分线盒符号	室内电话分线盒	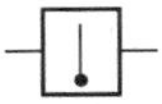 感温符号	感温火灾探测器
 扬声器符号	扬声器	 气体符号	气体火灾探测器
 广播分线箱符号	广播分线箱	 火警电话机符号	火警电话机
——F——	电话线路	 报警发声器符号	报警发声器
——S——	广播线路	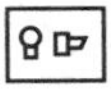 控制显示设备符号	有视听信号的控制和显示设备
——V——	电视线路	发声器符号	发声器
手动报警器符号	手动报警器	电话机符号	电话机
		照明信号符号	照明信号

⑦ 装修电路图中其他的标注　装修电路图中其他的标注见表 1-24。

表 1-24　装修电路图中其他的标注

图形符号	说　　明	图形符号	说　　明
⌓	电铃,除注明外,距地 0.3m	∫	烟
⌂	信号专用箱	⟳	易爆气体
⊙	交流电钟　除注明外,只做出线口(明线时,用明插座),距顶 0.3m	Ⅴ	手动启动
		————	控制及信号线路(电力及照明用)
Ⓐ Ⓥ	指示式电流表、电压表	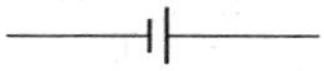 ⊣⊢	原电池或蓄电池
Wh	有功电能表	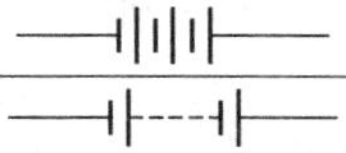 ⊣⊢⊣⊢	原电池组或蓄电池组
varh	无功电能表	 ⊣⫴⊣⊢	带抽头的原电池组或蓄电池组
AK	安培表的换相开关	⏚	接地一般符号
VK	伏特表的换相开关	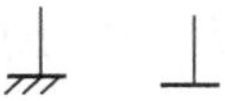 ⏚ ⊥	接机壳或接底板
⑩⑩	设计照度,100 表示 100lx	 ⏚	无噪声接地
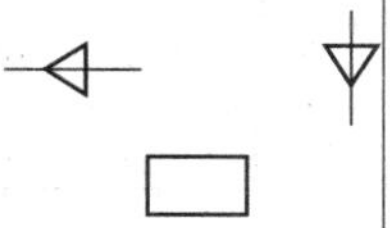 ◁ ⩒ ▭	电缆终端头控制和指示设备	 ⊕	保护接地
		 ⏚	等电位
▢	报警启动装置(点式-手动或自动)	 ▯	熔断器
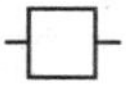 ▭	线型探测器	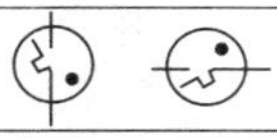 ⊙ ⊙	具有热元件的气体放电管荧光灯起动器
 ◸	火灾报警装置	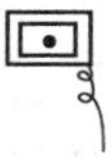 ▣	消防专用按钮
↓	热		

⑧ 照明灯具标注　照明灯具的种类有多种,安装方式各有不同,为了能在图上说明这些情况,在灯具符号旁要用文字加以标注。灯具安装方式如图 1-16 所示。

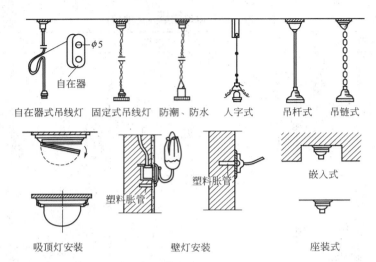

图 1-16　灯具安装方式示意图

标注灯具安装方式的文字符号见表 1-25。

表 1-25　标注灯具安装方式的文字符号

序号	安装方式	文字符号	序号	安装方式	文字符号
1	吊线式	CP	9	吸顶或直附式	S
2	自在器吊线式	CP	10	嵌入式	R
3	固定吊线式	CP1	11	顶棚上安装	CR
4	防水吊线式	CP2	12	墙壁上安装	WR
5	吊线器式	CP3	13	台上安装	T
6	吊链式	Ch	14	支架上安装	SP
7	吊杆式	P	15	柱上安装	CL
8	壁装式	W	16	座装式	HM

灯具标注的一般格式如下：

$$a\text{-}b\frac{cdL}{e}f$$

式中，a 为某场所同类灯具的个数；b 为灯具类型代号，见表 1-26；c 为灯具内安装的灯泡或灯管的数量；d 为每个灯泡或灯管的功率，W；e 为灯具安装高度，即灯具底部至地面高度，m；f 为安装方式代号，见表1-25；L 为电光源种类，见表1-27。

表 1-26 常用灯具类型代号

灯具名称	文字符号	灯具名称	文字符号
普通吊灯	P	工厂一般灯具	G
壁灯	B	荧光灯灯具	Y
花灯	H	隔爆灯	G 或专用符号
吸顶灯	D	水晶底罩灯	J
柱灯	Z	防水防尘灯	F
卤钨探照灯	L	搪瓷伞罩灯	S
投光灯	T	无磨砂玻璃罩万能型灯	W

表 1-27 电光源种类代号

序号	电光源类型	文字符号	序号	电光源类型	文字符号
1	氖灯	Ne	7	发光灯	EL
2	氙灯	Xe	8	弧光灯	ARC
3	钠灯	Na	9	荧光灯	FL
4	汞灯	Hg	10	红外线灯	IR
5	碘钨灯	I	11	紫外线灯	UV
6	白炽灯	IN	12	发光二极管	LED

例如：

$$6\text{-}Y\frac{2\times40\text{FL}}{2.5}P$$

表示该场所有 6 盏同种类型的灯；灯具的类型是荧光灯（Y）；每个灯具内有 2 根灯管；每根灯管功率为 40W；光源种类是荧光灯（FL）；采用吊杆式安装（P）；安装高度为 2.5m。

1.5.2 实际电气图识读实例

只有了解了电路的基本知识，充分熟悉了描述工程图的符号和表示方法，才可以学习识读电气工程图。读图时要按照电路中电流流动的方向和顺序，一步一步地识读图样。

（1）住宅楼单元总电气系统图识图 住宅楼单元总电气系统图如图 1-17（a）所示。图 1-17（a）中虚线框内的范围表示配电箱，这个配电箱中装有两块电能表（kW·h），其中一块电能表计量公共用电的电费，因此分为两个空间，中间的虚线表示分隔板或墙体。

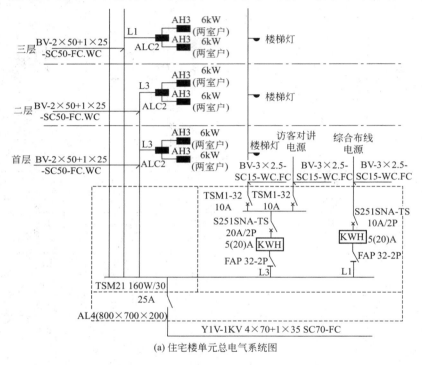

(a) 住宅楼单元总电气系统图

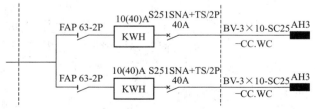

(b) 楼层电能表箱电气系统图

图 1-17　电气系统图

① 配电箱的作用是对电能进行分配和控制。进入配电箱的线路称为输入回路，一般只有一条输入回路。从配电箱出去的线路称为输出回路，输出回路根据使用要求可以是多条回路。

② 输入回路上装有一个漏电断路器，是配电箱的总电源开关，旁边标注的是漏电断路器的型号。

③ 左边三条输出回路是给各楼层供电的线路，此楼采用三相电分楼层供电，每一条输出回路是单相输出回路，A 相给五、六层供电，B 相给三、四层供电，C 相给一、二层供电。每条输出回路的标注是 BV-2×50＋1×25-SC50-FC. WC，含义是：塑料绝缘铜导线（BV）；三根导线（2×50＋1×25），其中两根规格是 $50mm^2$，一根相线、一根中线，另一根是保护线，规格是 $25mm^2$；穿直径 50mm 的钢管（SC50）；暗敷设在地面内和墙内（FC. WC）。

④ 三条输出回路的末端是各楼层的配电箱（ALC2）和各户的户内配电箱（AH3）。

⑤ 右边三条输出回路是楼内的公共用电回路，其中一条是楼梯灯回路，一条是访客对讲电源回路，一条是综合布线电源回路。三条回路的标注是 BV-3×2.5-SC15-WC. FC，三根塑料绝缘铜导线，规格是 $2.5mm^2$，穿直径 15mm 的钢管，暗敷设在墙内和地面内。

(2) 楼层电能表箱电气系统图　楼层电能表箱电气系统图如图 1-17(b) 所示。楼层电能表箱的尺寸是：宽（450mm）×高（480mm）×厚（180mm）。输入线路在箱内分为两条回路，每条回路上装一块电能表，电能表后是本层两户的户内配电箱。

(3) 户内配电箱电气系统图　户内配电箱的电气系统图如图 1-18 所示。户内配电箱的尺寸是：宽（430mm）×高（240mm）×厚（120mm）。配电箱有八条输出回路，它们分别是：照明电源、浴霸电源、普通插座电源（两条）、卫生间插座电源、厨房插座电源、空调插座电源（两条）。每条输出回路有三根导线，一根是相线 L，一根是中线 N，一根是保护线 PE。

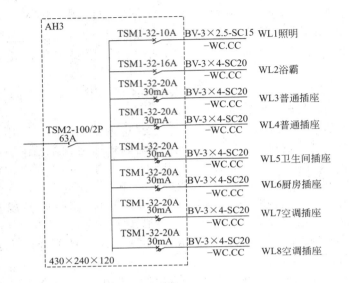

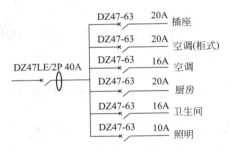

图1-18 户内配电箱电气系统图

(4) **照明平面图** 为准确无误地把各种电器安装在相应的位置上，需在住宅平面图上绘制实际电器布置图，图中标出电源进线位置，配电箱、电表位置，插座、开关灯具位置，线路敷设方式，以及电气设备和线路等各项数据。某住宅照明平面图如图1-19所示。

(5) **照明电路图** 照明电路图绘有电源进线及保护方式、用电总量、各房间负荷大小、进线导线和出线导线的型号规格、敷设方式、电能表容量、熔断器和熔丝容量、断路器型号规格等。某住宅照明电路图如图 1-20 所示。照明电气平面图如图 1-21 所示。

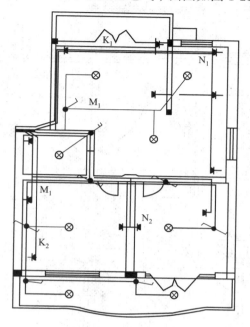

图 1-19 照明平面图

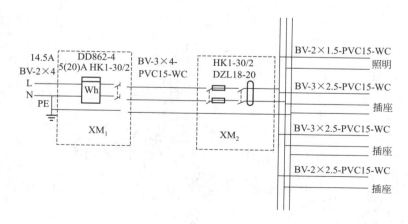

图 1-20 住宅照明电路图示例

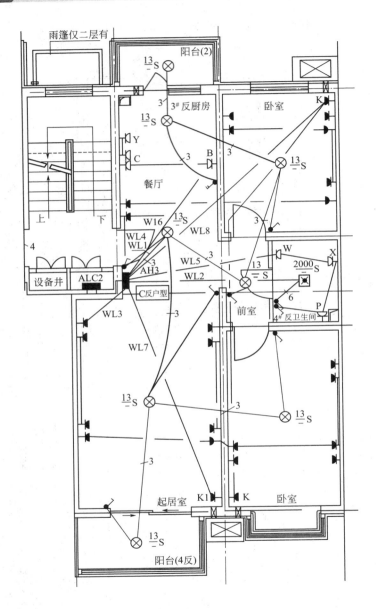

图 1-21 照明电气平面图

读照明电气平面图从电源的起点开始，图 1-21 中从楼层配电箱 ALC2 开始。配电箱 ALC2 位于楼层配电小间内，楼层配电小间在楼梯对面墙上。从配电箱 ALC2 向左右各出一条线，对应的是图 1-17(b) 所示的楼层电能表箱电气系统图的两条输出线，向右出的一条线进入户内墙上的配电箱 AH3。

图 1-21 中有八条输出回路，现在逐条识读照明电气平面图。

① WL1 回路。图 1-21 中 WL1 回路是照明回路，回路上接的是室内所有的灯具，导线的敷设方式标注为：BV-3×2.5-SC15-WC.CC，三根塑料绝缘铜导线，规格是 2.5mm²，穿直径 15mm 的钢管，暗敷设在墙内和楼板内（WC.CC）。为了用电安全，照明线路中也加上了保护线 PE。如果安装铁外壳的灯具，应对铁外壳做接零保护。

图 1-21 中 WL1 回路在配电箱右上角向下数的第二根线，线末端是门厅的灯，图中的灯都是一种类型 13W 吸顶安装（S）。门厅灯的开关在配电箱上方门旁，是单控单联开关。配电箱到灯的线上有一条小斜线，标着 3，说明这段线路里是三根导线。灯到开关的线上没有标记，说明是两根导线，一根是相线，另一根是通过开关返回灯的线，俗称开关回相线。注意图 1-21 中灯与灯之间的线路都标着三根导线，灯到单控单联开关的线路都是两根导线。

从门厅灯出两根线，一根到起居室灯，另一根到前室灯。第一根线到起居室灯的开关在灯右上方前室门外侧，是单控单联开关。从起居室灯向下在阳台上有一盏灯，开关在灯左上方起居室门内侧，是单控单联开关。起居室到阳台的门是推拉门。这段线路到达终点，回到起居室灯，从起居室灯向右为卧室灯，开关在灯上方卧室门右内侧，是单控单联开关。

回到起点门厅灯向右是第二根线到前室灯，开关在灯左面前室门内侧，是单控单联开关。从前室灯向上为卧室灯，开关在灯下方卧室门右内侧，是单控单联开关。从卧室灯向左为厨房灯，开关在灯右下方，是单控双联开关。灯到单控双联开关的线路是三根导线，一根是相线，另两根是通过开关返回的开关回相线。双联开关中一个开关是厨房灯开关，另一个开关是厨房外阳台灯的开关。厨房灯的符号说明是防潮灯。

② WL2 回路。图 1-21 中 WL2 回路是浴霸电源回路，导线的敷设方式标注为：BV-3×4-SC20-WC. CC，三根塑料绝缘铜导线，规格是 4mm²，穿直径 20mm 的钢管，暗敷设在墙内和楼板内（WC. CC）。

图 1-21 中 WL2 回路在配电箱中间向右到卫生间，接卫生间内的浴霸，2000W 吸顶安装（S）。浴霸的开关是单控五联开关，灯到开关是六根导线，浴霸上有四个取暖灯泡和一个照明灯泡，各用一个开关控制。

③ WL3 回路。图 1-21 中 WL3 回路是普通插座回路，导线的敷设方式标注为：BV-3×4-SC20-WC. CC，三根塑料绝缘铜导线，规格是 4mm²，穿直径 20mm 的钢管，暗敷设在墙内和楼板内（WC. CC）。

图 1-21 中 WL3 回路从配电箱左下角向下，接起居室和卧室的七个插座，均为单相双联插座。起居室有四个插座，穿过墙到卧室，卧室内有三个插座。

④ WL4 回路。图 1-21 中，WL4 回路是另一条普通插座回路，线路敷设情况与 WL3 回路相同。

图 1-21 中，WL4 回路从配电箱向上，接门厅插座后向右进卧室，卧室内有三个插座。

⑤ WL5 回路。图 1-21 中，WL5 回路是卫生间插座回路，线路敷设情况与 WL3 回路相同。

图 1-21 中 WL5 回路在 WL3 回路上边，接卫生间内的三个插座，均为单相单联三孔插座，此处插座符号没有涂黑，说明是防水插座。其中第二个插座为带开关插座，第三个插座也由开关控制，开关装在浴霸开关的下面，是一个单控单联开关。

⑥ WL6 回路。图 1-21 中，WL6 回路是厨房插座回路，线路敷设情况与 WL3 回路相同。

图 1-21 中 WL6 回路从配电箱右上角向上，厨房内有三个插座，其中第一个和第三个插座为单相单联三孔插座，第二个插座为单相双联插座，均使用防水插座。

⑦ WL7 回路。图 1-21 中，WL7 回路是空调插座回路，线路敷设情况与 WL3 回路相同。

图 1-21 中，WL7 回路从配电箱右下角向下，接起居室右下角的单相单联三孔插座。

⑧ WL8 回路。图 1-21 中，WL8 回路是另一条空调插座回路，线路敷设情况与 WL3 回路相同。

图 1-21 中 WL8 回路从配电箱右侧中间向右上，接上面卧室右上角的单相单联三孔插座，然后返回卧室左面墙，沿墙向下到下面卧室左下角的单相单联三孔插座。

(6) 电器布置图 在装饰装修中，为了更准确安装各电器的位置，可绘制电器布置图，更直观地表示出电气设备在建筑物中的相对位置。某住宅电器布置图如图 1-22 所示。

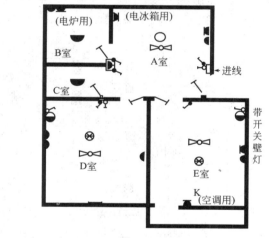

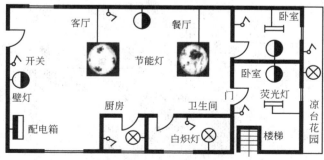

图 1-22 住宅电器布置图示例

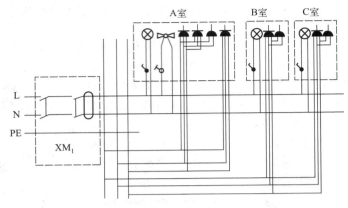

图 1-23　住宅电器接线图示例

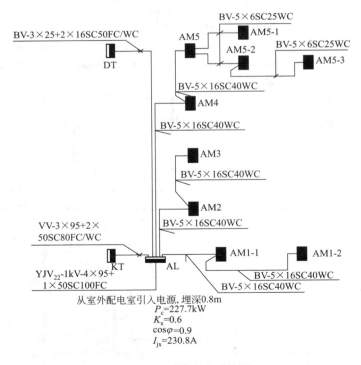

从室外配电室引入电源，埋深0.8m
P_c=227.7kW
K_x=0.6
$\cos\varphi$=0.9
I_{jx}=230.8A

图 1-24　干线配电系统图

(7) **电器接线图** 在装饰装修电气设备安装中，为保证接线准确无误，要绘制、并阅读电器接线图，它比照明电路图更清楚地表示出了各用电器具的连接关系。某住宅电器接线图如图 1-23 所示。

(8) **配电系统图** 配电系统图是表现各种电气设备的平面位置、空间位置、安装方式及相互关系的图。某干线配电系统图如图 1-24 所示。

(9) **弱电平面图** 弱电平面图如图 1-25 所示。

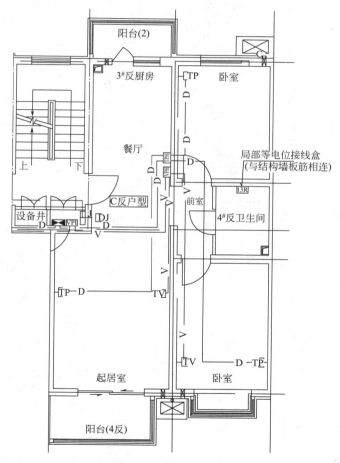

图 1-25 弱电平面图

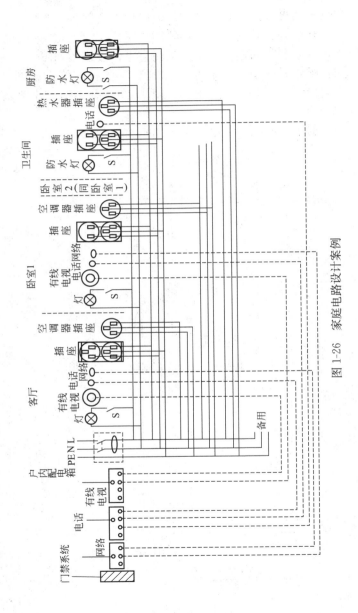

图 1-26 家庭电路设计案例

　　弱电是相对于照明用电的电气系统，这里只讲电话系统和电视系统。

　　① 电话系统。在图 1-25 中，楼层配电小间内有一个电话组线箱。组线箱下面向右的线是进入本单元的电话线。在餐厅墙上有一个电话接线盒（TPH），电话进线在盒内分接成三根线，分别接到起居室和两个卧室，在起居室和两个卧室的墙上装电话插座（TP），电话线上标 D。

　　② 电视系统。图 1-25 中在电话组线箱右侧是电视设备箱（VPI），电视设备箱下面向右的线是进入本单元的电视线。在餐厅墙上电话接线盒下面是一个电视接线盒（VPH），从电视接线盒出两根线到起居室和下面的卧室，在起居室和卧室的墙上装电视插座（TV），电视线上标 V。

　　（10）家庭电路设计案例图　家庭电路设计案例如图 1-26 所示。

　　（11）家庭电路的元器件清单列表方法　家庭电路的元器件清单列表方法具体参考格式如表 1-28 所示。

表 1-28　家庭电路的元器件清单列表

序号	名称	规格	要求
1	漏电断路器或断路器	DZ47LEC45N/1P16A	除两路空调外，其余均需有漏电保护
2	灯开关	按钮式	
3	插座	空调插座 14～20A	1.8m
		厨房插座 14～20A	1.3m
		热水器插座 10～15A	2.2m
		其余插座 4～10A	其余插座距地面 0.3m
4	...		

　　（12）电工装修预算及价格预算　装饰装修工程的账目包括设计单、材料单、预算单、时间单、权益单。

　　水、电安装工程计价方法为：水、电安装工程计价就是确定给排水、电气照明安装工程全部安装费用，包括材料、器具的购置费以及安装费、人工费。

装修价格主要由材料费＋人工费＋设计费＋其他费用组成，具体见表1-29。

表 1-29 装修价格项目组成

种 类	说 明
材料费	质量、型号、品牌、购买点等不同，材料市场价不同。另外，还需要考虑一些正常的损耗
人工费	因人而异，因级别不同，一般以当地实际可参考价来预算。材料费与人工费统称为成本费
设计费	设计费包括人工设计费用、电脑设计费用，因人而异，因级别不同
其他费用	包括利润、管理费。该项比较灵活

1.6 电工安全须知

1.6.1 电流对人体伤害的类型及对人体作用电流的种类

(1) 电流对人体伤害的类型

① 电击 电击是电流对人体内部组织造成的伤害。仅50mA的工频电流即可使人遭到致命电击，神经系统受到电流强烈刺激，引起呼吸中枢衰竭，严重时心室纤维性颤动，以致引起昏迷和死亡。

按照人体触及带电体的方式和电流通过人体的途径，电击触电可分为以下三种情况。

a. 单相触电。单相触电是指在地面上或其他接地导体上，人体某一部位触及一相带电体的触电事故。对于高电压，人体虽然没有触及，但因超过了安全距离，高电压对人体产生电弧放电，也属于单相触电。

单相触电的危险程度与电网运行方式有关，一般情况下，接地电网的单相触电比不接地电网的危险性大。

b. 两相触电。两相触电是指人体两处同时触及两相带电体而发生的触电事故。无论电网的中性点接地与否，其危险性都比较大。

　　c.跨步电压触电。当电网或电气设备发生接地故障时，流入地中的电流在土壤中形成电位，地表面也形成以接地点为圆心的径向电位差分布。人行走时前后两脚间（一般按0.8m计算）电位差达到危险电压而造成的触电，称为跨步电压触电。

　　漏电处地电位的分布如图1-27所示，人离接地点越近，跨步电压越高，危险性越大。一般在距接地点20m以外，可以认为地电位为零。

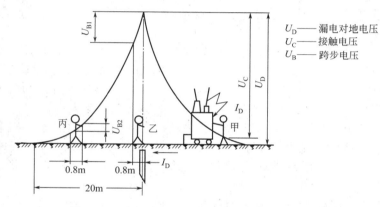

U_D——漏电对地电压
U_C——接触电压
U_B——跨步电压

图1-27　对地电压、接触电压和跨步电压示意图

　　在高压故障接地处，或有大电流流过接地装置附近，都可能出现较高的跨步电压，因此要求在检查高压设备的接地故障时，室内不得接近接地故障点4m以内，室外不得接近接地故障点8m以内。若进入上述范围，工作人员必须穿绝缘靴。

　　② 电伤　电伤是电流的热效应、化学效应、光效应或机械效应对人体造成的伤害。电伤会在人体上留下明显伤痕，有灼伤、电烙印和皮肤金属化三种。

　　电弧灼伤是由弧光放电引起的，比如低压系统带负荷刀开关，错误操作造成的线路短路、人体与高压带电部位距离过近而放电，都会造成强烈弧光放电。电弧灼伤也能使人致命。

　　电烙印通常是在人体与带电体紧密接触时，由电流的化学效应和机械效应而引起的伤害。

皮肤金属化是由于电流熔化和蒸发的金属微粒渗入表皮所造成的伤害。

(2) 对人体作用电流的种类 对于工频交流电，按照通过人体的电流大小而使人体呈现不同的状态，可将电流划分为三级。

① 感知电流 引起人的感觉的最小电流称感知电流，人接触这样的电流会有轻微麻感。实验表明，成年男性平均感知电流有效值约为 1.1mA，成年女性约为 0.7mA。

感知电流一般不会对人造成伤害，但是接触时间长，表皮被电解后电流增大时，感觉增强，反应变大，可能造成坠落等间接事故。

② 摆脱电流 电流超过感知电流并不断增大时，触电者会因肌肉收缩，发生痉挛而紧握带电体，不能自行摆脱电源。人触电后能自行摆脱电源的最大电流称为摆脱电流。一般成年男性平均摆脱电流为 16mA，成年女性约为 10.5mA，儿童较成年人小。

摆脱电流是人体可以忍受而一般不会造成危险的电流。如果通过人体的电流超过摆脱电流且时间过长，则会造成昏迷、窒息，甚至死亡。因此，人摆脱电流能力随着触电时间的延长而降低。

③ 致命电流 在较短时间致命的电流，称为致命电流。电流达到 50mA 以上，就会引起心室颤动，有生命危险，100mA 以上的电流，则足以致死。而接触 30mA 以下的电流通常不会有生命危险。

1.6.2 触电类型

(1) 单相触电 当人体直接碰触带电设备其中的一相时，电流通过人体流入大地，这种触电现象称为单相触电。对于高电压带电体，人体虽未直接接触，但由于超过了安全距离，高电压对人体放电，造成单相接地而引起的触电，也属于单相触电。

低压电网通常采用变压器低压侧中性点直接接地和中性点不直接接地（通过保护间隙接地）的接线方式，这两种接线方式发生单相触电的情况如图 1-28 所示。

在中性点直接接地的电网中，通过人体的电流为

$$I_r = \frac{U}{R_r + R_0}$$

式中，U 为电气设备的相电压；R_0 为中性点接地电阻；R_r 为人体电阻。

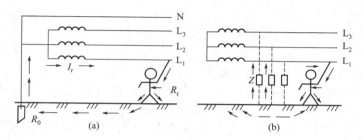

图 1-28 单相触电示意图

因为 R_0 和 R_r 相比较，R_0 甚小，可以略去不计，因此

$$I_r = \frac{U}{R_r}$$

从上式可以看出，若人体电阻按照 1000Ω 计算，则在 220V 中性点接地的电网中发生单相触电时，流过人体的电流将达 220mA，已大大超过人体的承受能力，可能危及生命。

在低压中性点直接接地电网中，单相触电事故在地面潮湿时易于发生。

(2) **两相触电** 人体同时接触带电设备或线路中的两相导体，或在高压系统中，人体同时接近不同相的两相带电导体，而发生电弧放电，电流从一相导体通过人体流入另一相导体，构成一个闭合回路，这种触电方式称为两相触电。

发生两相触电时，作用于人体上的电压等于线电压，这种触电是最危险的。

(3) **跨步电压触电** 当电气设备发生接地故障，接地电流通过接地体向大地流散，在地面上形成电位分布时，若人在接地短路点周围行走，其两脚之间的电位差，就是跨步电压。由跨步电压引起的人体触电，称为跨步电压触电。

下列情况和部位可能发生跨步电压电击：

　　① 带电导体，特别是高压导体故障接地处，流散电流在地面各点产生的电位差造成跨步电压电击；

　　② 接地装置流过故障电流时，流散电流在附近地面各点产生的电位差造成跨步电压电击；

　　③ 正常时有较大工作电流流过的接地装置附近，流散电流在地面各点产生的电位差造成跨步电压电击；

　　④ 防雷装置接受雷击时，极大的流散电流在其接地装置附近地面各点产生的电位差造成跨步电压电击；

　　⑤ 高大设施或高大树木遭受雷击时，极大的流散电流在附近地面各点产生的电位差造成跨步电压电击；

　　⑥ 跨步电压的大小受接地电流大小、鞋和地面特征、两脚之间的跨距、两脚的方位以及离接地点的远近等很多因素的影响。人的跨距一般按 0.8m 考虑。

1.6.3　触电急救

　　触电救护的第一步是使触电者迅速脱离电源；第二步是现场救护。

　　(1) 触电急救的要点　触电急救的要点是：抢救迅速与救护得法。即用最快的速度现场采取积极措施，保护触电人员生命，减轻伤情，减少痛苦，并根据伤情要求，迅速联系医疗部门救治。即使触电者失去知觉心跳停止，也不能轻率地认定触电者死亡，而应看作是"假死"，施行急救。

　　发现有人触电后，首先要尽快使其脱离电源，然后根据具体情况，迅速对症救护。有触电后经 5h 甚至更长时间的连续抢救而获得成功的先例，这说明触电急救对于减小触电死亡率是有效的，但无效死亡者为数甚多，其原因除了发现过晚外，主要是救护人员没有掌握触电急救方法。因此，掌握触电急救方法十分重要。我国《电业安全工作规程》将紧急救护法列为电气工作人员必须具备的从业条件之一。

　　(2) 解救触电者脱离电源的方法　触电急救的第一步是使触电者迅速脱离电源，因为电流对人体的作用时间越长，对生命的威胁越大。具体方法如下。

① 脱离低压电源的方法　脱离低压电源可用"拉""切""挑""垫""拽"五字来概括。

拉：指就近拉开电源开关、拔出插头或瓷插熔断器。

切：当电源开关、插座或瓷插熔断器距离触电现场较远时，可用带有绝缘柄的利器切断电源线。切断时应防止带电导线断落触及周围的人体。多芯绞合线应分相切断，以防短路伤人。

挑：如果导线搭落在触电者身上或压在身下，这时可用干燥的木棒、竹竿等挑开导线，或用干燥的绝缘绳套拉导线或触电者，使触电者脱离电源。

拽：救护人员可戴上手套或在手上包缠干燥的衣服等绝缘物品拖拽触电者，使之脱离电源。如果触电者的衣裤是干燥的，又没有紧缠在身上，救护人可直接用一只手抓住触电者不贴身的衣物，将其拉脱电源，但要注意拖拽时切勿接触触电者的皮肤。也可站在干燥的木板、橡胶垫等绝缘物品上，用一只手将触电者拖拽开。

垫：如果触电者由于痉挛，手指紧握导线，或导线缠在身上，可先用干燥的木板塞进触电者身下，使其与大地绝缘，然后再采取其他的办法把电源切断。

② 脱离高压电源的方法　由于电源的电压等级高，一般绝缘物品不能保证救护人的安全，而且高压电源开关距离现场较远、不便拉闸。因此，使触电者脱离高压电源的方法与脱离低压电源的方法有所不同。通常的做法是：

a.立即电话通知有关供电部门拉闸停电。

b.如果电源开关离触电现场不太远，则可戴上绝缘手套，穿上绝缘靴，拉开高压断路器，或用绝缘棒拉开高压跌落熔断器以切断电源。

c.往架空线路抛挂裸金属软导线，人为造成线路短路，迫使继电器保护装置动作，从而使电源开关跳闸。抛挂前，将短路线的一端先固定在铁塔或接地引下线上，另一端系重物。抛掷短路线时，应注意防止电弧伤人或断线危及人员安全，也要防止重物砸伤人。

d.如果触电者触及断落在地上的带电高压导线，且尚未确认线路没有电之前，救护人员不可进入断线落地点 7～10m 的范围内，以防止跨步电压触电。进入该范围的救护人员应穿上绝缘靴或临时双脚并拢跳跃地接近触电者。触电者脱离带电导线后应迅速将其带至 7～10m 以外，然后立即开始触电急救。只有在确认线路已经没有电时，才可在触电者离开导线后就地急救。

　　③ 使触电者脱离电源的注意事项

　　a. 救护人不得采用金属和其他潮湿物品作为救护工具。

　　b. 未采取绝缘措施前，救护人不得直接触及触电者的皮肤和潮湿的衣服。

　　c. 在拉触电者脱离电源的过程中，救护人应该用单手操作，这比较安全。

　　d. 当触电者位于高位时，应采取措施预防触电者在脱离电源后坠地摔死。

　　e. 夜间发生触电事故时，应考虑切断电源后的临时照明问题，以利救护。

　　(3) 现场救护　抢救触电者首先应使其迅速脱离电源，然后立即就地抢救。关键是"差别情况与对症救护"，同时派人通知医务人员到现场。

　　根据触电者受伤害的轻重程度，现场救护有以下几种措施。

　　① 触电者未失去知觉的救护措施　如果触电者所受的伤害不太严重，神志尚清醒，只是心悸、头晕、出冷汗、恶心、呕吐、四肢发麻、全身乏力，甚至一度昏迷但未失去知觉，则可先让触电者在通风暖和的地方静卧休息，并派人严密观察，同时请医生前来或送往医院救治。

　　② 触电者已失去知觉的抢救措施　如果触电者已失去知觉，但呼吸和心跳尚正常，则应使其舒适地平卧着，解开衣服以利呼吸，四周不要围人，保持空气流通，冷天应注意保暖，同时立即请医生前来或送往医院诊治。若发现触电者呼吸困难或心跳失常，应立即施行人工呼吸或胸外心脏按压。

　　③ 对"假死"者的急救措施　如果触电者呈现"假死"现象，则可能有三种临床症状：一是心跳停止，但尚能呼吸；二是呼吸停止，但心跳尚存（脉搏很弱）；三是呼吸和心跳均已停止。"假死"症状的判定方法是"看""听""试"。"看"是观察触电者的胸部、腹部有没有起伏动作；"听"是用耳贴近触电者的口鼻处，听有没

有呼气声音；"试"是用手或小纸条测试口鼻有没有呼吸的气流，再用两手指轻压一侧喉结旁凹陷处的颈动脉感觉有没有搏动。若既没有呼吸又没有颈动脉搏动的感觉，则可判定触电者呼吸停止，或心跳停止，或呼吸、心跳均停止。"看""听""试"的操作方法如图 1-29 所示。

图 1-29 判断"假死"的看、听、试

(4) 抢救触电者生命的心肺复苏法 当判定触电者呼吸和心跳停止时，应立即按心肺复苏法就地抢救。所谓心肺复苏法，就是支持生命的三项基本措施，即：通畅气道；口对口（鼻）人工呼吸；胸外按压。

① 通畅气道：若触电者呼吸停止，应采取措施始终确保气道通畅，其操作要领是：

a.清除口中异物：使触电者仰面躺在平硬的地方，迅速解开开其领口、围巾、紧身衣和裤带。如发现触电者口内有食物、假牙、血块等异物，可将其身体及头部同时侧转，迅速用一根手指或两根手指交叉从口角处插入，从中取出异物。要注意防止将异物推到咽喉深处。

b.采用仰头抬颌法通畅气道：一只手放在触电者前额，另一只手的手指将其颌骨向上抬起，气道即可通畅（如图 1-30 所示）。气道是否通畅如图 1-31 所示。

为使触电者头部后仰，可将其颈部下方垫适量厚度的物品，但严禁垫在头下，因为头部抬高前倾会阻塞气道，还会使施行胸外按压时流向胸部的血量减小，甚至完全消失。

② 口对口（鼻）人工呼吸：救护人在完成气道通畅的操作后，应立即对触电者施行口对口或口对鼻人工呼吸。口对鼻人工呼吸适用于触电者嘴巴紧闭的情况。

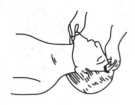

图 1-30　仰头抬颌法

(a)　　　　(b)

图 1-31　气道状况

人工呼吸的操作要领如下。

a. 先大口吹气刺激起搏：救护人蹲跪在触电者一侧，用放在其额上的手指捏住其鼻翼，另一只手的食指和中指轻轻托住其下巴；救护人深吸气后，与触电者口对口，先连续大口吹气两次，每次 1～1.5s。然后用手指测试其颈动脉是否有搏动，如仍没有搏动，可判断心跳确已停止。在实施人工呼吸的同时，应进行胸外按压。

b. 正常口对口人工呼吸（图 1-32）：大口吹气两次测试搏动后，立即转入正常的人工呼吸阶段。正常的吹气频率是每分钟约 12 次（对儿童则每分钟 20 次，吹气量应该小些，以免肺泡破裂）。救护人换气时，应将触电者的口或鼻放松，让其借自己胸部的弹性自动吐气。吹气和放松时要注意触电者胸部有没有起伏的呼吸动作。

图 1-32　口对口
人工呼吸

吹气时如有较大的阻力，可能是头部后仰不够，应及时纠正，使气道保持畅通。

c. 口对鼻人工呼吸：触电者如牙关紧闭，可改成口对鼻人工呼吸。吹气时要使其嘴唇紧闭，防止漏气。

③ 胸外按压：胸外按压是借助人力使触电者恢复心脏跳动的急救方法，其有效性在于选择正确的按压位置和采取正确的按压姿势。

(5) 胸外按压的操作要领

① 确定正确的按压位置　右手的食指和中指沿触电者的右侧肋弓下缘向上，找到肋骨和胸骨接合处的中点。

右手的两手指并齐，中指放在切迹中点（剑突底部），食指平放在胸骨下部，另一只手的掌根紧挨食指上缘，置于胸骨上，掌根处即为正确按压位置，如图 1-33 所示。

② 正确的按压姿势　使触电者仰面躺在平硬的地方并解开其衣服。仰卧姿势与口对口人工呼吸法相同。救护人立或跪在触电者一侧肩旁，两肩位于其胸骨正上方，两臂伸直，肘关节固定不动，两手掌相叠，手指翘起，不接触其胸壁。以髋关节为支点，利用上身的重力，垂直将正常成人胸骨压陷 2～5cm（儿童和瘦弱者酌减）。压至要求程度后，立即全部放松，但救护人的掌根不得离开触电者的胸膛。

按压姿势与用力方法如图 1-34 所示。按压有效的标志是在按压过程中可以触及到颈动脉搏动。

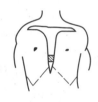

图 1-33　正确的按压位置　　图 1-34　按压姿势与用力方法

③ 恰当的按压频率　胸外按压要以均匀速度进行。操作频率以每分钟 80 次为宜。当胸外按压与口对口（鼻）人工呼吸同时进行时，操作的节奏为：单人救护时，每按压 15 次后吹气 2 次（15∶2），反复进行；双人救护时，每按压 5 次后由另一人吹气 1 次（5∶1），反复进行。

④ 现场救护中的注意事项

a.抢救过程中应适时对触电者进行再判定，判定方法如下。

按压吹气 1min 后（相当于单人抢救时做了 4 个 15∶2 循环），应采用"看""听""试"的方法在 4～7s 内完成对触电者伤员是否恢复自然呼吸和心跳的再判断。

若判定触电者已有颈动脉搏动，但仍没有呼吸，则可暂停胸外挤压，再进行两次口对口人工呼吸，接着每隔 5s 吹气一次（相当于每分钟 12 次）。如果脉搏和呼吸仍未能恢复，则继续坚持进行心肺复苏法抢救。

抢救过程中，要每隔数分钟再判定一次触电者的呼吸和脉搏情况，每次判定时间不得超过 4～7s。在医务人员未接替抢救之前，现场人员不得放弃现场抢救。

b. 抢救过程中移送触电伤员时的注意事项如下。

心肺复苏法应在现场就地坚持进行，不要图方便而随意移动伤员。如确有需要移动时，抢救中断时间不应超过 30s。

移动触电伤员或送往医院，应使用担架，并在其背部垫以木板，不可让伤员身体蜷曲着进行搬运（见图 1-35）。移送途中应继续抢救，在医务人员未接替救治前不可中断抢救。

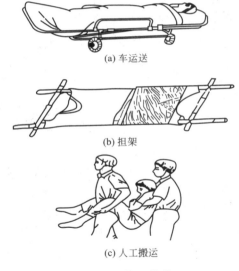

(a) 车运送

(b) 担架

(c) 人工搬运

图 1-35　搬运伤员

应创造条件，用装有冰屑的塑料袋做成帽状包绕在伤员头部，露出眼睛，使脑部温度降低，争取使触电者心、肺、脑得以复苏。

c. 伤员好转后的处理。如果伤员的心跳和呼吸经抢救后均已恢复，可暂停心肺复苏法操作。但心跳呼吸恢复早期仍可能再次骤停，救护人应严密监护，不可麻痹，要随时准备再次抢救。触电伤员恢复之初，往往神志不清、精神恍惚或情绪躁动不安，应设法使其安静下来。

d. 慎用药物。首先要明确任何药物都不能代替人工呼吸和胸外挤压。必须强调的是，对触电者用药或注射针剂，应由有经验的医生诊断确定，慎重使用。例如肾上腺素有使心脏恢复跳动的作用，但也可使心脏由跳动微弱转为心室颤动，从而导致触电者心跳停止而死亡。因此，如没有准确诊断和足够的把握，不得乱用此类药物。而在医院内抢救时，则由医务人员根据医疗仪器设备诊断的结果决定是否采用这类药物。

此外，禁止采取冷水浇淋、猛烈摇晃、大声呼喊或架着触电者跑步等"土"办法，因为人体触电后，心脏会发生颤动，脉搏微弱，血流混乱，在这种情况下用上述办法刺激心脏，会使伤员因急性心力衰弱而死亡。

e. 触电者死亡的认定。对于触电后失去知觉、呼吸、心跳停止的触电者，在未经心肺复苏急救之前，只能视为"假死"。任何在事故现场的人员，都有责任及时、不间断地进行抢救。抢救时间应坚持 6h 以上，直到救活或医生做出临床死亡的认定为止。只有医生才有权认定触电者经抢救无效死亡。

第2章
装修水电工常用工具仪表

2.1 通用工具

2.1.1 通用电工工具

(1) **验电器** 验电器是一种检验导线和设备是否带电的常用工具。

低压验电器分笔式（图 2-1）和旋具式［图 2-2(b)］两种，它们的内部结构相同，主要由电阻、氖管、弹簧组成。

图 2-2(a) 所示为钢笔式验电笔的正确握法和错误握法，而图 2-2(b) 所示是螺钉旋具式验电笔的正确握法和错误握法。

只要带电体与地之间至少有 60V 的电压，验电笔的氖管就可以发光。

使用验电笔时，氖管窗口应在避光的一面，方便观察。

(2) **电烙铁** 电烙铁是电子产品生产与维修中不可缺少的焊接工具，主要利用电加热电阻丝或 PTC 加热元件产生热能，并将热量传送到烙铁头来实现焊接，有内热式、外热式和电子恒温式等多种。

① 内热式电烙铁 内热式电烙铁的铁头插在烙铁芯上，具有发热快、效率高的特点，根据功率的不同，通电 2～5min 即可使用，最高温度可达 350℃左右。内热式电烙铁的优点是重量轻、体

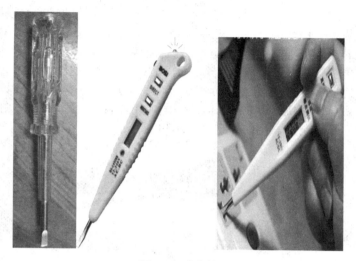

图 2-1 验电笔

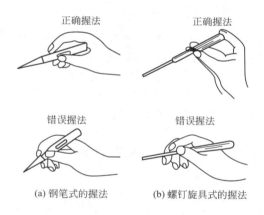

正确握法　　　　　　　正确握法

错误握法　　　　　　　错误握法

(a) 钢笔式的握法　　　(b) 螺钉旋具式的握法

图 2-2 验电笔的握法

积小、发热快、耗电省、热效率高，因此很适合电子产品生产与维修使用，在焊机维修中主要用于维修电控板。常用的内热式电烙铁有 20W、25W、30W、50W 等多种，电子设备修理一般用 20～30W 内热式电烙铁就可以了。

a.结构：如图 2-3 所示，由外壳、手柄、烙铁头、烙铁芯、电源线等组成。手柄由耐热的胶木制成，不会因烙铁的热度而损坏手柄。烙铁头由紫铜制成，其质量的好坏，与焊接质量有很大关系。烙铁芯是用很细的镍铬电阻丝在瓷管上绕制而成的，在常态下它的电阻值根据功率的不同为 $1\sim3k\Omega$。烙铁芯外壳一般由无缝钢管制成，因此不会因温度过热而变形。某些快热型电烙铁由黄铜管制成，由于传热快，不应该长时间通电使用，否则会损坏手柄。接线柱用铜螺钉制成，用来固定烙铁芯和电源线。

图 2-3　内热式电烙铁的外形及结构

b.使用：新烙铁在使用前应该用万用表测电源线两端的阻值，如果阻值为零，说明内部碰线，应拆开，将碰线处断开再插上电源；如果阻值无穷大，多数是烙铁芯或引线断开；如果阻值在 $3k\Omega$ 左右，再插上电源，通电几分钟后，拿起烙铁在松香上蘸一下，正常时应该冒烟并有"吱吱"声，这时再蘸锡，让锡在烙铁上布满才好焊接。

注意：一定要先将烙铁头在松香上蘸一下再通电，防止烙铁头氧化，从而延长其使用寿命。

② 焊接　拿起烙铁不能马上焊接，应该先在松香或焊锡膏（焊油）上蘸一下（目的：一是去掉烙铁头上的污物；二是试验温度），然后再去蘸锡，初学者应养成这一良好的习惯。待焊的部位应该先蘸一点焊油，过分脏的部分应先清理干净，再蘸上焊油去焊接。焊油不能用得太多，不然会腐蚀线路板，造成很难修复的故障，如有松香应尽可能使用松香焊接。烙铁通电后，放置时烙铁的头应高于手柄，否则手柄容易烧坏。如果烙铁过热，应该把烙铁头从芯外壳上向外拔出一些；如果温度过低，可以把头向里多插一

些，从而得到合适的温度（市电电压低时，不易熔锡，无法保证焊接质量）。对于焊接管子和集成电路等元件，焊接速度要快，否则容易烫坏元件，但是，必须要待焊锡完全熔在线路板和零件引脚上后才能拿开烙铁，否则会造成假焊，给维修带来不便。

焊接技术看起来是件容易事，但真正把各种机件焊接好还需要一个锻炼的过程，例如，焊什么件，需多大的焊点，需要多高温度，需要焊多长时间，都需要在实践中不断地摸索。

③ 维修

a. 换烙铁芯。烙铁芯由于长时间工作，故障率较高，更换时，首先取下烙铁头，用钳子夹住胶木连接杆，松开手柄，把接线柱螺钉松开，取下电源线和坏的烙铁芯。然后将新芯从接线柱的管口处放入芯外壳内，插入的位置应该与芯外壳另一端平齐。最后，将芯的两引线和电源引线一同绕在接线柱上紧固好，上好手柄和烙铁头即可。

b. 换烙铁头。烙铁头使用一定时间后会被烧得很小，无法蘸锡，这就需要换新的。把旧的烙铁头拔下，换上合适的；如果太紧可以把弹簧取下，如果太松可以在未上之前用钳子镊紧。烙铁头最好使用铜棒车制成的，不应该使用铜等夹芯的。两者区分方法为手制的有圆环状的纹，夹芯的没有。

(3) 外热式电烙铁 外热式电烙铁由烙铁头、传热筒、烙铁芯、外壳、手柄等组成，其中烙铁芯是用电阻丝绕在薄云母片绝缘的筒子上制成的。烙铁芯套在烙铁头的外面，故称外热式电烙铁。

电烙铁主要用于焊接各种导线接头，外形如图 2-4 所示。

外热式电烙铁一般通电加热时间较长，且功率越大，热得越慢。功率有 74～300W 等多种。体积比较大，也比较重，所以在修理小件电器中用得较少，多用于焊接较大的金属部件，使用及修理方法与内热式相同。

(4) 螺钉旋具（螺丝刀） 如图 2-5 所示。

① 一字形螺钉旋具，常用尺寸有 100mm、150mm、200mm、300mm、400mm5 种。

② 十字形螺钉旋具，规格有 4 种。Ⅰ 号适用直径为 1～25mm、Ⅱ 号为 2～5mm、Ⅲ 号为 5～8mm、Ⅳ 号为 10～12mm。

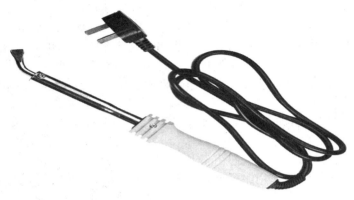

图 2-4　外热式电烙铁

③ 多用螺钉旋具目前仅 230mm 一种。

注意事项： 电工不可使用金属杆直通柄顶的螺钉旋具，否则使用时容易造成触电事故。

螺丝刀的使用：如图 2-6 所示为螺丝刀的使用方法。图 2-6（a）所示为大螺丝刀的使用方法；图 2-6（b）所示为小螺丝刀的使用方法。

图 2-5　螺钉旋具

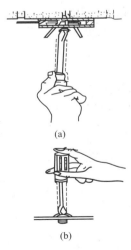

（a）

（b）

图 2-6　螺丝刀的使用方法

(5) 钢丝钳 钢丝钳如图 2-7 所示，主要由钳头和钳柄构成。钳口用来弯绞或钳夹导线，齿口用来紧固或起松螺母，刀口用来剪切导线或剖切软导线绝缘层，如图 2-8 所示。

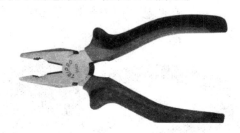

图 2-7 钢丝钳

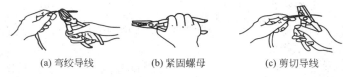

(a) 弯绞导线　　　　(b) 紧固螺母　　　　(c) 剪切导线

图 2-8 电工钢丝钳各部分的用途

钢丝钳常用的规格有 150mm、175mm、200mm 三种。电工所用的钢丝钳，在钳柄上应套有耐压为 500V 以上的绝缘套管。

(6) 尖嘴钳 尖嘴钳有铁柄和绝缘两种，绝缘柄的耐压为 500V，其外形如图 2-9 所示。

图 2-9 尖嘴钳

尖嘴钳的用途：

① 剪断细小金属丝。

② 夹持螺钉、垫圈、导线等元件。

③ 在装接电路时，尖嘴钳可将单股导线弯成一定圆弧的接线鼻子。

(7) 断线钳 断线钳又称斜口钳，其中电工用的绝缘柄断线钳的外形如图 2-10 所示，其耐压为 500V。

断线钳专供剪断较粗的金属丝、线材及电磁线电缆等用。

(8) 电工刀 电工刀是电工用来剖削的常用工具，图 2-11 所示为其外形。

 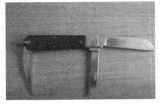

图 2-10　断线钳　　　　　　　图 2-11　电工刀

电工刀的使用：在切削导线时，刀口必须朝人身外侧剥去塑料导线外皮，步骤如下。

① 用电工刀以 45°角倾斜切入塑料层并向线端推削，见图 2-12（a）、（b）；

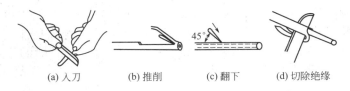

(a) 入刀　　　(b) 推削　　　(c) 翻下　　　(d) 切除绝缘

图 2-12　塑料线头的剖削

② 削去一部分塑料层，再将另一部分塑料层翻下，最后将翻下的塑料层切去，至此塑料层全部削掉且露出芯线，见图 2-12（c）、（d）。

电工刀平时常用来削木榫来代替胀栓。

(9) 紧线器 紧线器主要用来收紧户内外的导线，由夹线钳头、定位钩、收紧齿轮和手柄等组成，如图 2-13 所示。使用时，定位钩钩住架线支架或横担，夹线钳头夹住需收紧导线的端部，扳动手柄，逐步收紧。

(10) 剥线钳 剥线钳主要用来剥离 6mm² 以下塑料或橡皮电

磁线的绝缘层，由钳头和手柄两部分组成，如图 2-14 所示。钳头部分由压线口和切口构成，分有直径 0.5～3mm 的多个切口，以适用于不同规格的线芯。使用时，电磁线必须放在大于其线芯直径的切口上切削，否则会伤线芯。

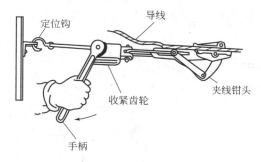

图 2-13　紧线器的构造和使用

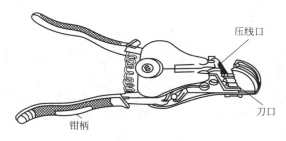

图 2-14　剥线钳

（11）**扳手**　主要有活络扳手、开口扳手（图 2-15）、内六角扳手、外六角扳手、梅花扳手等，主要用于紧固和拆卸电焊机的螺钉和螺母。

图 2-15　开口扳手

2.1.2　通用钳工工具

(1) 直接划线工具　直接划线工具有划针、划规、划卡、划线盘和样冲。

① 划针　划针［见图 2-16(a)、（b)］是在工件表面划线用的工具，常用 $\phi 2$～6mm 的工具钢或弹簧钢丝制成并经淬硬处理。有的划针在尖端部分焊有硬质合金，这样划针更锐利，耐磨性好。划线时，划针要依靠钢直尺或直角尺等工具而移动，并向外倾斜 15°～20°，向划线方向倾斜 45°～75°［见图 2-16(c)］。在划线时，要做到尽可能一次划成，使线条清晰、准确。

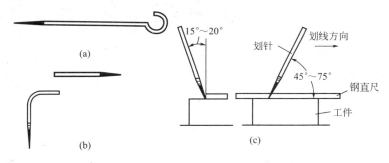

图 2-16　划针的种类及使用方法

② 划规　划规（见图 2-17）是划圆、弧线、等分线段及量取尺寸等用的工具。

③ 划卡　划卡（单脚划规）主要用来确定轴和孔的中心位置，也可用来划平行线。操作时应先划出四条圆弧线，然后再在圆弧线中冲一样冲点。

④ 划线盘　划线盘（见图 2-18）主要用于立体划线和校正工件位置。用划线盘划线时，要注意划针装夹应牢固，伸出长度要短，以免产生抖动，划线盘底座要保持与划线平台贴紧，不要摇晃和跳动。

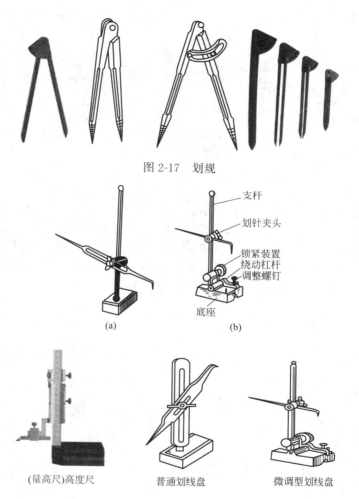

图 2-17 划规

图 2-18 划线盘

⑤ 样冲 样冲（图 2-19）是在划好的线上冲眼时使用的工具。冲眼是为了强化显示用划针划出的加工界线，使划出的线条具有永久性的位置标记，另外它也可在划圆弧时作定性脚点使用。样冲由工具钢制成，尖端处磨成 $45°\sim60°$ 并经淬火硬化。

冲眼时应注意以下几点：

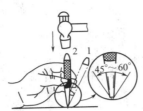

图2-19 样冲及其用法

a.冲眼位置要准确，冲心不能偏离线条；

b.冲眼间的距离要以划线的形状和长短而定，直线上可稀，曲线则稍密，转折交叉点处需冲点；

c.冲眼大小要根据工件材料、表面情况而定，薄的可浅些，粗糙的应深些，软的应轻些，而精加工表面禁止冲眼；

d.圆中心处的冲眼，最好打得大些，以便在钻孔时钻头容易对中。

(2) 测量工具 测量工具有普通高度尺、高度游标卡尺、钢直尺和90°角尺和平板尺等，如图2-20所示。高度游标卡尺可视为划针盘与高度尺的组合，是一种精密工具，能直接表示出高度尺寸，其读数精度一般为0.02mm，主要用于半成品划线，不允许用它在毛坯上划线。游标卡尺外形图如图2-21所示。

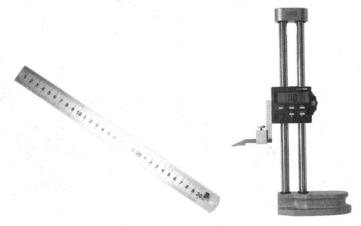

图2-20 平板尺、高度游标卡尺

游标卡尺测量值读数分3步进行。

① 读整数。游标零线左边的尺身上的第一条刻度线是整数的毫米值。

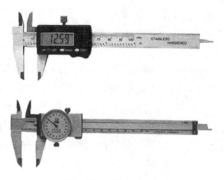

图 2-21 游标卡尺

② 读小数。在游标上找出一条刻线与尺身刻度对齐，从副尺上读出小数的毫米值。

③ 将上述两值相加，即为游标卡尺的测得尺寸。

（3）锯削工具 锯削是用手锯对工件或材料进行分割的一种切削加工，工作范围包括：分割各种材料或半成品；锯掉工件上的多余部分；在工件上锯槽。

虽然当前各种自动化、机械化的切割设备已被广泛应用，但是手锯切削还是比较常见，这是因为它具有方便、简单和灵活的特点，不需任何辅助设备，不消耗动力。在单件小批量生产时，在临时工地以及在切削异形工件、开槽、修整等场合应用很广。

手锯包括锯弓和锯条两部分。

锯弓是用来夹持和拉紧锯条的工具，有固定式和可调式两种。固定式锯弓只能安装一种长度规格的锯条。可调式锯弓的弓架分成两段，如图 2-22 所示，前端可在后段的套内移动，可安装几种长度规格的锯条。可调式锯弓使用方便，目前应用较广。

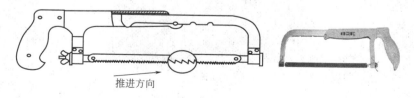

推进方向

图 2-22 手锯弓

锯条一般由碳素工具钢制成。为了减少锯条切削时两侧的摩擦，避免夹紧在锯缝中，锯齿应有规律的向左右两面倾斜，形成交错式两边排列。

常用的锯条长度为 300mm，宽为 12mm，厚为 0.8mm。按齿距的大小，锯条分为粗齿、中齿和细齿三种。粗齿主要用于加工截面积或厚度较大的工件；细齿主要用于锯割硬材料、薄板和管子等；中齿主要用于加工普通钢材、铸铁以及中等厚度的工件。

(4) 錾子和锤子 錾子一般用碳素工具钢锻制而成，刃部经淬火和回火处理后有较高的硬度和足够的韧性。常用的錾子有扁錾（阔錾）和窄錾两种，如图 2-23（a）所示。

锤子如图 2-23（b）所示，锤头大小用锤头的重量表示，常用的约 0.5kg，锤头的全长约为 300mm。锤头用碳素工具钢锻成，锤柄用硬质木料制成。

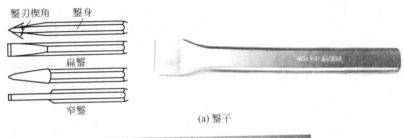

(a) 錾子

(b) 锤子

图 2-23　錾子和锤子

锤子是敲打物体使其移动或变形工具。锤子通常可以分为两种形态，一种为两端相同的圆形锤头，还有一种一端平坦以便敲击，另一端的形状像羊角，可以将钉子拉出，如图 2-24 所示。

图 2-24　锤子的使用

(5) 钻孔　钻孔是用钻头在料体材料上加工孔的方法。在钻床上钻孔，工件固定不动，钻头一边旋转（主运动），一边轴向向下移动（进给运动）。钻孔属于粗加工，主要的工具是钻床手电钻和钻头。钻头通常由高速钢制造，其工作部分热处理后淬硬至 $60\sim65HRC$。钻头的形状和规格很多，麻花钻是钻头的主要形式，其组成部分如图 2-25 所示。麻花钻的前端为切削部分，有两个对称的主切削刃。钻头的顶部有横刃，横刃的存在使钻削时轴向压力增加。麻花钻有两条螺旋槽和两条刃带，螺旋槽的作用是形成切削刃和向外排屑；刃带的作用是减少钻头与孔壁的摩擦并导向。麻花钻头的结构决定了它的刚度和导向性均比较差。

(6) 手动压接钳　手动压接钳可用于接头与接线端子的连接，可简化烦琐的焊接工艺，提高结合质量，如图 2-26 所示。

(7) 热熔器　热熔器适用于热塑性塑料管材如 PP-R/PE/PB/PE-RT 等的热熔承插式焊接，其外形如图 2-27(a) 所示，使用方法如图 2-27(b) 所示。

① 固定热熔器安装加热端头，把热熔器放置于架上，根据所需管材规格安装对应的加热模头，并用内六角扳紧，一般小的在前端，大的在后端。

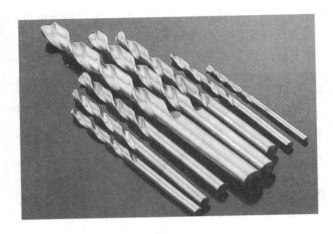

图 2-25　麻花钻的形成

图 2-26　手动压接钳

② 接通电源（注意电源必须带有接地保护线），按相应型号机器的说明书指示注意指示灯变化，直到热熔器进入工作控温状态，才可开始操作。

③ 用切管器垂直切断管材，将管材和管件同时无旋转推进热熔器模头内，并按要求进行操作。达到加热时间后立即把管材与管件从模头上同时取下，迅速旋转地直接均匀插入到所需深度，使接头处形成均匀凸缘。

(a)

查看模头是否完整　　用螺钉将模头固定在加热板上　　用六角扳手加固模头

首先用剪刀按使用长度垂直剪断PP-R管，要保持断口平整不倾斜，将管材及管件熔接表面的灰尘、脏物除净，将管材及管件垂直插入热熔焊头

充分加热后，将管材与管件拔出，迅速垂直插入并维持一段时间，正常熔接在结合面应有一均匀的熔接圈

(b)

图2-27　热熔器的外形及使用流程图

2.1.3　通用电动工工具

（1）**冲击电钻**　主要适用于在混凝土地板、墙壁、砖块、石料、木板和多层材料上进行冲击打孔；另外，还可以在木材、金属、陶瓷和塑料上进行钻孔和攻牙。

冲击钻电机有着$0\sim230V$与$0\sim115V$两种不同的电压，控制微动开关的离合，可取得电机快慢两级不同的转速，并且具有顺逆转向控制机构、松紧螺钉和攻牙等功能。冲击电钻的冲击机构有犬牙式和滚珠式两种。滚珠式冲击电钻由动盘、定盘、钢球等组成。动盘通过螺纹与主轴相连，并带有12个钢球；定盘利用销钉固定在机壳上，并带有 4 个钢球，在推力作用下，12 个钢球沿 4 个钢球滚动，使硬质合金钻头产生旋转冲击运动，能在砖、砌块、混凝土等脆性材料上钻孔。脱开销钉，使定盘随动盘一起转动，不产生冲击，可作普通电钻用，如图 2-28 所示。

图 2-28　冲击钻

图 2-29　冲击电钻的
正确使用方法

冲击电钻为双重绝缘设计，操作安全可靠，使用时不需要采用保护接地（接零），使用单相二极插头即可，使用时可以不戴绝缘手套或穿绝缘鞋。为使操作方便、灵活和有力，冲击电钻上一般带有辅助手柄。由于冲击电钻采用双重绝缘，没有接地（接零）保护，因此应特别注意保护橡套电缆。手提移动电钻时，必须握住电钻手柄，移动时不能拖拉橡套电缆。橡套电缆不能让车轮轧辗和足踏；防止鼠咬。正确的使用方法如图 2-29 所示。

① 操作前必须查看电源是否与电动工具上的常规额定电压

220V 相符，以免错接到 380V 的电源上。

② 使用冲击钻前请仔细检查机体绝缘防护、辅助手柄及深度尺调节等情况，机器有没有螺钉松动现象。

③ 冲击钻必须按材料要求装入 $\phi 5\sim 25mm$ 之间允许范围的合金钢冲击钻头或打孔通用钻头。严禁使用超越范围的钻头。

④ 冲击钻导线要保护好，严禁满地乱拖，防止轧坏、割破，更不准把电磁线拖到油水中，防止油水腐蚀电磁线。

⑤ 使用冲击钻的电源插座必须配备漏电开关装置，并检查电源线有没有破损现象，使用当中发现冲击钻漏电、振动异常、高热或者有异声时，应立即停止工作，找电工及时检查修理。

⑥ 冲击钻更换钻头时，应用专用扳手及钻头锁紧钥匙，杜绝使用非专用工具敲打冲击钻。

⑦ 使用冲击钻时切记不可用力过猛或出现歪斜操作，事前务必装紧合适钻头并调节好冲击钻深度尺，垂直、平衡操作时要徐徐均匀地用力，不可强行使用超大钻头。

⑧ 熟练掌握和操作顺逆转向控制机构、松紧螺钉及打孔、攻牙等功能。

（2）**电锤** 电锤是电钻中的一类，主要用来在混凝土、楼板、砖墙和石材上钻孔，如图 2-30 所示。在墙面、混凝土、石材上面进行打孔的工具，还有多功能电锤，调节到适当位置配上适当钻头可以代替普通电钻、电镐使用。

电锤是在电钻的基础上，增加了一个由电动机带动有曲轴连杆的活塞，在一个气缸内往复压缩空气，使气缸内空气压力呈周期变化，变化的空气压力带动气缸中的击锤往复打击钻头的顶部，好像用锤子敲击钻头一样，故名电锤。

由于电锤的钻头在转动的同时还产生了沿着电钻杆方向的快速往复运动（频繁冲击），所以它可以在脆性大的水泥混凝土及石材等材料上快速打孔。高档电锤可以利用转换开关，使电锤的钻头处于不同的工作状态，即只转动不冲击，只冲击不转动，既冲击又转动。

电锤的使用如图 2-31 所示。

图 2-30　电锤　　　　　　　　　图 2-31　使用电锤

① 使用电锤时的个人防护

a. 操作者要戴好防护眼镜，以保护眼睛，当面部朝上作业时，要戴上防护面罩。

b. 长期作业时要塞好耳塞，以减轻噪声的影响。

c. 长期作业后钻头处在灼热状态，在更换时应注意以避免灼伤肌肤。

d. 作业时应使用侧柄，双手操作，以防止堵转时反作用力扭伤胳膊。

e. 站在梯子上工作或高处作业应做好高处坠落措施，梯子应有地面人员扶持。

② 作业前的注意事项

a. 确认现场所接电源与电锤铭牌是否相符，是否接有漏电保护器。

b. 钻头与夹持器应适配，并妥善安装。

c. 钻凿墙壁、天花板、地板时，应先确认有没有埋设电缆或管道等。

d. 在高处作业时，要充分注意下面的物体和行人安全，必要时设警戒标志。

e. 确认电锤上开关是否切断，若电源开关接通，则插头插入电源插座时电动工具将会立刻转动，从而可能招致人员伤害危险。

f. 若作业场所在远离电源的地点，需延伸线缆时，应使用容量足够、安装合格的延伸线缆。延伸线缆如通过人行过道应高架或做好防止线缆被碾压损坏的措施。

（3）电镐 电镐是以单相串励电动机为动力的双重绝缘手持式电动工具，它具有安全可靠、效率高、操作方便等特点，广泛应用于管道敷设、机械安装、给排水设施建设、室内装修、港口设施建设和其他建设工程施工，适用于镐钎或其他适当的附件，如凿子、铲等对混凝土、砖石结构、沥青路面进行破碎、凿平、挖掘、开槽、切削等作业。

电镐分为单相电镐和多功能电镐，目前市场上主要为 BOSCH 和 DEWALT 的多功能电镐，主要用户是建筑、铁路建设、城建单位和加固行业，如图 2-32 所示。

图 2-32　电镐

（4）无齿锯 无齿锯（见图 2-33）铁艺加工中常用的一种电动工具，用于切断铁质线材、管材、型材，可轻松切割各种混合材料，包括钢材、铜材、铝型材、木材等。无齿锯的两张锯片反向旋转切割使整个切割过程没有反冲力，可用于抢险救援中切割木头、塑料、铁皮等物。

图 2-33　无齿锯

无齿锯就是没有齿的可以实现"锯"的功能的设备，是一种简单的机械，主体是一台电动机和一个砂轮片，可能通过皮带连接或直接在电动机轴上固定。

切削过程是通过砂轮片的高速旋转，利用砂轮微粒的尖角切削物体，同时磨损的微粒掉下去，新的锋利的微粒露出来，利用砂轮自身的磨损切削，实际上是有无数个齿。

(5) 角向磨光机　角向磨光机（见图 2-34）是电动研磨工具的一种，也是研磨工具中最常用的一种，具有切割各种金属、石材、木材，打磨各种金属，抛光等功能。

图 2-34　角向磨光机

① 作业前的检查应符合下列要求：

a. 外壳、手柄不出现裂缝、破损；

b. 电缆软线及插头等完好，开关动作正常，保护接零连接正确、牢固可靠；

c. 各部防护罩齐全牢固，电气保护装置可靠。

② 机具启动后，空载运转，检查并确认机具联动灵活没有阻碍。作业时，加力应平稳，不得用力过猛。

③ 使用砂轮的机具，应检查砂轮与接盘间的软垫并安装稳固，螺母不得过紧，凡受潮，变形，有裂纹，破碎，磕边缺口或接触过油、碱类的砂轮均不得使用，并不得将受潮的砂轮片自行烘干使用。

④ 砂轮应选用增强纤维树脂型的，全线速度不得小于 80m/s。配用的电缆与插头应具有加强绝缘性能，并不得任意更换。

⑤ 磨削作业时，应使砂轮与工作面保持 15°～30°的倾斜位置；切削作业时，砂轮不得倾斜，并不得横向摆动。

⑥ 严禁超载使用。作业中应注意音响及温升，发现异常应立即停机检查，在作业时间过长，机具温升超过 60℃时，应停机，

自然冷却后再进行作业。

⑦ 作业中，不得用手触摸刃具、模具和砂轮，发现其有磨钝、破损情况时，应立即停机修整或更换，然后再继续进行作业。

⑧ 机具转动时，不得撒手不管。

（6）**云石机**　云石机（见图2-35）可以用来切割石料、瓷砖、木料等，也可以在改水改电中进行开槽，不同的材料选择相适应的切割片。

图2-35　云石机

云石机在使用中要注意以下几方面：

① 云石机转速较快，使用时一般采用单手手持，前进速度要控制好，最好降速使用。

② 切割材料最好固定好，不然刀具跑偏可能会崩飞材料和使刀具掉齿，甚至可能弹回云石机伤人。

③ 板材一定不能有异物，如钉子、铁屑等，异物弹出会伤人，特别是会伤到眼睛。

所以，在锯木板时一定要先检查有没有铁钉等杂质，另外一定要带防护眼罩，也可利用一些辅助工具降低以上问题可能性，如云石机伴侣等。

2.1.4　登高与安全防护用具

（1）**梯子**　梯子有人字梯和直梯两种，直梯一般用于高空作业，人字梯一般用于户内作业，如图2-36所示。

绝缘伸缩梯　　　　　绝缘人字梯　　　　　绝缘直梯

图 2-36　梯子

使用梯子时要注意以下几点：

① 使用前应检查两脚是否绑有防滑材料，人字梯中间是否连着防自动滑开的安全绳。

② 人在梯上作业时，前一只脚从后一只脚所站梯步高两步的梯空中穿进去，越过该梯步后即从下方穿出，踏在比后一只脚高一步的梯步上，使该脚以膝弯处为着力点。

③ 直梯靠墙的安全角应为对地面夹角 $60°\sim75°$，梯子安放位置与带电体要保持足够的安全距离。

(2) 脚扣　脚扣是攀登电杆的主要工具，主要由弧形扣环、脚套组成。在弧形扣环上包有齿形橡胶套，来增加攀登时的摩擦，防止打滑，如图 2-37 所示。使用脚扣攀登电杆的方法容易掌握，但在杆上作业时容易疲劳，因此适用于杆上短时间作业。为了保证杆上作业时人体平稳，有经验的电工常采用两只脚扣按图 2-37 所示的方法定位。

在登杆前必须检查脚扣有没有破裂、腐蚀，脚扣皮带是否损坏，若已损坏应立即修理或更换。

（3）**电工包和电工工具套** 电工包和电工工具套用来放置随身携带的常用工具或零散器材（如灯头、开关、熔丝及胶布等）及辅助工具（如铁锤、钢锯）等，如图 2-38 所示。电工工具套可用皮带系结在腰间，置于右臀部，将常用工具插入工具套中，便于随手取用。电工包横跨在左侧，内有零星电工器材和辅助工具，以备外出使用。

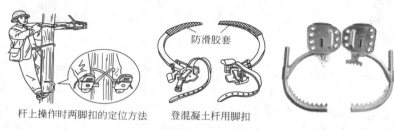

杆上操作时两脚扣的定位方法　　登混凝土杆用脚扣

防滑胶套

图 2-37　脚扣

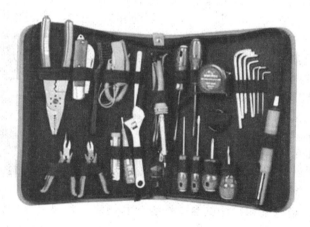

图 2-38　电工包

（4）**腰带、保险绳和腰绳** 腰带、保险绳和腰绳是电工高空作业用品之一，如图 2-39 所示腰带用来系挂保险绳。注意腰绳应系结在臀部上端，而不能系在腰间，否则，操作时既不灵活又容易扭伤腰部。保险绳起防止摔伤作用，其一端应可靠地系结在腰带上，另一端用保险钩钩挂在牢固的横担或抱箍上。腰绳用来固定人体下部，使用时应将其系结在电杆的横担或抱箍下方，防止腰绳窜出电杆顶端而造成事故。

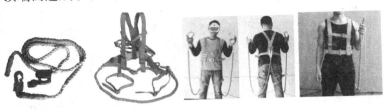

图 2-39　腰带、保险绳、腰绳

(5) 绝缘杆和绝缘夹钳　绝缘杆和绝缘夹钳都是绝缘基本安全用具，绝缘夹钳只用于 35kV 以下的电气操作。绝缘杆和绝缘夹钳都是由工作部分、绝缘部分和握手部分组成的。握手部分和绝缘部分，用浸泡过绝缘漆的木材、硬塑料、胶木或玻璃钢制成，其间有护环分开。配备不同工作部分的绝缘杆，可用来操作高压隔离开关，操作跌落式保险器，安装和拆除临时接地线，安装和拆除避雷器，以及进行测量和试验等项工作。绝缘夹钳主要用来拆除和安装熔断器及其他类似工作。考虑到电力系统内部过电压的可能性，绝缘杆和绝缘夹钳的绝缘部分和握手部分的最小长度应符合要求。绝缘杆工作部分金属钩的长度，在满足工作要求的情况下，不应该超过 5～8cm，以免操作时造成相间短路或接地短路。

(6) 绝缘手套和绝缘靴　绝缘手套和绝缘靴用橡胶制成，二者都是辅助安全用具，但绝缘手套可作为低压工作的基本安全用具，绝缘靴可作为防止跨步电压的基本安全用具，绝缘手套的长度至少应超过手腕 10cm。

(7) 绝缘垫和绝缘站台　绝缘垫和绝缘站台只可作为辅助安全用具。绝缘垫用厚度 5mm 以上、表面有防滑条纹的橡胶制成，其最小尺寸不应该小于 0.8m×0.8m。绝缘站台用木板或木条制成，相邻板条之间的距离不得大于 2.5cm，以免鞋跟陷入；站台不得有金属零件；绝缘站台面板用支承绝缘子与地面绝缘，支承绝缘子高度不得小于 10cm；台面板边缘不得伸出绝缘子之外，以免站台翻倾，人员摔倒。绝缘站台最小尺寸不应该小于 0.8m×0.8m，但为了便于移动和检查，最大尺寸也不应该超过 1.5m×1.0m。

2.2 常用检修测量仪表

2.2.1 万用表

（1）机械式万用表 机械式万用表按旋转开关不同可分为单旋转开关型和双旋转开关型，下面以 MF-47 型万用表（见图 2-40）为例进行介绍。

图 2-40 MF-47 型万用表

① 测量电阻：转换开关拨至 R×1～R×10k 挡位。

② 测交流电压：转换开关拨至 10～1000V 挡位。

③ 测直流电压：转换开关拨至 0.25～1000V 挡位。若测高电压则将笔插入 2500V 插孔即可。

④ 测直流电流：转换开关拨至 0.25～250mA 挡位。若测量大的电流，应把"正"（红）表笔插入"＋5A"孔内，此时负（黑）表笔还应插在原来的位置。

⑤ 测晶体管放大倍数：挡位开关先拨至 ADJ 调整调零，使指针指向右边零位，再将挡位开并拨至 hFE 挡，将三极管插入 NPN

或 PNP 插座，读第五条线的数值，即为三极管放大倍数值。

⑥ 测负载电流和负载电压：使用电阻挡的任何一个挡位均可。

⑦ 音频电平 dB 的测量：应该使用交流电压挡。

（2）机械式万用表的使用

① 使用万用表之前，应先注意表针是否指在"∞（无穷大）"的位置，如果表针不正对此位置，应用螺钉旋具调整机械调零钮，使表针正好处在无穷大的位置。

注意： 此调零钮只能调半圈，否则有可能会损坏，以致无法调整。

② 在测量前，应首先明确测试的物理量，并将转换开关拨至相应的挡位上，同时还要考虑好表笔的接法；然后再进行测试，以免因误操作而造成万用表的损坏。

③ 将红表笔插入"＋"孔内，黑表笔插"－"孔内。如需测大电流、高电压，可以将红表笔分别插入 2500V 或 5A 插孔。

④ 测电阻：在使用电阻各不同量程之前，都应先将正负表笔对接，调整"调零电位器"，让表针正好指在零位，然后再进行测量，否则测得的阻值误差太大。

注意： 每换一次挡，都要进行一次调零，再将表笔接在被测物的两端，然后就可以测量电阻值了。

电阻值的读法：将开关所指的数与表盘上的读数相乘，就是被测电阻的阻值。例如：用 R×100 挡测量一个电阻，表针指在"10"的位置，那么这个电阻的阻值是 $10×100Ω=1000Ω=1kΩ$；如果表针指在"1"的位置，其电阻值为 $100Ω$；若指在"100"，则为 $10kΩ$，以此类推。

⑤ 测电压：电压测量时，应将万用表调到电压挡，并将两表笔并联在电路中进行测量。测量交流电压时，表笔可以不分正负极；测量直流电压时红表笔接电源的正极，黑表笔接电源的负极，如果接反，表笔会向相反的方向摆动。如果测量前不能估测出被测电路电压的大小，应用较大的量程去试测，如果表针摆动很小，再将转换开关拨到较小量程的位置；如果表针迅速摆到零位，应该马上把表笔从电路中移开，加大量程后再去测量。

注意： 测量电压时，应一边观察表针的摆动情况，一边用表笔试着进行测量，以防电压太高把表针打弯或把万用表烧毁。

⑥ 测直流电流：将表笔串联在电路中进行测量，红表笔接电路的正极，黑表笔接电路中的负极。测量时应该先用高挡位，如果表针摆动很小，再换低挡位。如需测量大电流，应该用扩展挡。

注意：万用表的电流挡是最容易被烧毁的，在测量时千万注意。

⑦ 晶体管放大倍数（hFE）的测量：先把转换开关转到 ADJ 挡（其他型号没有 ADJ 挡位可用 R×1k 挡）调好零位，再把转换开关转到 hFE 进行测量。将晶体管的 b、c、e 三个极分别插入万用表上的 b、c、e 三个插孔内，PNP 型晶体管插 PNP 位置，读第五条刻度线上的数值；NPN 型晶体管插入 NPN 位置，读第五条刻度线的数值。

⑧ 穿透电流的测量：按照"晶体管放大倍数（hFE）的测量"的方法将晶体管插入对应的孔内，但晶体管的"b"极不插入，这时表针将有一个很小的摆动，根据表针摆动的大小来估测"穿透电流"的大小，表针摆动幅度越大，穿透电流越大，否则越小。

(3) 万用表使用注意事项

① 不能在正负表笔对接时或测量时旋转转换开关，以免旋转到 hFE 挡位时，表针迅速摆动，将表针打弯，并且有可能烧坏万用表。

② 在测量电压、电流时，应该选用大量程的挡位测量一下，再选择合适的量程去测量。

③ 不能在通电的状态下测量电阻，否则会烧坏万用表。测量电阻时，应断开电阻的一端进行测试，这样准确度高，测完后再焊好。

④ 每次使用完万用表，都应该将转换开关调到交流最高挡位，以防止由于第二次使用不注意或外行人乱动烧坏万用表。

⑤ 在每次测量之前，应该先看转换开关的挡位。严禁不看挡位就进行测量，这样有可能损坏万用表，这是一个初学时就应养成的良好习惯。

⑥ 万用表不能受到剧烈振动，否则会使万用表的灵敏度下降。

⑦ 使用万用表时应远离磁场，以免影响表的性能。

⑧ 万用表长期不用时，应该把表内的电池取出，以免腐蚀表内的元器件。

(4) 机械式万用表常见故障的检修（以 MF47 型万用表为例）

① 磁电式表头故障

a.摆动表头，指针摆幅很大且没有阻尼作用。原因为可动线圈断路、游丝脱焊。

b.指示不稳定。原因为表头接线端松动或动圈引出线、游丝、分流电阻等脱焊或接触不良。

c.零点变化大，通电检查误差大。原因是轴承与轴承配合不妥当，轴尖磨损比较严重，致使摩擦误差增加；游丝严重变形；游丝太脏而粘圈；游丝弹性疲劳；磁间隙中有异物等。

② 直流电流挡故障

a.测量时，指针没有偏转，此故障多为：表头回路断路，使电流等于零；表头分流电阻短路，从而使绝大部分电流流不过表头；接线端脱焊，从而使表头中没有电流流过。

b.部分量程不通或误差大。原因是分流电阻断路、短路或变值。

c.测量误差大，原因是分流电阻变值（阻值变化大，导致正误差超差；阻值变小，导致负误差）。

d.指示没有规律，量程难以控制。原因多为量程转换开关位置窜动（调整位置，安装正确后即可解决）。

③ 直流电压挡故障

a.指针不偏转，示值始终为零。原因为分压附加电阻断线或表笔断线。

b.误差大。原因是附加电阻的阻值增加引起示值的正误差，阻值减小引起示值的负误差。

c.正误差超差并随着电压量程变大而严重。原因为表内电压电路元件受潮而漏电，电路元件或其他元件漏电，印制电路板受污、受潮、击穿、电击炭化等引起漏电。修理时，刮去烧焦的纤维板，清除粉尘，用酒精清洗电路后烘干处理，严重时，应用小刀割铜箔与铜箔之间电路板，从而使绝缘良好。

d.不通电时指针有偏转，小量程时更为明显。其故障原因是受潮和污染严重，使电压测量电路与内置电池形成漏电回路。处理方法同上。

④ 交流电压、电流挡故障

a. 交流挡时指针不偏转、示值为零或很小。原因多为整流元件短路或断路，或引脚脱焊。检查整流元件，如有损坏更换，有虚焊时应重焊。

b. 于交流挡，示值减少一半。此故障是由整流电路故障引起的，即全波整流电路局部失效而变成半波整流电路使输出电压降低，更换整流元件，故障即可排除。

c. 交流电压挡，指示值超差。为串联电阻阻值变化超过元件允许误差而引起的。当串联电阻阻值降低、绝缘电阻降低、转换开关漏电时，将导致指示值偏高。相反，当串联电阻阻值变大时，将使指示值偏低而超差。应采用更换元件、烘干和修复转换开关的办法排除故障。

d. 于交流电流挡时，指示值超差，原因为分流电阻阻值变化或电流互感器发生匝间短路，更换元器件或调整修复元器件排除故障。

e. 交流挡时，指针抖动。原因为表头的轴尖配合太松，修理时指针安装不紧，转动部分质量改变等等，由于其固有频率刚好与外加交流电频度相同，从而引起共振，尤其是当电路中的旁路电容变质失效而没有滤波作用时更为明显。排除故障的办法是修复表头或更换旁路电容。

⑤ 电阻挡故障

a. 电阻常见故障是各挡位电阻损坏（原因多为使用不当，如用电阻挡误测电压）。使用前，用手捏两表笔，一般情况下表坏应摆动，如摆动则对应挡电阻烧坏，应予以更换。

b. R×1挡两表笔短接之后，调节调零电位器不能使指针偏转到零位。此故障多是由于万用表内置电池电压不足，或电极触簧受电池漏液腐蚀生锈，从而造成接触不良。此类故障在仪表长期不更换电池情况下出现最多。如果电池电压正常，接触良好，调节调零电位器指针偏转不稳定，没有办法调到欧姆零位，则多是调零电位器损坏。

c. 在 R×1 挡可以调零，其他量程挡调不到零，或只是 R×10k、R×100k 挡调不到零。出现故障的原因是分流电阻阻值变小，或者高阻量程的内置电池电压不足。更换电阻元件或叠层电池，故障就可排除。

d. 在 R×1、R×10、R×100 挡测量误差大。在 R×100 挡调零不顺利，即使调到零，但经几次测量后，零位调节又变为不正常。出现这种故障，是由于量程转换开关触点上有黑色污垢，使接触电阻增加且不稳定。清洁各挡开关触点直至露出银白色为止，保证其接触良好，可排除故障。

e. 表笔短路，表头指示不稳定。故障原因多是线路中有假焊点，电池接触不良或表笔引线内部断线。修复时应从最容易排除的故障做起，即先保证电池接触良好，表笔正常，如果表头指示仍然不稳定，就需要寻找线路中的假焊点加以修复。

f. 在某一量程挡测量电阻时严重失准，而其余各挡正常。这种故障往往是由于量程开关所指的表箱内对应电阻已经烧毁或断线。

g. 指针不偏转，电阻示值总是无穷大。故障原因大多是表笔断线，转换开关接触不良，电池电极与引出簧片之间接触不良，电池日久失效已没有电压，调零电位器断路。找到具体原因之后做针对性的修复，或更换内置电池，故障即可排除。

(5) 机械式万用表的选用　万用表的型号很多，而不同型号之间功能也存在差异，因此在选购万用表的时候，通常要注意以下几个方面。

① 用于检修无线电等弱电子设备时。在选用万用表时一定要注意以下三个方面：

a. 万用表的灵敏度不能低于 $20\mathrm{k}\Omega/\mathrm{V}$，否则在测试直流电压时，万用表对电路的影响太大，而且测试数据也不准。

b. 外形选择：对于装修电工，应选外形稍小一些的万用表，如 50 型 U201 等即可满足要求。如需要选择好一点的万用表，可选择 MF-47 或 MF-50 型万用表。

c. 频率特性选择（俗称是否抗峰值）：方法是用直流电压挡测高频电路（如彩色电视机的行输出电路电压），看是否显示标称值，如是则频率特性高；如指示值偏高则频率特性差（不抗峰值），则此表不能用于高频电路的检测（最好不要选择此种类）。此项对于装修电工来说，选择时不是太重要，因为装修电工测试的多为50Hz交流电。

② 检修电力设备时，比如检修电动机、空调、冰箱等等。选用的万用表一定要有交流电流测试挡。

③ 检查表头的阻尼平衡。首先进行机械调零，将表在水平、垂直方向来回晃动，指针不应该有明显的摆动；将表水平旋转和竖直放置时，表针偏转不应该超过一小格；将表针旋转360°时，指针应该始终在零附近均匀摆动。如果达到了上述要求，就说明表头在平衡和阻尼方面符合标准。

(6) 数字万用表的结构及使用　数字万用表是利用模拟/数字转换原理，将被测量模拟电量参数转换成数字电量参数，并以数字形式显示的一种仪表。它与指针式万用表相比，具有精度高、速度快、输入阻抗高、对电路的影响小、读数方便准确等优点，其外形如图2-41所示。

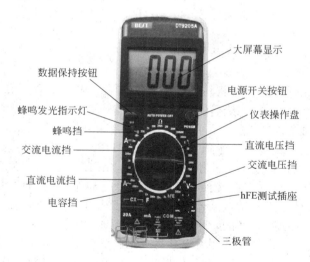

图2-41　数字万用表外形

数字万用表的使用：首先打开电源，将黑表笔插入"COM"插孔，红表笔插入"V·Ω"插孔。

① 电阻测量　将转换开关调节到 Ω 挡，将表笔测量端接于电阻两端，即可显示相应示值，如显示最大值"1"（溢出符号）时必须向高电阻值挡位调整，直到显示为有效值为止。

为了保证测量的准确性，在路测量电阻时，最好断开电阻的一端，以免在测量电阻时会在电路中形成回路，影响测量结果。

注意：不允许在通电的情况下进行在线测量，测量前必须先切断电源，并将大容量电容放电。

②"DCV"——直流电压测量　表笔测试端必须与测试点可靠接触（并联测量）。原则上由高电压挡位逐渐往低电压挡位调节测量，直到该挡位量程的 1/3～2/3 为止，此时的示值才是一个比较准确的值。

注意：严禁以小电压挡位测量大电压，不允许在通电状态下调整转换开关。

③"ACV"——交流电压测量　表笔测试端必须与测试点可靠接触（并联测量）。原则上由高电压挡位逐渐往低电压挡位调节测量，直到该挡位量程的 1/3～2/3 为止，此时的示值才是一个比较准确的值。

注意：严禁以小电压挡位测量大电压，不允许在通电状态下调整转换开关。

④ 二极管测量　将转换开关调至二极管挡位，黑表笔接二极管负极，红表笔接二极管正极，即可测量出正向压降值。

⑤ 晶体管电流放大系数 hEF 的测量　将转换开关调至"hFE"挡，根据被测晶体管选择"PNP"或"NPN"位置，将晶体管正确地插入测试插座即可测量到晶体管的"hFE"值。

⑥ 开路检测　将转换开关调至有蜂鸣器符号的挡位，表笔测试端可靠地接触测试点，若阻值低于 20Ω±10Ω，蜂鸣器就会响起来，表示该线路是通的，不响则该线路不通。

注意：不允许在被测量电路通电的情况下进行检测。

⑦"DCA"——直流电流测量　小于 200mA 时红表笔插入 mA 插孔，大于 200mA 时红表笔插入 A 插孔，表笔测试端必须与测试点可靠接触（串联测量）。原则上由高电流挡位逐渐往低电流挡位调节测量，直到该挡位量程的 1/3～2/3 为止，此时的示值才

是一个比较准确的值。

注意：严禁以小电流挡位测量大电流。不允许在通电状态下调整转换开关。

⑧ "ACA"——交流电流测量低于 200mA 时红表笔插入 mA 插孔，高于 200mA 时红表笔插入 A 插孔，表笔测试端必须与测试点可靠接触（串联测量）。原则上由高电流挡位逐渐往低电流挡位调节测量，直到该挡位量程的 1/3～2/3 为止，此时的示值才是一个比较准确的值。

注意：严禁以小电流挡位测量大电流，不允许在通电状态下调整转换开关。

(7) 数字万用表常见故障与检修

① 仪表没有显示　首先检查电池电压是否正常（一般用的是 9V 电池，新的也要测量）。其次检查熔丝是否正常？若不正常，则予以更换；检查稳压块是否正常？若不正常，则予以更换；限流电阻是否开路？若开路，则予以更换。再查：a.检查线路板上的线路是否有腐蚀或短路、断路现象（特别是主电源电路线）？若有，则应清洗电路板，并及时做好干燥和焊接工作。b. 如果一切正常，测量显示集成块的电源输入的两脚电压是否正常？若正常，则该集成块损坏，必须更换该集成块；若不正常，则检查其他有没有短路点？若有，则要及时处理好，若没有或处理好后，还不正常，那么该集成块已经内部短路，则必须更换。

② 电阻挡无法测量　首先从外观上检查电路板，在电阻挡回路中有没有连接电阻烧坏？若有，则必须立即更换；若没有，则要对每一个连接元件进行测量，有坏的及时更换；若外围都正常，则测量集成块损坏，必须更换。

③ 电压挡在测量高压时示值不准，或测量稍长时间示值不准甚至不稳定，此类故障大多是某一个或几个元件工作功率不足引起的。在停止测量的几秒内，检查时会发现这些元件发烫，这是功率不足而产生了热效应所造成的，同时形成了元件的变值（集成块也是如此），因此必须更换该元件（或集成电路）。

④ 电流挡无法测量　多数是操作不当引起的。检查限流电阻和分压电阻是否烧坏？若烧坏，则应予以更换。检查到放大器的连

线是否损坏？若损坏，则应重新连接好；若还不正常，则更换放大器。

⑤ 示值不稳，有跳字现象　检查整体电路板是否受潮或有漏电现象？若有，则必须清洗电路板并做好干燥处理；输入回路中有没有接触不良或虚焊现象（包括测试笔），若有，则必须重新焊接；检查有没有电阻变质或刚测试后有没有元件发生超正常的烫手现象，这种现象是由于其功率降低引起的，若有此现象，则应更换该元件。

⑥ 示值不准　这种现象主要是测量通路中的电阻值或电容失效引起的，更换该电容或电阻即可。a. 检查该通路中的电阻阻值（包括热反应中的阻值），若阻值变值，则予以更换该电阻；b. 检查 A/D 转换器的基准电压回路中的电阻、电容是否损坏？若损坏，则予以更换。

2.2.2　绝缘电阻表（兆欧表）

兆欧表（见图 2-42）俗称摇表，主要用来测量设备的绝缘电阻，检查设备或线路有没有漏电现象、绝缘损坏或短路。

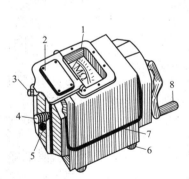

图 2-42　兆欧表

1—刻度盘；2—表盘；3—接地接线柱；4—线路接线柱；5—保护环接线柱；
6—橡胶底脚；7—提手；8—摇柄

兆欧表的工作原理与线路见图 2-43。与兆欧表表针相连的有两个线圈，其中之一同表内的附加电阻 R_f 串联，另外一个和被测

电阻 R_x 串联，然后一起接到手摇发电机上。用手摇动发电机时，两个线圈中同时有电流通过，使两个线圈上产生方向相反的转矩，表针就随着两个转矩的合成转矩的大小而偏转某一角度，这个偏转角度决定于两个电流的比值，附加电阻是不变的，所以电流值仅取决于待测电阻的大小。

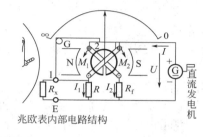

兆欧表内部电路结构

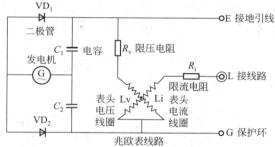

图 2-43 兆欧表的工作原理与线路

注意： 在测量额定电压在 500V 以上的电气设备的绝缘电阻时，必须选用 1000～2500V 兆欧表。测量 500V 以下电压的电气设备，则选用 500V 摇表。

兆欧表的使用注意事项：

① 正确选择其电压和测量范围。

② 选用兆欧表外接导线时，应选用单根的铜导线，绝缘强度要求在 500V 以上，以免影响精确度。

③ 测量电气设备绝缘电阻时，必须先断开设备的电源，在没有电的情况下测量。对于较长的电缆线路，应放电后再测量。

④ 兆欧表在使用时要远离强磁场，并且平放。

⑤ 在测量前，兆欧表应先做一次开路试验及短路试验，表针在开路试验中应指到"∞"（无穷大）处；而在短路试验中能摆到"0"处，表明兆欧表工作状态正常，然后方可测量电气设备。

⑥ 测量时，应清洁被测电气设备表面，避免引起接触电阻增大，测量结果有误差。

⑦ 在测电容器时需注意，电容器的耐压必须大于兆欧表发出的电压值。测完电容后，须先取下摇表线再停止摇动摇把，以防止已充电的电容向摇表放电而损坏摇表。测完的电容要进行放电。

⑧ 兆欧表在测量时，要注意摇表上"L"端子接电气设备的带电体一端，而标有"E"接地的端子应接设备的外壳或地线，如图2-44（a）所示。在测量电缆的绝缘电阻时，除把兆欧表"接地"端接入电气设备地之外，另一端接线路后，还要再将电缆芯之间的内层绝缘物接"保护环"，以消除因表面漏电而引起的读数误差，

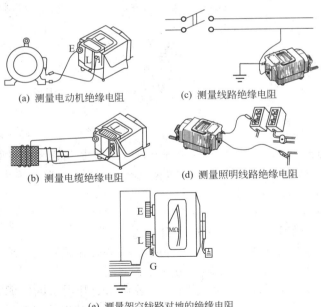

(a) 测量电动机绝缘电阻   (c) 测量线路绝缘电阻

(b) 测量电缆绝缘电阻   (d) 测量照明线路绝缘电阻

(e) 测量架空线路对地的绝缘电阻

图2-44　兆欧表测量电气线路与电缆示意图

如图 2-44（b）所示。图 2-44（c）为测量线路绝缘电阻的操作方法；图 2-44（d）为测量照明线路绝缘电阻的操作方法；图 2-44（e）为测量架空线路对地绝缘电阻的操作方法。

⑨ 在天气潮湿时，应使用"保护环"以消除绝缘物表面泄流，使被测绝缘电阻比实际值偏低。

⑩ 使用完兆欧表后也应对电气设备进行一次放电。

⑪ 使用兆欧表时，必须保持一定的转速，按兆欧表的规定一般为 120r/min 左右，在 1min 后取一稳定读数。测量时不要用手触摸被测物及兆欧表接线柱，以防触电。

⑫ 摇动兆欧表手柄，应先慢再快，待调速器发生滑动后，应保持转速稳定不变。如果被测电气设备短路，表针摆动到"0"时，应停止摇动手柄，以免兆欧表过流发热烧坏。

2.2.3 电流表与钳形电流表

电流表由电流表头和分流电阻组成，外形如图 2-45 所示。钳形电流表由电流表头和电流互感线圈卡钳组成，外形及使用方法如图 2-46 所示。电流表主要用于测量用电器电流。

图 2-45　电流表

钳形电流表的使用：

① 在使用钳形电流表时，要正确选择钳形电流表的挡位位置。测量前，根据负载的大小粗估一下电流数值，然后从大挡往小挡切换。换挡时，被测导线要置于钳形电流表卡口之外。

② 检查表针在不测量电流时是否指向零位，若未指零，应用小螺丝刀调整表头上的调零螺栓使表针指向零位。

(a) 数字钳形表

(b) 指针式钳形表

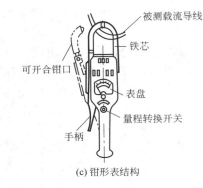

被测载流导线
铁芯
可开合钳口
表盘
量程转换开关
手柄

(c) 钳形表结构

(d) 钳形表使用

图 2-46　钳形电流表外形及使用

③ 测量电动机电流时，扳开钳口，将一根电源线放在钳口中央位置，然后松手使钳口闭合。如果钳口接触不好，应检查是否弹簧损坏或有脏污。

④ 在使用钳形电流表时，要尽量远离强磁场。

⑤ 测量小电流时，如果钳形电流表量程较大，可将被测导线在钳形电流表口内多绕几圈，然后去读数。实际的电流值应为仪表读数除以导线在钳形电流表上绕的匝数。

2.3　计量仪表

2.3.1　电压表

电压表是测量电压的一种仪器，如图 2-47 所示。常用电压表——伏特表符号为 V，在灵敏电流计里面有一个永磁体，在电流计的两个接线柱之间串联一个由导线构成的线圈，线圈放置在永磁体的磁场中，并通过传动装置与表的指针相连。大部分电压表都分为两个量程：0～3V、0～15V。电压表有三个接线柱，一个负接线柱，两个正接线柱，电压表的正极与电路的正极连接，负极与电路的负极连接。电压表是个相当大的电阻器，理想地认为是断路。

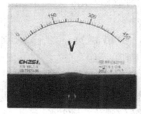

图 2-47 电压表

（1）**电压表的接线** 采用一个转换开关和一块电压表测量三相电压的方式，测量三个线电压的电路如图 2-48 所示，其工作原理是：当扳动转换开关 SA，使它的 1-2、7-8 触点分别接通时，电压表测量的是 AB 两相之间的电压 U_{AB}；扳动 SA 使 5-6、11-12 触点分别接通时，测量的是 U_{BC}；当扳动 SA 使其触点 3-4、9-10 分别接通时，测量的是 U_{AC}。

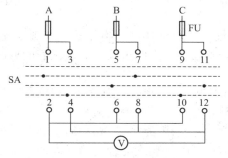

图 2-48 电压测量电路

（2）**电压表的选择和使用注意事项** 电压表的测量机构基本相同，但在测量线路中的连接有所不同。因此，在选择和使用电压表时应注意以下十点。

① 类型的选择。当被测量是直流时，应选直流表，即磁电系测量机构的仪表。当被测量是交流时，应注意其波形与频率。若为正弦波，只需测出有效值即可换算为其他值（如最大值、平均值等），采用任意一种交流表即可；若为非正弦波，则应区分需测量的是什么值，有效值可选用磁系或铁磁电动系测量机构的仪表，平均值则选用整流系测量机构的仪表。电动系测量机构的仪表常用于交流电流和电压的精密测量。

② 准确度的选择。仪表的准确度越高，价格越贵，维修也较困难，而且，若其他条件配合不当，再高准确度等级的仪表，也未必能得到准确的测量结果，因此，在选用准确度较低的仪表可满足测量要求的情况下，就不要选用高准确度的仪表。通常 0.1 级和 0.2 级仪表作为标准表选用；0.5 级和 1.0 级仪表作为实验室测量使用；1.5 级以下的仪表一般作为工程测量选用。

③ 量程的选择。要充分发挥仪表准确度的作用，还必须根据被测量的大小，合理选用仪表量限，如选择不当，其测量误差将会很大。一般使仪表对被测量的指示在仪表最大量程的 1/2～2/3 之间。

④ 内阻的选择。选择仪表时，还应根据被测阻抗的大小来选择仪表的内阻，否则会带来较大的测量误差。因内阻的大小反映仪表本身功率的消耗，所以，测量电压时，应选用内阻尽可能大的电压表。

⑤ 正确接线。测量电压时，电压表应与被测电路并联。测量直流电压时，必须注意仪表的极性，应使仪表的极性与被测量的极性一致。

⑥ 高电压的测量。测量高电压时，必须采用电压互感器。电压表的量程应与互感器二次的额定值相符，一般为 100V。

⑦ 量程的扩大。当电路中的被测量超过仪表的量程时，可外附分压器，但应注意其准确度等级应与仪表的准确度等级相符。

⑧ 测电压时，必须把电压表并联在被测电路的两端

⑨ "＋""－" 接线柱不能接反。

⑩ 正确选择量程。被测电压不要超过电压表的量程，使用时

接一正一负，并联在电路中。

　　另外，还应注意仪表的使用环境要符合要求，要远离外磁场。

2.3.2　电流表

　　电流表又称"安培表"，是测量电路中电流大小的工具，主要采用磁电系电表的测量机构，如图 2-49 所示。

图 2-49　电流表

　　(1) 电流测量电路　电流测量电路如图 2-50 所示。图中，TA 为电流互感器，每相一个，其一次绕组串接在主电路中，二次绕组各接一块电流表。三个电流互感器二次绕组接成星形，其公共点必须可靠接地。

　　(2) 电流表的选择和使用注意事项　电流表的测量机构基本相同，但在测量线路中的连接有所不同。因此，在选择和使用电流表时应注意以下七点。

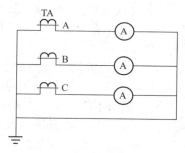

图 2-50　电流测量电路

　　① 类型的选择。当被测量是直流时，应选直流表，即磁电系测量机构的仪表。当被测量是交流时，应注意其波形与频率。若为正弦波，只需测出有效值即可换算为其他值（如最大值、平均值等），采用任意一种交流表即可；若为非正弦波，则应区分需测量的是什么值，有效值可选用磁系或铁磁电动系测量机构的仪表，平均值则选用整流系测量机构的仪表。电动系测量机构的仪表常用于交流电流和电压的精密测量。

② 准确度的选择。仪表的准确度越高，价格越贵，维修也较困难，而且，若其他条件配合不当，再高准确度等级的仪表，也未必能得到准确的测量结果，因此，在选用准确度较低的仪表可满足测量要求的情况下，就不要选用高准确度的仪表。通常 0.1 级和0.2 级仪表作为标准表选用；0.5 级和 1.0 级仪表作为实验室测量使用；1.5 级以下的仪表一般作为工程测量选用。

③ 量程的选择。要充分发挥仪表准确度的作用，还必须根据被测量的大小，合理选用仪表量限，如选择不当，其测量误差将会很大。一般使仪表对被测量的指示在仪表最大量程的 $1/2 \sim 2/3$之间。

④ 内阻的选择。选择仪表时，还应根据被测阻抗的大小来选择仪表的内阻，否则会带来较大的测量误差。因内阻的大小反映仪表本身功率的消耗，所以，测量电流时，应选用内阻尽可能小的电流表。

⑤ 正确接线。测量电流时，电流表应与被测电路串联。测量直流电流时，必须注意仪表的极性，应使仪表的极性与被测量的极性一致。

⑥ 大电流的测量。测量大电流时，必须采用电流互感器。电流表的量程应与互感器二次的额定值相符，一般为 5A。

⑦ 量程的扩大。当电路中的被测量超过仪表的量程时，可外附分流器，但应注意其准确度等级应与仪表的准确度等级相符。

另外，还应注意仪表的使用环境要符合要求，要远离外磁场。

2.3.3 电度表（电能表）

电工通常用的电能表，是用来测量电能的仪表，又称电度表、火表、千瓦小时表如图 2-51 所示。

单相电能表可以分为感应式单相电能表和电子式电能表两种。目前，家庭大多数用的是感应式单相电能表，其常用额定电流有2.5A、5A、10A、15A 和 20A 等规格。

三相有功电能表分为三相四线制和三相三线制两种。三相四线制有功电能表的额定电压一般为 220V，额定电流有 1.5A、3A、5A、6A、10A、15A、20A、25A、30A、40A、60A 等数种，其中额定电流为 5A 的可经电流互感器接入电路；三相三线制有功电能表的额定电压（线电压）一般为 380V，额定电流有 1.5A、3A、5A、6A、10A、15A、20A、25A、30A、40A、60A 等数种，其中额定电流为 5A 的可经电流互感器接入电路。

图 2-51　电度表

（1）**单相电度表的接线**　选好单相电度表后，应进行检查安装和接线。如图 2-52 所示是交叉接线图，图中的 1、3 为进线，2、4 接负载，接线柱 1 要接相线（即火线），这种电度表目前在我国最常见而且应用最多。

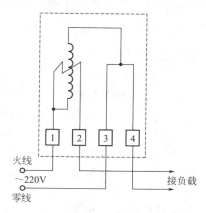

图 2-52　单相电度表的接线

（2）单相电度表与漏电保护器的安装与接线　单相电度表与漏电保护器一起安装的示意图如图 2-53 所示。

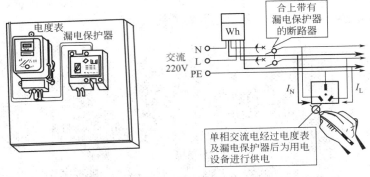

图 2-53　单相电度表与漏电保护器的安装

（3）三相四线制交流电度表的安装接线　三相四线制交流电度表共有 11 个接线端子，其中 1、4、7 端子分别接电源相线，3、6、9 是相线出线端子，10、11 分别是中性线（零线）进、出线接线端子，而 2、5、8 为电度表三个电压线圈连接接线端子，电度表电源接上后，通过连接片分别接入电度表三个电压线圈，电度表才能正常工作。图 2-54(a) 为三相四线制直接接线的安装示意，图 2-54(b) 为三相四线制交流电度表接线示意，图 2-54(c) 为三相四线制安装连接片接线示意。

（4）三相三线制交流电度表的安装接线　三相三线制交流电度表有 8 个接线端子，其中 1、4、6 为相线进线端子，3、5、8 为出

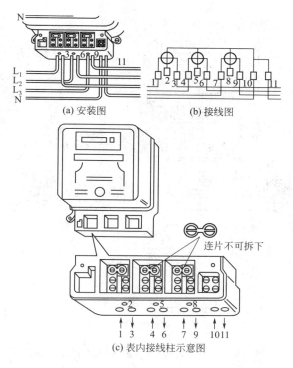

(a) 安装图　　　　　(b) 接线图

连片不可拆下

1　3　　4　6　　7　9　　1011

(c) 表内接线柱示意图

图 2-54　三相四线制交流电度表的安装及接线

线端子，2、7 两个接线端子空着，目的是与接入的电源相线通过连接片取到电度表工作电压并接到电度表电压线圈上。图 2-55(a) 为三相三线制交流电度表的安装及实际接线示意，图 2-55(b) 为三相三线制交流电度表接线示意。

(5) 间接式三相三线制交流电度表的安装接线　间接式（互感器式）三相三线制交流电度表配两个相同规格的电流互感器，电源进线中两根相线分别与两个电流互感器一次侧 L_1 接线端子连接，并分别接到电度表的 2 和 7 接线端（2、7 接线端上原先接的小铜连接片需拆除）；电流互感器二次侧 K_1 接线端子分别与电度表的 1 和 6 接线端子相连；两个 K_2 接线端子相连后接到电度表的 3 和 8 接线端并同时接地；电源进线中的最后一根相线与电能表的 4 接线

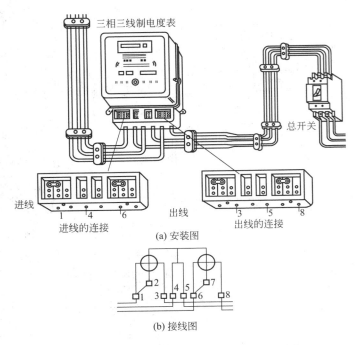

(a) 安装图

(b) 接线图

图 2-55　三相三线制交流电度表的安装及接线

端相连接并作为这根相线的出线。互感器一次侧 L_2 接线端子作为另两相的出线。互感器式三相三线制电度表的实际接线方法如图 2-56(a) 所示，互感器式三相三线制电度表的接线线路如图 2-56(b) 所示。

(6) 间接式三相四线制交流电度表的安装接线　间接式三相四线制电度表由一块三相电度表配用 3 个规格相同、比率适当的电流互感器，以扩大电度表量程。接线时 3 根电源相线的进线分别接在 3 个电流互感器一次绕组接线端子 L_1 上，3 根电源相线的出线分别从 3 个互感器一次绕组接线端子 L_2 引出，并与总开关进线接线端子相连。然后用 3 根铜芯绝缘线分别从 3 个电流互感器一次绕组接线端子 L_1 引出，与电度表 2、5、8 接线端子相连。再用 3 根同规格的绝缘铜芯线将 3 个电流互感器二次绕组接线端子 K_1 与电度

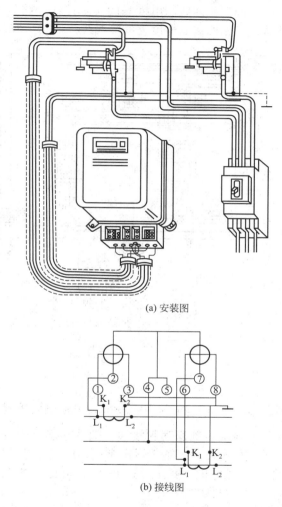

(a) 安装图

(b) 接线图

图 2-56　间接式三相三线制交流电度表的安装及接线

表 1、4、7 接线端子相连，K_2 与电度表 3、6、9 接线端子相连，最后将 3 个 K_2 接线端子用 1 根导线统一接零线。由于零线一般与大地相连，使各互感器 K_2 接线端子均能良好接地。如果三相电度表中如 1、2、4、5、7、8 接线端子之间有连接片，应事先将连接

片拆除。互感器式三相四线制电度表的实际接线线路如图 2-57(a)
所示，互感器式三相四线制电度表的接线线路如图 2-57(b) 所示。

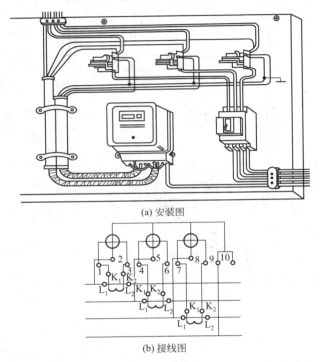

(a) 安装图

(b) 接线图

图 2-57　间接式三相四线制交流电度表的安装及接线

(7) 电子式电度表的原理和接线　随着数字电子技术的进步，
近年来，老式机械电度表正逐步退出市场，取代它是计量更准、更
便于管理的电子式电能（度）表。电子式电能表电气原理图如
图 2-58 所示，实物图如图 2-59 所示。

2.3.4　功率表

功率表主要用来测量电功率，实物图如图 2-60 所示。

在配电屏上常采用功率表（W）、功率因数表（cos φ）、频率
表（Hz）、三块电流表（A）经两个电流互感器 TA 和两个电压互
感器 TV 的联合接线线路，如图 2-61 所示。

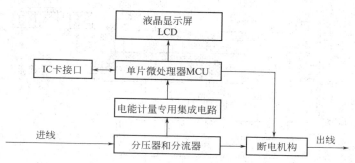

图 2-58 电子式电能表电气原理图

图 2-59 单相电子式电能表实物图

图 2-60 功率表

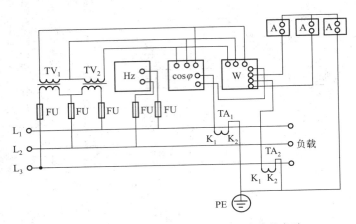

图 2-61 功率表和功率因数表测量线路的方法

接线时应注意以下几点：

① 三相有功功率表（W）的电流线圈、三相功率因数表（cos φ）的电流线圈以及电流表（A）的电流线圈与电流互感器二次侧串联成电流回路，但 L_1 相、L_3 相两电流回路不能互相接错。

② 三相有功功率表（W）的电压线圈、三相功率因数表（cos φ）的电压线圈与电压互感器二次侧并联成电压回路，但各相电压相位不可接错。

③ 电流互感器二次侧"K_2"或"一"端，与第三块电流表（A）末端相连接，并需做可靠接地。

第3章
配电屏及配电装置

3.1 低压配电屏的用途及结构特点

3.1.1 低压配电屏的用途

低压配电屏又叫开关屏或配电柜，它是将低压电路所需的开关设备、测量仪表、保护装置和辅助设备等，按一定的接线方案安装在金属柜内构成的一种组合式电气设备，用以进行控制、保护、计量、分配和监视等，适用于额定工作电压不超过 380V 低压配电系统中的动力配电、照明配电之用。

3.1.2 低压配电屏的结构特点

我国生产的低压配电屏有固定式和手车式两大类，基本结构方式可分为焊接式和积木组合式两种。常用的低压配电屏有：PGL 型交流低压配电屏、BFC 系列抽屉式低压配电屏、GGL 型低压配电屏、GCL 系列动力中心、GCK 系列电动机控制中心和 GGD 型交流低压配电柜。

现将以上几种低压配电屏分别介绍如下。

（1）**PGL 型低压配电屏**（P—配电屏，G—固定式，L—动力用） 最常使用的有 PGL1 型和 PGL2 型低压配电屏，其中 1 型分断能力为 15kA，2 型分断能力为 30kA，主要用于户内安装，其结构特点如下。

① 采用薄钢板焊接结构，可前后开启，双面进行维护。配电屏前有门，上方是仪表板，装设指示仪表。

② 组合屏的屏间全部加有钢制的隔板，可把事故降低。

③ 主母线的电流有 1000A 和 1500A 两种规格，主母线安装于屏后柜体骨架上方，设有母线防护罩，以防止坠落物件而造成主母线短路事故。

④ 屏内外均涂有防护漆层，始端屏、终端屏装有防护侧板。

⑤ 中性母线 9（零线）装置于屏的下方绝缘子上。

⑥ 主接地点焊接在后下方的框架上，仪表门焊有接地点与壳体相连，可构成完整的接地保护电路。

(2) BFC 型低压配电屏（B—低压配电柜（板），F—防护型，C—抽屉式）　BFC 低压配电屏的主要特点为各单元的所有电气设备均安装在抽屉中或手车中，当某一回路单元发生故障时，可以换用备用手车，以便迅速恢复供电，而且，由于每个单元为抽屉式，密封性好，不会扩大事故，便于维护，提高了运行可靠性。BFC 型低压配电屏的主电器在抽屉或手车上均为插入式结构，抽屉或手车上均设有联锁装置，以防止误操作。

(3) GGL 型低压配电屏（G—柜式结构，G—固定式，L—动力用）　GGL 型低压配电屏为积木组装式结构，全封闭形式，防护等级为 IP30，内部选用新型的电气元件，内部母线按三相五线装置。此种配电屏具有分断能力强、动稳定性好、维修方便等优点。

(4) GCL 系列动力中心（G—柜式结构，C—抽屉式，L—动力中心）　GCL 系列动力中心适用于大容量动力配电和照明配电，也可作电动机的直接控制使用。其结构形式为组装式全封闭结构，防护等级为 IP30，每一功能单元（回路）均为抽屉式，用隔板分开，有防止事故扩大作用，主断路导轨与柜门有机械联锁，保证人身安全。

(5) GCK 系列电动机控制中心（G—柜式结构，C—抽屉式，K—控制中心）　GCK 系列电动机控制中心是一种作为企业动力配电、照明配电与电动机控制用的新型低压配电装置，根据功能特征分为 JX（进线型）和 KD（馈线型）两类。

GCK 系列电动机控制中心为全封闭功能单元独立式结构，防护等级为 IP40 级。这种控制中心保护设备完善，保护特性好，所有功能单元能通过接口与可编程控制器或微处理机连接，作为自动控制系统的执行单元。

（6）GGD 型交流低压配电柜（G—交流低压配电柜，G—固定安装，D—电力用柜） GGD 型交流低压配电柜是新型低压配电柜，具有分断能力高、动热稳定性好、电气组合方便、实用性强、结构新颖、防护等级高等特点，可作为低压成套开关设备的更新换代产品。

CGD 型配电柜的构架采用钢材局部焊接并拼接而成，主母线在柜的上部后方，柜门采用整门或双门结构；柜体后面均采用对称式双门结构，具有安装、拆卸方便的特点。柜门的安装件与构架间有完整的接地保护电路，防护等级为 IP30。

3.2 低压配电屏安装与检查维护

3.2.1 低压配电屏安装及投入运行前的检查

安装时，配电屏相互间及其与墙体间的距离应符合要求，且应牢固、整齐美观。要求接地良好，两侧和顶部隔板完整，门应开闭灵活，回路名称及部件标号齐全，内外清洁没有杂物。

低压配电屏在安装或检修后，投入运行前应进行下列各项检查试验：

① 柜体与基础型钢固定无松动，安装平直。屏面油漆应完好，屏内应清洁，没有污垢。

② 检查各开关操作是否灵活，各触点接触是否良好。

③ 检查母线连接处接触是否良好。

④ 检查二次回路接线是否牢固，线端编号是否符合设计要求。

⑤ 检查接地是否良好。

⑥ 抽屉式配电屏应推抽灵活轻便，动、静触点应接触良好，并有足够的接触能力。

⑦ 试验各表计量是否准确，继电器动作是否正常。

⑧ 用 1000V 兆欧表测量绝缘电阻，应不小于 0.5MΩ。应进行交流耐压试验，一次回路的试验电压为 1kV。

3.2.2　低压配电屏巡视检查

为了保证用电场所的正常供电，对配电屏上的仪表和电器要经常进行检查和维护，并做好记录，以便及时发现问题和消除隐患。

对运行中的低压配电屏，通常应检查以下内容：

① 检查配电屏及屏上的电气元件的名称、标志、编号等是否模糊、错误，盘上所有的操作把手、按钮和按键等的位置与现场实际情况要相符，固定无松动，操作不得迟缓。

② 检查配电屏上信号灯和其他信号指示是否正确。

③ 隔离开关、断路器、熔断器和互感器等的触点是否牢靠，有没有过热、变色现象。

④ 二次回路导线的绝缘不得破损、老化，并要测其绝缘电阻。

⑤ 配电屏上标有操作模拟板时，模拟板与现场电气设备的运行状态是否对应。

⑥ 仪表或表盘玻璃不得松动，仪表指示不得错误，经常清扫仪表和其他电器上的灰尘。

⑦ 配电室内的照明灯具要完好，照度要明亮均匀。

⑧ 巡视检查中发现的问题应及时处理，并记录存档。

3.2.3　低压配电装置运行维护

① 对低压配电装置的有关设备，应定期清扫和摇测绝缘电阻，用 500V 兆欧表测量母线、断路器、接触器和互感器的绝缘电阻以及二次回路的对地绝缘电阻等，其值均应符合规定要求。

② 低压断路器故障跳闸后，在没有查明并消除跳闸原因前，不得再次合闸运行。

③ 对频繁操作的交流接触器，每三个月检查一次。

④ 定期校验交流接触器的吸引线圈，在线路电压为额定值的

85%～105%时吸引线圈应可靠吸合，而电压低于额定值的40%时则应可靠地释放。

⑤ 经常检查熔断器的熔体与实际负荷是否匹配，各连接点接触是否良好，有没有烧损现象，并在检查时清除各部位的积灰。

⑥ 铁壳开关的机械闭锁不得异常，速动弹簧不得锈蚀、变形。

⑦ 检查三相瓷底胶盖刀闸是否符合要求，在开关的出线侧是否加装了熔断器与之配合使用。

3.2.4 配电装置的安装

配电装置由总熔断器盒、电度表、电流互感器、控制开关、过载及短路保护电器组成，容量较大的要装隔离开关，将总熔断器盒装在进户管的墙上，而将电流互感器、电度表、控制开关、短路和过载保护器均安装在同一块配电板上。配电板的安装如图 3-1 所示。

3.2.5 配电屏用漏电保护器

漏电保护器，国际上的使用名称是剩余电流动作保护电器，简称 RGD。漏电保护器的外形如图 3-2 所示。

正常情况下：漏电保护器保护范围内的电路除工作电流外，没有对大地的漏电电流，各相（单相两线或三相三线或三相四线等）电流的矢量和等于零（与负荷电流大小无关，和三相电流的电流平衡与否无关），即 $\dot{I}_1 + \dot{I}_2 + \dot{I}_3 + \dot{I}_N = 0$。此时，漏电保护器内的零序电流互感器的次线线圈没有感应电势，漏电保护器正常运行。

非正常情况下：漏电保护器保护范围内的电路对大地出现漏电电流（由于人员触电：触电电流经过人体入地或设备绝缘破坏，对地的漏电电流），或者漏电保护器保护范围内的电路与非保护范围的电路混接负载而出现差电流，即 $\dot{I}_1 + \dot{I}_2 + \dot{I}_3 + \dot{I}_N \neq 0$。由于电流矢量和不等于零，那么漏电保护器内的零序电流互感器次级出现感应电势。当漏电电流（差电流）达到规定的启动值时（如 30mA 或 50mA 等），漏电保护器动作，切断电源。

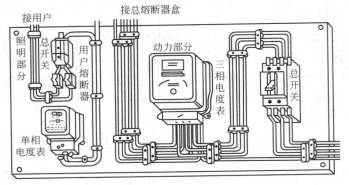

(a) 小容量配电板

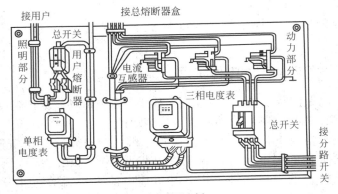

(b) 大容量配电板

图 3-1 配电板的安装

图 3-2 漏电保护器实物

3.3 保护接地系统与不同系统漏电保护器的应用

3.3.1 保护接地系统的种类

电源的中性点接地，负载设备的外露可导电部分通过保护线连接到此接地点的低压配电系统，统称为 TN 系统。第一个大写字母"T"表示电源中性点直接接地，第二个大写字母"N"表示电气设备金属外壳接零。依据零线 N 和保护线 PE 不同的安排方式，TN系统可分为以下三种形式。

（1）**TN-C 系统** 这种系统的零线 N 和保护线 PE 合为一根保护零线 PEN，所有设备的外露可导电部分均与 PEN 线连接，如图 3-3（a）所示。

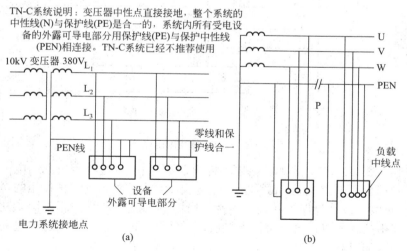

图 3-3 TN-C 系统

优点：投资较省，节约导线。在一般情况下，只要开关保护装置和 PEN 线截面积选择适当，是能够满足供电可靠性和用电安全性的。这种系统中，当三相负载不平衡或只有单相用电设备时，

PEN 线中有电流通过。

缺点：当 PEN 线断线时，在断线点 P 以后的设备外壳上，由于负载中性点偏移，可能出现危险电压。更为严重的是，若断线点后某一设备发生碰壳故障，开关保护装置不会动作，致使断线点后所有采用保护接零的设备外壳上都将长时间带有相电压，如图 3-3 (b) 所示。

(2) TN-S 系统 TN-S 系统的 N 线和 PE 线是分开设置的，所有设备的外壳只与公共的 PE 线相连接，如图 3-4 所示。

TN-S系统说明：整个系统的中性线(N)与保护线(PE)是分开的。
设备外露可导电部分应与保护线(PE)紧紧连接。
城镇、电力用户宜采用TN系统。随着计算机的普及，为了预防电网对计算机的干扰，现实中我们多采用TN-S系统

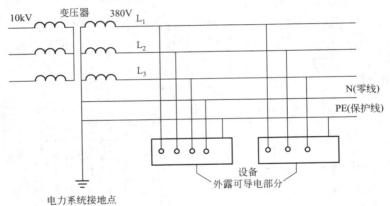

图 3-4 TN-S 低压配电系统

在 TN-S 系统中，N 线的作用仅仅是用来通过单相负载的电流和三相不平衡电流，故称为工作零线；对人体触电起保护作用的是 PE 线，故称为保护零线。显然，由于 N 线与 PE 线作用不同，功能不同，所以自电源中性点之后，N 线与 PE 线之间以及对地之间均需加以绝缘。

优点：

① 一旦 N 线断开，只影响用电设备的正常工作，不会导致断线点后的设备外壳上出现危险电压；

② 即使负载电流在零线上产生较大的电位差，与 PE 线相连的

设备外壳上仍能保持零电位，不会出现危险电压；

③ 由于 PE 线在正常情况下没有电流通过，因此在用电设备之间不会产生电磁干扰，故适于对数据处理、精密检测装置的供电。

缺点：消耗导电材料多，投资大，适于环境条件较差、要求较严的场所。

（3）TN-C-S 系统　TN-C-S 系统指配电系统的前面是 TN-C 系统，后面则是 TN-S 系统，兼有两者的优点，保护性能介于两者之间，常用于配电系统末端环境条件较差或有数据处理设备的场所，如图 3-5 所示。

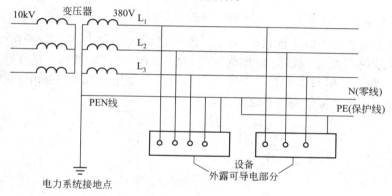

图 3-5　TN-C-S 低压配电系统

3.3.2　不同系统的漏电保护器的应用

（1）TT 系统安装漏电保护器

① 单相二线负荷（电压 220V）　如图 3-6 所示，应使用单相二线漏电保护器，按漏电保护器的标志（输入端、输出端和相线、零线）连接即可。如果使用三相四线漏电保护器代替，相线应接在"试验按钮"所接的相上（DZ15L-40 型为右边相）以保持"试验按钮"的作用。

② 二相二线或三相三线负荷（电压 380V）　三相三线负荷，

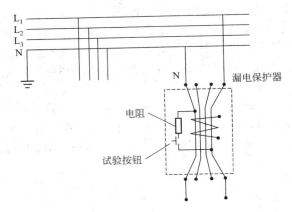

图 3-6　单相二线负荷

按漏电保护器标志连接即可。二相二线负荷，二线应接在试验按钮所接的相上（DZ15L-40 型为两边相）以保持"试验按钮"的作用。

③ 三相四线负荷　如图 3-7 所示，应使用三相四线漏电保护器，按漏电保护器的标志连接即可。

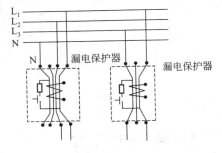

图 3-7　三相四线负荷

以上的共同要求：漏电保护器负荷侧，正常情况下，电流矢量和等于零。

a. 漏电保护器负荷侧使用的零线，必须与相线同时接入漏电保护器，不得跨接或并联跨接（见图 3-8）至负荷侧。

b. 漏电保护器负荷侧的零线不得有重复的接地点（见图 3-9）。

c. 漏电保护器负荷侧所接的负载，不得与未经此漏电保护器的

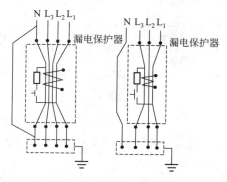

图 3-8 跨接或并联跨接

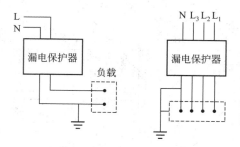

图 3-9 重复的接地点

任何相、零线有电气连接，即用电设备不得借用零线或接公共零线（见图 3-10）。

（2）TN 系统安装漏电保护器 TN 系统由于保护地线（PE）与零线（N）是合一的，客观上造成了零线的多点（重复）接地，所以零线与大地实际形成并联回路。但是，为了防止人身触电死亡事故，还是需要安装漏电保护器的，可以按照下述办法予以解决。

TN 系统公认的有三种接线形式。

① TN-C 接线：整个系统的中性线与保护线是合一的，接线图即如前述的 TN 系统接线图。

② TN-B 接线：整个系统的中性线与保护线是分开的，如图 3-11 所示。

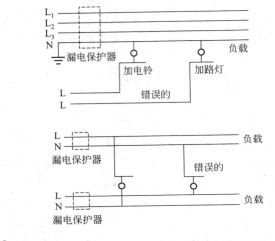

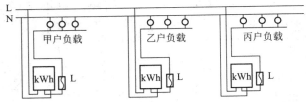

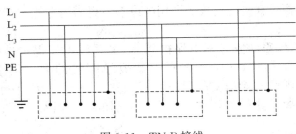

图 3-10　借用零线或接公共零线

图 3-11　TN-B 接线

③ TN-C-S 接线：系统中有一部分中性线与保护线是合一的，有一部分中性线与保护线是分开的，如图 3-12 所示。

我们可以根据具体情况（如需要安装漏电保护器的位置）将 TN-C 接线改为 TN-S 接线或 TN-C-S 接线，只要 PE 线不通过漏

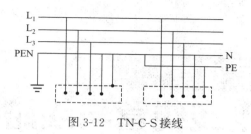

图 3-12 TN-C-S 接线

电保护器（见图 3-13），那么漏电保护器就可以正常投入运行，发挥其作用。

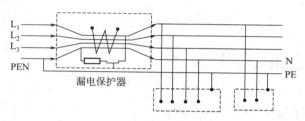

图 3-13 PE 线不通过漏电保护器

（3）IT 系统安装漏电保护器 从目前来看，采用 IT 系统供电的情况不多。现在生产的电流型漏电保护器不能安装在带电部分（包括相线和零线）与大地绝缘的系统。

关于带电部分（包括相线和零线）经过阻抗一点接地的，则应根据其阻抗值确定是否必要安装。

如果 $\dfrac{U}{Z} < I_n$，则不需要安装漏电保护器。式中，U 为工作电压，V；Z 为接地选用阻抗值，Ω；I_n 为选用的漏电保护器的额定电流，mA。

如果 $\dfrac{U}{Z} > I_n$，则可以安装电压相适应的漏电保护器，安装方法参照 TT 系统。关键是漏电保护器保护的所有用电设备，其相线、零线必须取自同一台漏电保护器的负荷侧，不能与漏电保护器电源侧混用，也不能与其他线路混用。换言之，要把漏电保护器负荷侧端子看作一个孤立源，将负荷侧所有的线路和设备看作一孤立系统。

第4章
电线线管与线路敷设

4.1 电线线管敷设

4.1.1 电磁线导管一般规定

(1) 基本要求

① 电磁线管道应该沿最近的线路敷设并应尽可能地减少弯曲，埋入墙内或混凝土内的管子离表面的净距不应小于 15mm。

② 根据设计图和现场的实际情况加工好各种接线盒、接线箱、管弯。钢管弯采用冷弯法，一般管径为 20mm 及以下时，用手扳弯管器；管径为 25mm 及以上时，使用液压弯管器。管子断口处应平齐不歪斜，刮锉光滑，没有毛刺。管子螺纹应干净清晰，不乱牙、不过长。

③ 以土建弹出的水平线为基准，根据设计图的要求确定接线盒、接线箱实际尺寸位置，而且要将接线盒、接线箱固定牢固。

④ 管道主要用管箍螺纹连接，套螺纹不得有乱牙现象。上好管箍后，管口应对严，外露螺纹应不多于 2 扣。套管连接应该用于暗配管，套管长度为连接管径的 1.5～3 倍。连接管口的对口处应在套管的中心，焊口应焊接牢固严密。

管道没有弯时 30m 处，有一个弯时 20m 处，有两个弯时 15m 处，有三个弯时 8m 处应加装接线盒，其位置应便于穿线。接线盒、接线箱开孔应整齐并与管径相吻合，要求一管一孔，不得开长孔。管口入接线盒、接线箱，暗配管可用跨接地线焊接固定在盒棱边上，严禁管口与敲落孔焊接，管口露出接线盒、接线箱应小于5mm，有锁紧螺母者与锁紧螺母接好，露出锁紧螺母的螺纹为2～4扣。

⑤ 将堵好的盒子固定后敷管，管道每隔1m左右用铅丝绑扎牢。

⑥ 用45mm圆钢与跨接地线焊接，跨接地线两端焊接面不得小于该跨接线截面积的6倍，焊缝均匀牢固，焊接处刷防锈漆。

⑦ 钢导管管道与其他管道间的最小间距见表4-1。

表 4-1　钢导管管道与其他管道间的最小间距　　　　　mm

管道名称	管道敷设方式		最小间距
蒸汽管路	平行	管道上	1000
		管道下	500
	交叉		300
暖气管路	平行	管道上	300
		管道下	200
	交叉		100
通风、给排水及压缩空气管	平行		100
	交叉		50

注：1. 对蒸汽管道，若管外包有隔热层，上下平行距离可减至200mm。

2. 当不能满足上述最小间距时，应采取隔热措施。

(2) 导线的选择　室内布线用电磁线、电缆应按低压配电系统的额定电压、电力负荷、敷设环境及其与附近电气装置、设施之间能否产生有害的电磁感应等要求，选择合适的型号和截面积。

① 对电磁线、电缆导体的截面积大小进行选择时，应按其敷设方式、环境温度和使用条件确定，其额定载流量不应小于预期负荷的最大计算电流，线路电压损失不应超过允许值。单相回路中的中性线应与相线等截面积。

② 室内布线若采用单芯导线作固定装置的 PEN 干线，其截面积对铜材应为 7～16mm²，对铝材 15～25mm²；当多芯电缆的线芯用于 PEN 干线时，其截面积可为 3～8mm²。

③ 当 PEN 干线所用材质与相线相同时，按热稳定要求，截面积不应小于表 4-2 所列数据。

表 4-2　保护线的最小截面积　　　　　　　　　　mm²

装置的相线截面积 S	接地线及保护线最小截面积
S≤16	S
16＜S≤35	16
S＞35	S/2

④ 导线最小截面积应满足机械强度的要求，不同敷设方式导线线芯的最小截面积不应小于表 4-3 的规定。

表 4-3　不同敷设方式导线线芯的最小截面积

敷设方式		线芯最小截面积/mm²		
		铜芯软线	铜导线	铝导线
敷设在室内绝缘支持件上的裸导线		—	2.5	4.0
敷设在室内绝缘支持件上的绝缘导线（其支持点间距为 L）	L≤2m 室内	—	1.0	2.5
	L≤2m 室外	—	1.5	2.5
	2m＜L≤6m	—	2.5	4.0
	6m＜L≤12m	—	2.5	6.0
穿管敷设的绝缘导线		1.0	1.0	2.5
槽板内敷设的绝缘导线			1.0	2.5
塑料护套线明敷			1.0	2.5

⑤ 当用电负荷大部分为单相用电设备时，其 N 线或 PEN 干线的截面积不应该小于相线截面积；以气体放电灯为主要负荷的回路中，N 线截面积不应小于相线截面积；采用晶闸管调光的三相四线或三相三线配电线路，其 N 线或 PEN 干线的截面积不应小于相线截面积的 2 倍。

4.1.2 电磁线导管钢管暗敷设

(1) 钢管质量要求 钢管不应有折扁、裂缝、砂眼、塌陷等现象。内外表面应光滑，不应有折叠、裂缝、分层、搭焊、缺焊、毛刺等现象。切口应垂直、没有毛刺，切口斜度应平齐，焊缝应整齐，没有缺陷。镀锌层应完好没有损伤，锌层厚度均匀一致，不得有剥落、气泡等现象。

(2) 按图画线定位 根据施工图和施工现场实际情况确定管段起始点的位置并标明此位置，将接线盒、接线箱固定，量取实际尺寸。

(3) 量尺寸割管

① 配钢管前应按每段所需长度将管子切断。切断管子的方法很多，一般用钢锯切断（最好选用钢锯条）或用管子切割机割断。当管子批量较大时，可使用无齿锯。利用纤维增强砂轮片切割，操作时要用力均匀平稳，不能用力过猛，以免过载或砂轮崩裂。另外，钢管严禁用电、气焊切割。

切断后，断口处应与管轴线垂直，管口应锉平、刮光，使管口整齐光滑。当出现马蹄口时，应重新切断。管内应没有铁屑和毛刺。钢管不得有折扁和裂缝。

② 小批量的钢管一般采用钢锯进行切割，将需要切断的管子放在台虎钳或压力钳的钳口内卡牢，注意切口位置与钳口距离应适宜，不能过长或过短，操作应准确。在锯管时锯条要与管子保持垂直，人要站直，操作时要扶直锯架，使锯条保持平直，手腕不能颤动，当管子快要断开时，要减慢速度，平稳锯断。

③ 切断管子也可采用割管器，但使用割管器切断管子，管口易产生内缩；缩小后的管口要用绞刀或锉刀刮光。

(4) 套螺纹 套螺纹时应把线管夹在管钳式台虎钳上，然后用套螺纹铰板铰出螺纹。操作时用力均匀，并加润滑油，以保护螺纹光滑。如图 4-1 所示为管子套螺纹铰板。

(5) 弯管

① 弯管器种类

a.管弯管器。管弯管器体轻又小，是弯管器中最简单的一件工

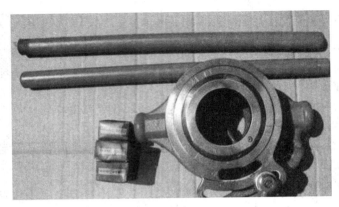

(a) 钢管铰板

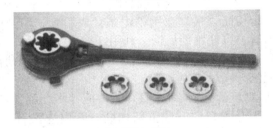

(b) 板架与板牙

图 4-1　管子套螺纹铰板

具，其外形和使用方法如图 4-2 所示。管弯管器适用于 50mm 以下的管子。

图 4-2　管弯管器

　　b. 铁架弯管器。铁架弯管器是用角铁焊接成的，可用于较大直径线管的弯曲，其外形如图 4-3 所示。

图 4-3 铁架弯管器

　　c.滑轮弯管器。直径在 50～100mm 的线管可用滑轮弯管器进行弯管，其外形如图 4-4 所示。

图 4-4 滑轮弯管器

　　② 弯管方法　为便于线管穿越，管子的弯曲角度一般不应小于 90°，如图 4-5 所示。

　　直径在 50mm 以下的线管，可用管弯管器进行弯曲。在弯曲时，要逐渐移动弯管器棒，且一次弯曲的弧度不可过大，否则容易把管弯裂或弯瘪。

　　在弯管壁较薄的线管时，管内要灌满沙，否则会将钢管弯瘪。如采用加热弯曲，要使用干燥没有水分的沙灌满，并在管两端塞上木塞，如图 4-6 所示。

　　有缝管弯曲时，应将接缝处放在弯曲的侧边，作为中间层，这

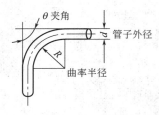

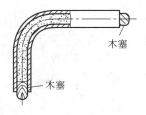

图 4-5　线管的弯度　　　　　　图 4-6　钢管灌沙弯曲

样，可使焊缝在弯曲形变时既不延长又不缩短，焊缝处就不易裂开，如图 4-7 所示。

硬塑料管弯曲时，先将塑料管用电炉或喷灯加热，然后放到木坯具上弯曲成形，如图 4-8 所示。

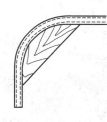

图 4-7　有缝管的弯曲　　　　　图 4-8　硬塑料管弯曲

（6）钢管除锈与防腐

① 管子除锈　管子外壁除锈，可用钢丝刷打磨，也可用电动除锈机除锈。

管子内壁除锈常采用以下几种方法。

a. 人工清除法：用钢丝刷，两头各绑一根钢丝，穿过管子，来回拉动钢丝刷清除管内油污或脏物；也可在一根钢丝中间扎上布条或胶皮等物，在管中来回拉拽。

b. 压缩空气吹除法：在管的一端，用一定压力的空气往管里吹，将管内的尘埃等物，从管子的另一端吹出。

c. 高压水清洗法：用一定压力的水通入管内，利用水力清除脏物，然后用人工清除法把管内湿气擦干。

d. 不良处切断清洗法：这是不得已采取的措施，在暗管中，混凝土灌进了管内，只能凿开建筑物把这段管子切除，套上一段较粗的管子。

② 管子防腐　除埋入混凝土内的管外壁外，其他钢管内、外均应刷防腐漆，埋入土层内的钢管，应刷两道沥青或使用镀锌钢管；埋入有腐蚀性土层内的钢管，应按设计规定进行防腐处理。使用镀锌钢管时，在锌层剥落处，也应刷防腐漆。埋入砖墙内的黑色钢管可刷一道沥青；埋入焦砟层中的黑色钢管应采用水泥砂浆全面保护，厚度不应小于 50mm。

(7) 管与盒的连接

① 在配管施工中，管与接线盒、接线箱一般情况下采用螺母连接。采用螺母连接的管子必须套好螺纹，将套好螺纹的管端拧上锁紧螺母，插入与管外径相匹配的接线盒的孔内，管线要与盒壁垂直，再在盒内的管端拧上锁紧螺母；应避免左侧管线已带上锁紧螺母，而右侧管线未拧锁紧螺母。

② 带上螺母的管端在盒内露出锁紧螺母纹应为 2~4 扣，不能过长或过短，如采用金属护口，在盒内可不用锁紧螺母，但入箱的管端必须加锁紧螺母。多根管线同时入箱时应注意其入箱部分的管端长度应一致，管口应平齐。

③ 配电箱内如引入管太多时，可在箱内设置一块平挡板，将入箱管口顶在挡板上，待管子用锁紧螺母固定后拆去挡板，这样管口入箱可保持一致高度。

④ 电气设备防爆接线盒的端子箱上，多余的孔应采用丝堵堵塞严密，当孔内垫有弹性密封圈时，弹性密封圈的外侧应设钢制堵板，其厚度不应小于 2mm，钢制堵板应经压盘或螺母压紧。

(8) 管与管的连接

① 钢管与钢管的连接　钢管与钢管之间的连接，不管是明配管或暗配管，应采用管箍连接，尤其是埋地和防爆线管。管箍连接如图 4-9 所示。

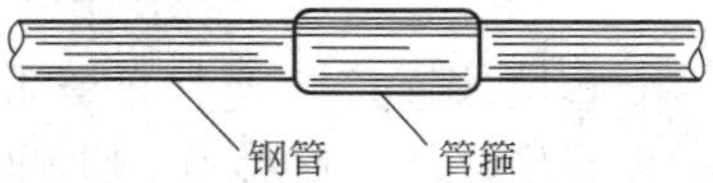

钢管　　管箍

图 4-9　管箍连接钢管

② 钢管与接线盒的连接　钢管的端部与各种接线盒连接时，应在接线盒内外各用一个薄型螺母锁紧。夹紧线管的方法如

图 4-10 所示，先在线管管口拧入一个螺母，管口穿入接线盒后，在盒内再拧入一个螺母，然后用两把扳手，把两个螺母反向拧紧，如果需要密封，则在两螺母之间各垫入封口垫圈。

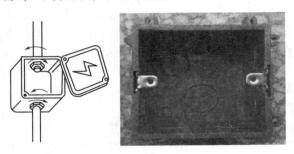

图 4-10　线管与接线盒的连接

③ 硬塑料管的连接

a. 插入法连接　连接前先将连接的两根管子的管口分别倒成内侧角和外侧角，如图 4-11（a）所示，接着将阴管插接段（长度为 1.1～1.5 倍的管子直径）放在电炉或喷灯上加热至呈柔软状态后，将阳管插入部分涂一层胶合剂后迅速插入阴管，立即用湿布冷却，使管子恢复原来硬度，如图 4-11（b）所示。

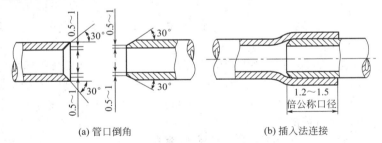

(a) 管口倒角　　　　　(b) 插入法连接

图 4-11　硬塑料管的插入法连接

b. 套接法连接　连接前先将同直径的硬塑料管加热扩大成套管，并倒角，涂上粘接剂，迅速插入热套管中，如图 4-12 所示。

④ 防爆配管

a. 防爆钢管敷设时，钢管间及钢管与电气设备应采用螺纹连接，不得采用套管焊接。螺纹连接处应连接紧密牢固，啮合扣数应不少于 6 扣，并应加防松螺母牢固拧紧，应在螺纹上涂电力复合脂或导电性防锈脂，不得在螺纹上缠麻或绝缘胶带及涂其他油漆，除设计有特殊要求外，各连接处不能焊接接地线。

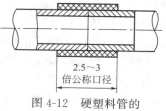

2.5～3 倍公称口径

图 4-12 硬塑料管的套接法连接

b. 防爆钢管管道之间不得采用倒扣连接，当连接有困难时可以采用防爆活接头连接，其结合面应贴紧。防爆钢管与电气设备直接连接若有困难时应采用防爆可挠管连接，防爆可挠管应没有裂纹、孔洞、机械损伤、变形等缺陷。

c. 爆炸危险场所钢管配线，应使用镀锌水、煤气管或经防腐处理的厚壁钢管（敷于混凝土的钢管外壁可不防腐）。

d. 钢管配线的隔离密封。钢管配线必须设不同形式的隔离密封盒，盒内填充非燃性密封混合填料，以隔绝管道。

e. 管道通过与其他场所相邻的隔墙，应在隔墙任一侧装设横向式隔离密封盒且应将管道穿墙处的孔洞堵塞严密。

f. 管道通过楼板或地坪引入相邻场所时，应在楼板或地坪的上方装设纵向式密封盒，并将楼板或地坪的穿管孔洞堵塞严密。

g. 当管径大于 50mm，管道长度超过 15m 时，每 15m 左右应在适当地点装设一个隔离密封盒。

h. 易积聚冷凝水的管道应装设排水式隔离密封盒。

(9) 固定接线盒、接线箱

① 接线盒、接线箱固定应平整牢固、灰浆饱满，纵横坐标准确，符合设计图和施工验收规范规定。

② 砖墙稳埋接线盒、接线箱

a. 预留接线盒、接线箱孔洞。根据设计图规定的接线盒、接线箱预留具体位置，随土建砌体电工配合施工，在约 300mm 处预留出进入接线盒、接线箱的管子长度，将管子甩在接线盒、接线箱预留孔外，管端头堵好，等待最后一管一孔地进入接线盒、接线箱，稳埋完毕。

b. 剔洞埋接线盒、接线箱，再接短管。按画线处的水平线，对照设计图找出接线盒、接线箱的准确位置，然后剔洞，所剔洞应比接线盒、接线箱稍大一些。洞剔好后，先用水把洞内四壁浇湿，并将洞中杂物清理干净。依照管道的走向敲掉盒子的敲落孔，用水泥砂浆填入，将接线盒、接线箱稳端正，待水泥砂浆凝固后，再将短管接入接线盒、接线箱。

③ 组合钢模板、大模板混凝土墙稳埋接线盒、接线箱

a. 在模板上打孔，用螺钉将接线盒、接线箱固定在模板上；拆模前及时将固定接线盒、接线箱的螺钉拆除。

b. 利用穿筋盒，直接固定在钢筋上，并根据墙体厚度焊好支撑钢筋，使盒口或箱口与墙体平面平齐。

④ 模板混凝土墙稳埋接线盒、接线箱

a. 预留接线盒、接线箱孔洞，下盒套、箱套，然后待模板过后再拆除盒套或箱套，同时稳埋盒或箱体。

b. 用螺钉将接线盒、接线箱固定在扁铁上，然后将扁铁焊在钢筋上，或直接用穿筋固定在钢筋上，并根据墙厚度焊好支撑钢筋，使盒口平面与墙体平面平齐。

⑤ 顶板稳埋灯头盒

a. 加气混凝土板、圆孔板稳埋灯头盒。根据设计图标注出灯头的位置尺寸，先打孔，然后由下向上剔洞，洞口下小上大。将盒子配上相应的固定体放入洞中，并固定好吊顶，待配管后用高强度等级水泥砂浆稳埋牢固。

b. 现浇混凝土楼板等，需要安装吊扇、花灯或吊装灯具超过2～5kg时，应预埋吊钩或螺栓，其吊挂力矩应保证承载要求和安全。

⑥ 隔墙稳埋开关盒、插座盒。如在砖墙泡沫混凝土墙等剔槽前，应在槽两边弹线，槽的宽度及深度均应比管外径大，开槽宽度与深度以大于1.5倍管外径为宜。砖墙可用錾子沿槽内边进行剔槽；泡沫混凝土墙可用手提切割机锯出槽的两边后，再剔成槽。剔槽后应先稳埋盒，再接管，管道每隔1m左右用镀锌钢丝固定好管道，最后抹灰并抹平齐。如为石膏圆孔板时，应该将管穿入板孔内并敷至盒或箱处。

在配管时应与土建施工配合，尽量避免切割剔凿，如需切割剔凿墙面敷设线管，剔槽的深度、宽度应合适，不可过大、过小。管

线敷设好后，应在槽内用管卡进行固定，再抹水泥砂浆。管卡数量应依据管径大小及管线长度而定，不需太多，以固定牢固为标准。

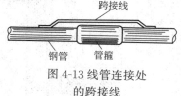

图 4-13 线管连接处的跨接线

（10）管道接地

① 线管配线的钢管必须可靠接地。为此，在钢管与钢管、钢管与配电箱及接线盒等连接处，用 φ6～10mm 圆钢制成的跨接线连接，如图 4-13 所示。并在干线始末两端和分支线管上分别与接地体可靠连接，使线路所有线管都可靠地接地。

② 跨接线的直径可参照表 4-4 的内容。地线的焊接长度要求达到接地线直径 6 倍以上。钢管与配电箱的连接地线，为了方便检修，可先在钢管上焊一专用接地螺栓，再用接地导线与配箱可靠连接。

表 4-4　跨接线选择表

公称直径/mm		跨接线/mm	
电磁线管	钢管	圆钢	扁钢
≤32	≤25	φ6	—
40	32	φ8	—
50	40～50	φ10	—
70～80	70～80	—	25×4

③ 卡接。镀锌钢管应用专用接地线卡连接，不得采用熔焊连接地线。

④ 管道应做整体接地连接，穿过建筑物变形缝时，应有接地补偿装置。可采用跨接或卡接，以使整个管道形成一个电气通路。

（11）管道补偿　管道在通过建筑物的变形缝时，应加装管道补偿装置。管道补偿装置是在变形缝的两侧对称预埋一个接线盒，用一根短管将两接线盒相邻面连接起来，短管的一端与一个盒子固定牢固，另一端伸入另一盒内，且此盒上的相应位置的孔要开长孔，其长度不小于管径的 2 倍。如果该补偿装置在同一轴线墙体上，则可有拐角箱作为补偿装置，如不在同一轴线上则可用直筒式接线箱进行补偿，其做法如图 4-14 和图 4-15 所示，也可采用防水型可挠金属电磁线管跨越两侧接线箱盒并留有适当余量。

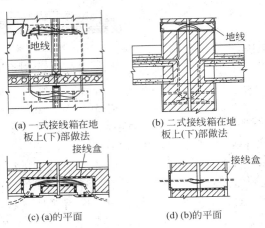

(a) 一式接线箱在地板上(下)部做法

(b) 二式接线箱在地板上(下)部做法

(c) (a)的平面

(d) (b)的平面

图 4-14　暗配管线遇到建筑伸缩缝时的做法示意图

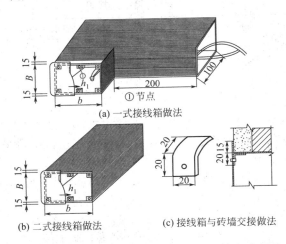

(a) 一式接线箱做法

(b) 二式接线箱做法

(c) 接线箱与砖墙交接做法

图 4-15　建筑伸缩沉降缝处转角接线箱做法示意图

(12) 钢管暗敷设工艺　暗配的电磁线管道应该沿最近的路线敷设，并应尽量减少弯头；埋入墙或混凝土内的管子，其离表面的净距不应小于 15mm。

① 在现浇混凝土楼板内敷设 在浇灌混凝土前,先将管子用垫块(石块)垫高 15mm 以上,使管子与混凝土模板间保持足够距离,再将管子用钢丝绑扎在钢筋上,或用钉子卡在模板上,如图 4-16 所示。

灯头盒可用铁钉固定或用钢丝缠绕在铁钉上,如图 4-17 所示,其安装方法如图 4-18 所示。

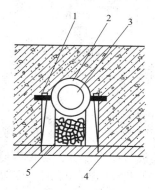

图 4-16 钢板在模板上固定
1—铁钉;2—钢丝;3—钢管;
4—模板;5—垫块

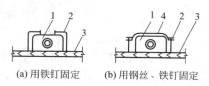

(a) 用铁钉固定　(b) 用钢丝、铁钉固定

图 4-17 灯头盒在模板上固定
1—灯头盒;2—铁钉;
3—模板;4—钢丝

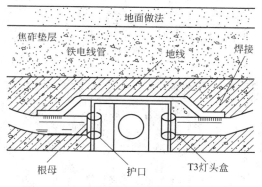

图 4-18 灯头盒在现浇混凝土楼板内安装

接线盒可用钢丝或螺钉固定,方法如图 4-19 所示。待混凝土凝固后,必须将钢丝或螺钉切断除掉,以免影响接线。

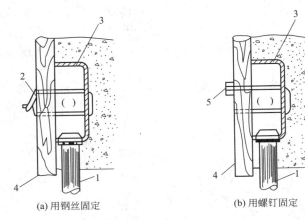

(a) 用钢丝固定　　　　　　(b) 用螺钉固定

图 4-19　接线盒在模板上固定

1—钢管；2—钢丝；3—接线盒；4—模板；5—螺钉

钢管敷设在楼板内时，管外径与楼板厚度应配合。当楼板厚度为 80mm 时，管外径不应超过 40mm；厚度为 120mm 时，管外径不应超过 50mm。若管径超过上述尺寸，则钢管改为明敷或将管子埋在楼板的垫层内，灯头盒位置需在浇灌混凝土前预埋木砖，待混凝土凝固后再取出木砖再进行配管，如图 4-20 所示。

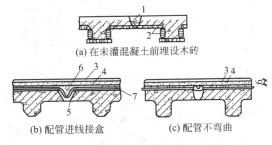

(a) 在未灌混凝土前埋设木砖

(b) 配管进线接盒　　　　　(c) 配管不弯曲

图 4-20　钢管在楼板垫层内敷设

1—木砖；2—模板；3—底面；4—焦砟垫层；
5—接线盒；6—水泥砂浆保护；7—钢管

② 在预制板中敷设　暗管在预制板中的敷设方法同暗管在现浇混凝土楼板内的敷设，但灯头盒的安装需在楼板上定位凿孔，做法如图 4-21 所示。

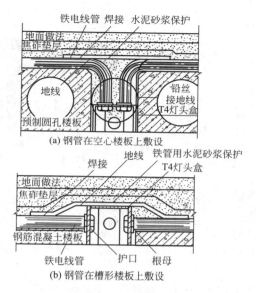

图 4-21　暗管在预制板中的敷设

③ 通过建筑物伸缩缝敷设　钢管暗敷时，常会遇到建筑物伸缩缝，其通常的做法是在伸缩缝（沉降缝）处设置接线箱，并且钢管应断开，如图 4-22 所示。

钢管暗敷设时，在建筑物伸缩缝处设置的接线箱主要有两种，即一式接线箱和二式接线箱，如图 4-23 所示，其规格见表 4-5。

表 4-5　钢管与接线箱配用规格尺寸　　　　　　　　　　mm

每侧入箱电磁线管规格和数量		接线箱规格			箱厚	固定盖板螺钉规格及数量
		H	b	h	h_1	
一式接线箱	40 以下两根	150	250	180	1.5	M5×4
	40 以上两根	200	300	180	1.5	M5×6
二式接线箱	40 以下两根	150	200	同墙厚	1.5	M5×4
	40 以上两根	200	300	同墙厚	1.5	M5×6

④ 埋地钢管敷设　埋地钢管敷设时，钢管的管径应不小于20mm，且不应该穿过设备基础；如必须穿过，且设备基础面积较

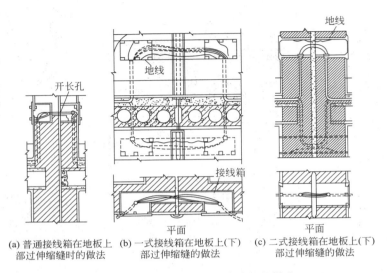

(a) 普通接线箱在地板上　(b) 一式接线箱在地板上(下)　(c) 二式接线箱在地板上(下)
部过伸缩缝时的做法　　部过伸缩缝的做法　　部过伸缩缝的做法

图 4-22　暗管通过建筑物伸缩缝的做法

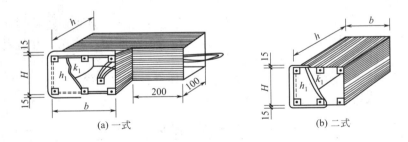

图 4-23　接线箱做法

大时，钢管管径应不小于 25mm。在穿过建筑物基础时，应再加保护管保护。

直接埋入土中的钢管也需用混凝土保护，如不采用混凝土保护时，可刷沥青漆进行保护。

埋入有腐蚀性或潮湿土中的线管，如为镀锌管丝接，应在丝头处抹铅油缠麻，然后拧紧丝头；如为非镀锌管件，应先刷沥青漆油后在缠生料带，然后再刷一道沥青漆。

4.1.3 穿线钢管明敷设

(1) 明配管敷设基本要求

① 明配管弯曲半径一般不小于管外径的 6 倍，如只有一个弯时应不小于管外径的 4 倍。

② 根据设计首先测出接线盒、接线箱与出线口的准确位置，然后按照安装标准的固定点间距要求确定支、吊装架的具体位置，固定点的距离应均匀，管卡与终端、转弯中点、电气器具或箱盒边缘的距离为 150～500mm。钢管中间管卡的最大距离：$\phi5～20$mm 时为 1.5m，$\phi25～32$mm 时为 2m。

③ 吊顶内管道敷设。在灯头测定后，用不少于 2 个螺钉（栓）把灯头盒固定牢固，管道应敷设在主龙骨上边，管送入箱、盒，并应里外带锁紧螺母。管道主要采用配套管卡固定，固定间距不小于 1.5m。吊顶内灯头盒至灯位采用金属软管过渡，长度不应该超过 0.5m，其两端应使用专用接头。吊顶内各种接线盒、接线箱的安装口方向应朝向检查口，以便于维护检查。

④ 设备与钢管连接时，应将钢管敷设到设备内。如不能直接进入时，在干燥房间内，可在钢管出口处加装保护软管引入设备；在潮湿房间内，可采用防水软管或在管口处装设防水弯头再套绝缘软管保护，软管与钢管、软管与设备之间的连接应用软管接头连接，长度不应该超过 1m。钢管露出地面的管口距地面高度应不小于 200mm。

⑤ 明配箱盒安装应牢固平整，开孔整齐并与管径相吻合，要求一管一孔。钢管进入灯头盒、开关盒、接线盒及配电箱时，露出锁紧螺母的螺纹为 2～4 扣。

⑥ 支架固定点的距离应均匀，管卡与终端、转弯中点、电气器具或接线盒边缘，固定距离均应为 150～300mm。管道中间的固定点间距离应小于表 4-6 的规定。

⑦ 接线盒、接线箱、盘配管应在箱、盘 100～300mm 处加稳固支架，将管固定在支架上，盒管安装应牢固平整，开孔整齐并与管径相吻合。要求一管一孔，不得开长孔。铁制接线盒、接线箱严禁用电气焊开孔。

表 4-6　钢管中间管卡最大距离

钢管名称	钢管直径/mm			
	14~20	24~30	40~50	64~100
厚壁钢管	1500	2000	2500	3500
薄壁钢管	1000	1500	2000	—

（2）**放线定位**　根据设计图纸确定明配钢管的具体走向和接线盒、灯头盒、开关箱的位置，并注意尽量避开风管、水管，放线后按照安装标准规定的固定点间距的尺寸要求，计算确定支架、吊装架的具体位置。

（3）**支架、吊装架预制加工**　支架、吊装架应按设计图要求进行加工。支架、吊装架的规格设计没有规定时，应不小于以下规定：扁钢支架 30mm×3mm；角钢支架 25mm×25mm×3mm。埋设支架应为燕尾或 T 形，埋设深度应不小于 120mm。

（4）**管道敷设**

① 检查管件是否通畅，去掉毛刺，调直管子。

② 敷管时，先将管卡一端的螺钉（栓）拧进一半，然后将管敷设在管卡内，逐个拧牢。使用铁支架时，可将钢管固定在支架上，不许将钢管焊接在其他管道上。

③ 水平或垂直敷设明配管的允许偏差值：管道在 2m 以下时，偏差为 3mm，全长不应超过管子内径的 1/2。

④ 管道连接：明配管一律采用丝接。

⑤ 钢管与设备连接：应将钢管敷设到设备内，如不能直接进入时，应符合下列要求。

a. 在干燥的房屋内，可在钢管出口处加保护软管引入设备，管口应包缠严密。

b. 在室外或潮湿的房间内，可在管口处装设防水弯头，由防水弯头引出的导线应套绝缘保护软管，待弯成防水弧度后再引入设备。

c. 管口距地面高度一般不低于 200mm。

⑥ 金属软管引入设备时，应符合下列要求。

a. 金属软管与钢管或设备连接时，应采用金属软管接头连接，长度不应该超过 1m。

b.金属软管用管卡固定，其固定间距不应大于 1m，不得利用金属软管作为接地导体。

⑦ 配管必须到位，不可有裸露的导线没有管保护。

(5) 接地线连接　明配管接地线，与钢管暗敷设相同，但跨接线应紧贴管箍，焊接或管卡连接应均匀、美观、牢固。

(6) 防腐处理　螺纹连接处、焊接处均应补刷防锈漆，面漆按设计要求涂刷。

(7) 钢管明敷设施工工艺

① 明管沿墙拐弯做法如图 4-24 所示。

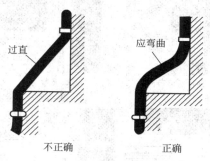

图 4-24　明管沿墙拐弯

② 钢管引入接线盒等设备如图 4-25 所示。

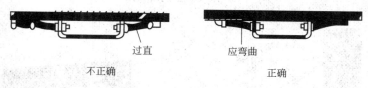

图 4-25　钢管引入接线盒的做法

③ 电磁线管在拐角时要用拐角盒，其做法如图 4-26 所示。

④ 钢管沿墙敷设采用管卡直接固定在墙上或支架上，如图 4-27 所示。

⑤ 钢管沿屋面梁底面及侧面敷设方法如图 4-28（a）所示，钢管沿屋架底面及侧面的敷设方法如图 4-28（b）所示。

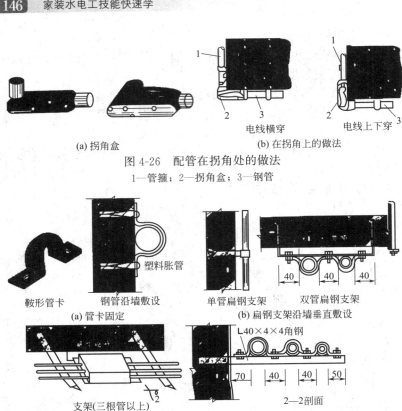

(a) 拐角盒

电线横穿

电线上下穿

(b) 在拐角上的做法

图 4-26　配管在拐角处的做法

1—管箍；2—拐角盒；3—钢管

鞍形管卡 钢管沿墙敷设

(a) 管卡固定

塑料胀管

单管扁钢支架 双管扁钢支架

(b) 扁钢支架沿墙垂直敷设

支架(三根管以上)

2—2剖面

(c) 角钢支架沿墙水平敷设

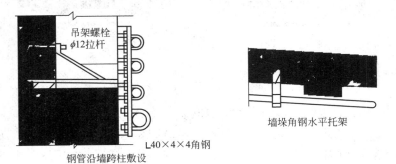

吊架螺栓

φ12拉杆

钢管沿墙跨柱敷设

L40×4×4角钢

墙垛角钢水平托架

(d) 沿墙跨越柱子敷设

图 4-27　配管沿墙敷设的做法

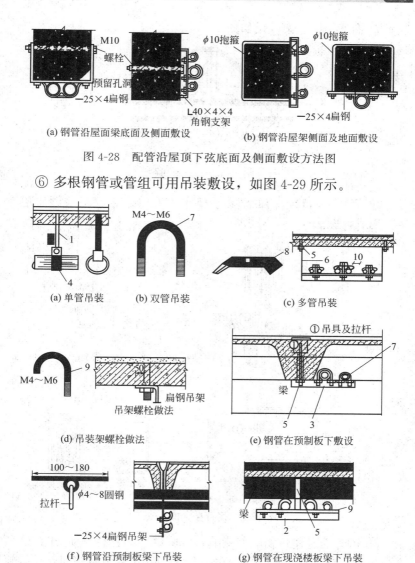

(a) 钢管沿屋面梁底面及侧面敷设　　　(b) 钢管沿屋架侧面及地面敷设

图 4-28　配管沿屋顶下弦底面及侧面敷设方法图

⑥ 多根钢管或管组可用吊装敷设，如图 4-29 所示。

(a) 单管吊装　　(b) 双管吊装　　(c) 多管吊装

(d) 吊装架螺栓做法　　(e) 钢管在预制板下敷设

(f) 钢管沿预制板梁下吊装　　(g) 钢管在现浇楼板梁下吊装

图 4-29　钢管在楼板下安装

1—圆钢（φ10）；2—角钢支架（L40×4）；3—角钢支架（L30×3）；4—吊管卡；
5—吊装架螺栓（M8）；6—扁钢吊装架（—40×4）；7—螺栓管卡；
8—卡板（2~4mm 钢板）；9—管卡

⑦ 钢管沿钢屋架敷设如图 4-30 所示。

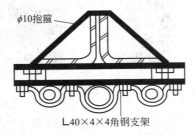

ϕ10抱箍

L40×4×4角钢支架

图 4-30　钢管沿钢屋架敷设

⑧ 钢管采用管卡槽的敷设。管卡槽及管卡由钢板或硬质尼龙塑料制成，做法如图 4-31 所示。

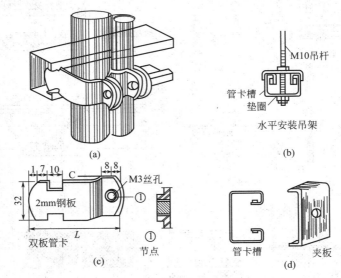

M10吊杆

管卡槽

垫圈

水平安装吊架

(a)

(b)

1 7 10　C　8 8

32　2mm钢板

M3丝孔

①

L

双板管卡

①

节点

管卡槽

夹板

(c)

(d)

图 4-31　钢管在卡槽上安装

⑨ 钢管通过建筑物的伸缩缝（沉降缝）时的做法如图 4-32 所示。拉线箱的长度一般为管径的 8 倍。当管子数量较多时，拉线箱高度应加大。

⑩ 钢管在龙骨上安装如图 4-33 所示。

⑪ 钢管进入灯头盒、开关盒、接线盒及配电箱时，露出锁紧

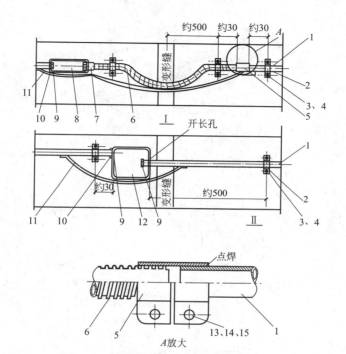

图 4-32 钢管通过建筑物伸缩缝时的做法

1—钢管或电磁线管；2—管卡子；3—木螺钉；4—塑料胀管；5—过渡接头；
6—金属软管；7—金属软管接头；8—拉线箱；9—护门；10—锁紧螺母；
11—跨接线；12—拉线箱；13—半圆头螺钉；14—螺母；15—垫圈

螺母的螺纹为 2～4 扣。当在室外或潮湿房屋内，采用防潮接线盒、配电箱时，配管与接线盒、配电箱的连接应加橡胶垫，做法如图 4-34 所示。

⑫ 钢管配线与设备连接时，应将钢管敷设到设备内，钢管露出地面的管口距地面高度应不小于 200mm。如不能直接进入时，可按下列方法进行连接。

a. 在干燥房间内，可在钢管出口处加保护软管引入设备。

b. 在室外潮湿房间内，可采用防湿软管或在管口处装设防水弯头。当由防水弯头引出的导线接至设备时，导线套绝缘软管保护，并应有防水弯头引入设备。

(a) 钢管在轻钢龙骨上
安装示意图(一)

(b) 钢管在轻钢龙
骨上安装示意图(二)

(c) 钩形卡(一式)　　(d) 钩形卡(二式)　　(e) 钩形卡(三式)

(f) 圆钢夹板管卡安装示意图　　(g) 圆钢夹板卡

图 4-33　钢管在龙骨上的安装图

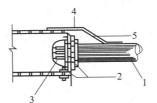

图 4-34　配管与防潮接线盒连接

1—钢管；2—锁紧螺母；3—管螺母；4—橡胶垫；5—接地线

c. 金属软管引入设备时，软管与钢管、软管与设备间的连接应用软管接头连接。软管在设备上应用管卡固定，其固定点间距应不大于 1m，金属软管不能作为接地导体。

4.1.4　护墙板、吊顶内管道敷设

吊顶内、护墙板内管道敷设的固定参照明配管施工工艺；连接、弯度、走向等参照暗配管施工工艺，接线盒可使用暗盒。

会审时要与通风暖卫等专业协调并绘制大样图，经审核无误

后，在顶板或地面进行弹线定位。如吊顶是有格块线条的，灯位必须按格块中心定位，护墙板内配管应按设计要求测定接线盒、接线箱位置，弹线定位，如图 4-35 所示。

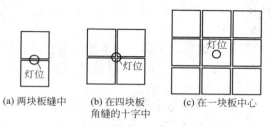

(a) 两块板缝中   (b) 在四块板
角缝的十字中   (c) 在一块板中心

图 4-35 弹线定位

灯位测定后，用不少于 2 个螺钉（栓）把灯头盒固定牢固。如有防火要求，可用防火棉、毡或其他防火措施处理灯头盒。没有用的敲落孔不应敲掉，已脱落的要补好。

管道应敷设在主龙骨的上边，管入接线盒、接线箱必须撅等差（灯叉）弯，并应里外带锁紧螺母。采用内护口，管进接线盒、接线箱以内锁紧螺母平为准。固定管道时，如为木龙骨可在管的两侧钉钉，用铅丝绑扎后再把钉钉牢；如为轻钢龙骨可采用配套管卡和螺钉（栓）固定，或用拉铆钉固定。直径 25mm 以上和成排管道应单独设支架。

管道敷设应牢固畅顺，禁止做拦腰管或拌脚管。遇有长丝接管时，必须在管箍后面加锁紧螺母。管道固定点的间距不得大于 1.5m，受力灯头盒应用吊杆固定，在管进盒处及弯曲部位两端 15～30cm 处加固定卡固定。

吊顶内灯头盒至灯位可采用阻燃型普利卡金属软管过渡，长度不应该超过 1m，其两端应使用专用接头。吊顶内各种接线盒、接线箱的安装，接线盒、接线箱口的方向应朝向检查口，以便于维修检查。

4.1.5 阻燃塑料管（PVC）敷设

保护电磁线用的塑料管及其配件必须由经阻燃处理的材料制成，塑料管外壁应有间距不大于 1m 的连续阻燃标记和制造厂标，且不应敷设在高温和易受机械损伤的场所。塑料管的材质及适用场所必须符合设计要求和施工规范的规定。

(1) PVC管的特性

① 管材的选择　对于硬质塑料管，在工程施工时应按下列要求进行选择。

a. 硬质塑料管应耐热、耐燃、耐冲击并有产品合格证，其内外管径应符合国家统一标准。管壁厚度应均匀一致，没有凸棱、凹陷、气泡等缺陷。

b. 硬质聚氯乙烯管应能反复加热搣制，即热塑性能要好。再生硬质聚氯乙烯管不应再用到工程中。

c. 电气线路中，使用的刚性PVC塑料管必须具有良好的阻燃性能，否则隐患极大，因阻燃性能不良而酿成的火灾事故屡见不鲜。

d. 工程中，使用的电磁线保护管及其配件必须由阻燃处理材料制成。塑料管外壁应有间距不大于1m的连续阻燃标记和制造厂标，其氧指数应为27%及以上，有离火自熄的性能。

e. 选择硬质塑料管时，还应根据管内所穿导线截面积、根数选择配管管径。一般情况下，管内导线总截面积（包括外护层）不应大于管内截面面积的40%。

② 管材的应用　硬质塑料管适用于民用建筑或室内有酸、碱腐蚀性介质的场所。由于塑料管在高温下机械强度会降低，老化加速，蠕变量大，故而在环境温度大于40℃的高温场所不应敷设；在经常发生机械冲击、碰撞、摩擦等易受机械损伤的场所也不应使用。

(2) 管道固定

① 胀管法：先在墙上打孔，将胀管插入孔内，再用螺钉（栓）固定。

② 剔注法：按测定位置，剔出墙洞用水把洞内浇湿，再将拌好的高强度等级砂浆填入洞内，填满后，将支架、吊装架或螺栓插入洞内，校正埋入深度和平直度，再将洞口抹平。

③ 先固定两端支架、吊装架，然后拉直线固定中间的支架、吊装架。

(3) 管道敷设

① 断管：小管径可使用剪管器，大管径可使用钢锯锯断，断口后将管口锉平齐。

② 管子的弯曲：管子的弯曲的方法有冷弯和热撬两法。

a. 冷弯法。冷弯法只适用于硬质 PVC 塑料管在常温下的弯曲。在弯管时，将相应的弯管弹簧插入管内需弯曲处，两手握住管弯曲处弯簧的部位，用手逐渐弯出需要的弯曲半径来，如图 4-36 所示。

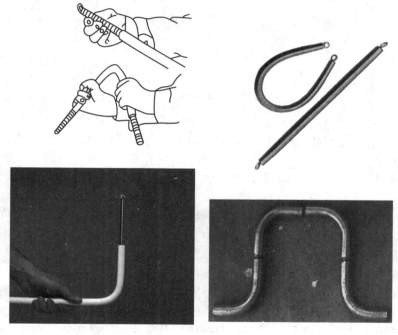

图 4-36　冷弯管

当在硬质 PVC 塑料管端部冷弯 90°弯曲或鸭脖弯时，如用手冷弯管有一定困难，可在管口处外套一个内径略大于管外径的钢管，一手握住管子，一手扳动钢管即可弯出管端长度适当的 90°弯曲。

弯管时，用力和受力点要均匀，一般需弯曲至比所需要弯曲角度小的角度，待弯管回弹后，便可达到要求，然后抽出管内弯簧。

此外，硬质 PVC 塑料管还可以使用手扳弯管器冷弯管，将已插好弯簧的管子插入配套的弯管器，手扳一次即可弯出所需弯管。

b. 热搣法。采用热搣法弯曲塑料管时，可用喷灯、木炭或木材来加热管材，也可用水煮、电炉子或碘钨灯加热等，但是，应掌握好加热温度和加热长度，不能将管烤伤或使管变色。

对于管径 20mm 及以下的塑料管，可直接加热搣弯。加热时，应均匀转动管身，达到适当温度后，应立即将管放在平木板上搣弯，也可采用模型搣弯。如在管口处插入一根直径相适宜的防水线

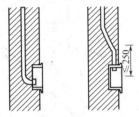

(a) 管端90°弯曲 (b) 管端鸭脖弯

图 4-37 管端部的弯曲

或橡胶棒或氧气带，用手握住需搣弯处的两端进行弯曲，当弯曲成形后将弯曲部位插入冷水中冷却定形。

弯曲 90°时，管端部应与原管垂直，有利于瓦工砌筑。管端不应过长，应保证管（盒）连接后管子在墙体中间位置上，如图 4-37(a) 所示。

在管端部搣鸭脖弯时，应一次搣成所需长度和形状，并注意两直管段间的平行距离，且端部短管段不应过长，防止预埋后造成砌体墙通缝，如图 4-37(b) 所示。

对于管径在 25mm 及以上的塑料管，可在管内填沙搣弯。弯曲时，先将一端管口堵好，然后将干沙子灌入管内蹾实，将另一端管口堵好后，再将管子加热到适当温度，即可放在模型上弯制成形。

塑料管弯曲完成后，应对其质量进行检查。管子的弯曲半径不应小于管外径的 6 倍；埋于地下或混凝土楼板内时，不应小于管外径的 10 倍。为了防止渗漏、穿线方便及穿线时不损坏导线绝缘层，并便于维修，管的弯曲处不应有褶皱、凹穴和裂缝现象，弯扁程度不应大于管外径的 10%。

③ 敷管时，先将管卡一端的螺钉（栓）拧紧一半，然后将管敷设于管卡内，逐个拧紧。

(4) 管与管的连接

① 插接法 对于不同管径的塑料管，其采用的插接方法也不相同：对于 φ50mm 及以下的硬塑料管多采用加热直接插接法；而

对于 $\phi65mm$ 及以上的硬塑料管常采用模具胀管插接法。

　　a.加热直接插接法。塑料管连接时，应先将管口倒角，外管倒内角，内管倒外角，如图 4-38 所示。然后将内、外管插接段的尘埃等污垢擦净，如有油污时可用二氯乙烯、苯等溶剂擦净。插接长度应为管径的 1.1～1.8 倍，可用喷灯、电炉、炭化炉加热，也可浸入温度为 130℃左右的热甘油或石蜡中加热至软化状态。此时，可在内管段涂上胶合剂（如聚乙烯胶合剂），然后迅速插入外管，待内外管线一致时，立即用湿布冷却，如图 4-39 所示。

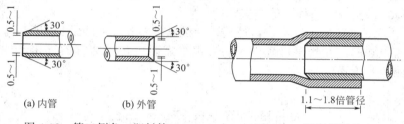

(a) 内管　　　　(b) 外管

图 4-38　管口倒角（塑料管）　　　1.1～1.8倍管径

图 4-39　塑料管插接

　　b.模具胀管插接法。与上述方法相似，也是先将管口倒角，再清除插接段的污垢，然后加热外管插接段。待塑料管软化后，将已被加热的管子插入（见图 4-40），冷却（可用水冷）至 50℃后脱模。模具外径应比硬管外径大 2.5％左右；当为金属模具时，可用木模代替。

　　在内、外插接面涂上胶合剂后，将内管插入外管，插入深度为管内径的 1.1～1.8 倍，加热插接段，使其软化后急速冷却（可浇水），收缩变硬即连接牢固。

　　② 套管连接法　采用套管连接时，可用比连接管管径大一级的塑料管作套管，长度应该为连接管外径的 1.5～3 倍（管径为 50mm 及以下者取上限值；50mm 以上者取下限值）。将需套接的两根塑料管端头倒角，并涂上胶合剂，再将被连接的两根塑料管插入套管，并使连接管的对口处于套管中心，且紧密牢固。套管加热温度应该取 130℃左右。塑料管套管连接如图 4-41 所示。

　　在暗配管施工中常采用不涂胶合剂直接套接的方法，但套管的

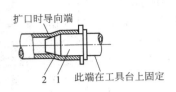

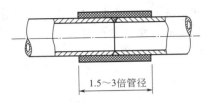

图 4-40　模具胀管

1—成形模；2—硬聚氯乙烯管

图 4-41　塑料管套管连接

长度不应该小于连接管外径的 4 倍，且套管的内径与连接管的外径应紧密配合，这样才能连接牢固。

③ 波纹管的连接　波纹管由于成品管较长（ϕ20mm 以下为每盘 100m），在敷设过程中，一般很少需要进行管与管的连接，如图 4-42 所示。

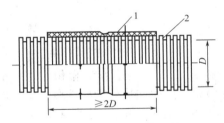

图 4-42　塑料波纹管连接

1—塑料管接头；2—聚氯乙烯波纹管

（5）管与盒（箱）的连接　硬质塑料管与盒（箱）连接，有的需要预先进行连接，有的则需要在施工现场配合施工过程在管子敷设时进行连接。

① 硬质塑料管与盒连接时，一般把管弯成 90°弯，在盒的后面与盒子的敲落孔连接，尤其是埋在墙内的开关、插座盒，这样做可以方便瓦工的砌筑。如果撅成鸭脖弯，在盒上方与盒的敲落孔连接，预埋砌筑时立管不易固定。

② 硬质塑料管与盒（箱）的连接，可以采用成品管盒连接件（见图 4-43）。连接时，管插入深度应该为管外径的 1.1～1.8 倍，连接处结合面应涂专用胶合剂。

③ 连接管外径应与盒（箱）敲落孔相一致，管口平整、光滑，

图 4-43 管盒连接件

一管一孔顺直进入盒（箱），在盒（箱）内露出长度应小于 5mm，多根管进入配电箱时应长度一致，排列间距均匀。

④ 管与盒（箱）连接应固定牢固，各种盒（箱）的敲落孔不被利用的不应被破坏。

⑤ 管与盒（箱）直接连接时要掌握好入盒长度，不应在预埋时使管口脱出盒子，也不应使管插入盒内过长，更不应后打断管头，致使管口出现锯齿或断在盒外出现负值。

(6) 使用保护管 硬塑料管埋地敷设（在受力较大处，应该采用重型管）引向设备时，露出地面 200mm 段，应用钢管或高强度塑料管保护。保护管埋地深度不少于 50mm，如图 4-44 所示。

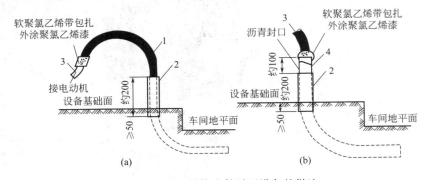

图 4-44　硬塑料管暗敷引至设备的做法

1—聚氯乙烯塑料管（直径 15～40mm）；2—保护钢管；
3—软聚氯乙烯管；4—硬聚氯乙烯管（直径 50～80mm）

(7) 扫管穿带线　对于现浇混凝土结构，如墙、楼板，应及时进行扫管，即随拆模随扫管，这样能够及时发现堵管不通现象，便于处理，可在混凝土未终凝时，修补管道。对于砖混结构墙体，应在抹灰前进行扫管，有问题时修改管道，便于土建修复。经过扫管后确认管道畅通，及时穿好带线，并将管口、盒口、箱口堵好，加强成品配管保护，防止出现二次堵塞管道现象。

4.2　电磁线穿管和导线槽敷设

4.2.1　电磁线穿管和导线槽敷设一般规定

① 一般要求穿管导线的总截面积不应超过线管内截面积的40%，线管的管径可根据穿管导线的截面积和根数按表 4-7 选择。

② 配线的布置应符合设计规定，当设计没有规定时室内外绝缘导线与地面的距离应符合表 4-8 的规定。

③ 在顶棚内由接线盒引向器具的绝缘导线，应采用金属软管等，保护导线不应有裸露部分。

④ 穿线时，应穿线、放线互相配合，统一指挥，一端拉线，

一端送线，号令应一致，穿线才顺利。

表4-7　导线穿管管径选用

线管种类	铁管					电磁线管				
穿导线根数 线管规格 直径 （内径）/mm 导线截面积/mm²	两根	三根	四根	六根	九根	两根	三根	四根	六根	九根
1	13	13	13	16	23	13	16	16	19	25
1.5	13	16	16	19	25	13	16	19	25	25
2	13	16	16	19	25	16	16	19	25	25
2.5	16	16	16	19	25	16	16	19	25	25
3	16	16	19	19	32	16	16	25	25	32
4	16	19	19	25	32	16	16	25	25	32
5	16	19	19	25	32	16	19	25	25	32
6	19	19	19	25	32	16	19	25	25	32
8	19	19	25	32	36	19	25	25	32	36
10	19	25	25	32	51	25	25	32	38	61
16	25	25	32	38	51	25	32	32	38	51
20	25	32	32	51	64	25	32	38	51	64
25	32	32	38	51	64	32	38	38	51	64
35	32	38	51	51	64	38	51	51	64	64
50	38	51	51	64	76	38	51	64	64	76

表4-8　设计没有规定时室内外绝缘导线与地面的距离

敷设方式		最小距离/m
水平敷设	室内	2.5
	室外	2.7
垂直敷设	室内	1.8
	室外	2.7

　　⑤ 配线工程施工完毕后，应进行各回路的绝缘检查，保证保护地线连接可靠，对带有漏电保护装置的线路应做模拟动作并做好记录。

4.2.2　穿管施工

(1) 导线的选择

① 应根据设计图要求选择导线。进（出）户的导线应使用橡

胶绝缘导线，严禁使用塑料绝缘导线。

② 相线、中性线及保护地线的颜色应加以区分，用黄绿色相间的导线作为保护地线，淡蓝色导线作为中性线。同一单位工程的相线颜色应予统一规定。

(2) 穿线　穿线工作一般在土建工程结束后进行。

① 穿线前要清扫线管，在钢丝上绑以布条，清除管内杂物和水分。

② 选用 $\phi1.2mm$ 的钢丝作引线，当线管较短时，可把钢丝引线由管子一端送向另一端。如果线管较长或弯头较多，将钢丝引线从一端穿入管子的另一端有困难时，可从管的两端同时穿入钢丝引线，引线前端弯成小钩，如图 4-45 所示。当钢丝引线在管中相遇时，用手转动引线使其钩在一起，然后把一根引线拉出，即可将导线牵引入管。

③ 导线穿入线管前，线管口应先套上护圈，接着按线管长度，加上两端连接所需的长度余量剪切导线，削去两端导线绝缘层，标好同一根导线的记号，然后将所有导线按图 4-46 所示方法与钢丝引线缠绕，由一个人将导线理成平行束往线管内送，另一个人在另一端慢慢抽拉钢丝引线，如图 4-47 所示。

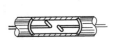

图 4-45　管两端穿入钢丝引线

图 4-46　导线与引线的缠绕

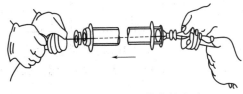

图 4-47　导线穿入管内的方法

穿管导线的绝缘强度应不低于 $500V$，导线最小截面积规定为：铜芯线 $1mm^2$，铝芯线 $2.5mm^2$。线管内导线不准有接头，也不准穿入绝缘破损后经过包缠恢复绝缘的导线。管内导线一般不得超过

10根，同一台电动机包括控制和信号回路的所有导线，允许穿在同一根线管内。

(3) 电磁线、电缆与带线的绑扎

① 当导线根数较少时，例如2~3根导线，可将导线前端的绝缘层削去，然后将线芯直接插入带线的盘圈内并折回压实，绑扎牢固，使绑扎处形成一个平滑的锥形过渡部位。

② 当导线根数较多或导线截面积较大时，可将导线前端的绝缘层削去，然后将线芯错开排列在带线上，用绑线缠绕扎牢，使绑扎接头处形成一个平滑的锥形过渡部位，便于穿线。

③ 电缆应加金属网套进行固定。

4.3 导线槽敷线

4.3.1 施工准备与导线槽的分类

(1) 施工准备 导线槽内配线前应将导线槽内的积水和污物清除干净。清扫明敷导线槽时，可用抹布擦净导线槽内残余的杂物和积水，使导线槽内外保持清洁；清扫暗敷地面内的导线槽时，可先将带线穿通至接线口，然后将布条绑在带线一端，从另一端将布条拉出，反复多次就可以将导线槽内的杂物和积水清理干净，也可以用空气压缩机将导线槽内的杂物和积水吹出。

① 导线槽应平整，没有扭曲变形，内壁没有毛刺，附件齐全。

② 导线槽直线段连接采用连接板，用垫圈、螺母紧固，接口缝隙严密平齐，导线槽盖装上后平整、没有翘角，出线口的位置准确。

③ 导线槽进行交叉、转弯、T字连接时，应采用单通、二通、三通等进行变通连接，导线接头处应设置接线盒或将导线接头放在电气器具内。

④ 导线槽与接线盒、接线箱、柜等接茬时，进线和出线口等处应采用抱脚连接，并用螺栓紧固，末端应加装封堵。

⑤ 不允许将穿过墙壁的导线槽与墙上的孔洞一起抹死。

⑥ 敷设在强、弱电竖井处的导线槽在穿越楼板时应进行封堵处理（采用防火堵料）。

（2）导线槽的分类 导线槽根据材料不同主要分为金属导线槽与塑料导线槽。

① 金属导线槽 金属导线槽配线一般适用于正常环境的室内场所明敷设。金属导线槽多由厚度为 0.4～1.5mm 的钢板制成，其构造特点决定了在对金属导线槽有严重腐蚀的场所不应采用金属导线槽配线。具有导线槽盖的封闭式金属导线槽，有与金属导管相当的耐火性能，可用在建筑物顶棚内敷设。

为适应现代化建筑物电气线路复杂多变的需要，金属导线槽也可采取地面内暗装的布线方式，即将电磁线或电缆穿在特制的壁厚为 2mm 的封闭式矩形金属导线槽内，直接敷设在混凝土地面、现浇钢筋混凝土楼板或预制混凝土楼板的垫层内。

② 塑料导线槽 塑料导线槽由导线槽底、导线槽盖及附件组成，是由难燃型硬质聚氯乙烯工程塑料挤压成形的，规格较多，外形美观，可起到装饰建筑物的作用。塑料导线槽一般适用于正常环境的室内场所明敷设，也可用于科研实验室或预制板结构而无法暗敷设的工程；还适用于旧工程改造更换线路；同时也可用于弱电磁线路吊顶内暗敷设场所。

在高温和易受机械损伤的场所不应该采用塑料导线槽布线。

4.3.2 金属导线槽的敷设

（1）导线槽的选择 金属导线槽内外应光滑平整、没有棱刺、扭曲和变形现象。选择时，金属导线槽的规格必须符合设计要求和有关规范的规定，同时，还应考虑到导线的填充率及载流导线的根数，同时满足散热、敷设等安全要求。

金属导线槽及其附件应采用表面经过镀锌或静电喷漆的定型产品，其规格和型号应符合设计要求，并有产品合格证等。

（2）测量定位

① 金属导线槽安装时，应根据施工设计图，用粉线袋沿墙、顶棚或地面等处，弹出线路的中心线并根据导线槽固定点的要求分出均匀档距，标出导线槽支、吊装架的固定位置。

② 金属导线槽吊点及支持点的距离，应根据工程具体条件确定，一般在直线段固定间距不应大于 3m，在导线槽的首端、终端、分支、转角、接头及进出接线盒处应不大于 0.5m。

③ 导线槽配线在穿过楼板及墙壁时，应用保护管，而且穿楼板处必须用钢管保护，其保护高度距地面不应低于 1.8m。

④ 过变形缝时应做补偿处理。

⑤ 地面内暗装金属导线槽布线时，应根据不同的结构形式和建筑布局，合理确定线路路径及敷设位置。

a. 在现浇混凝土楼板的暗装敷设时，楼板厚度不应小于 200mm；

b. 当敷设在楼板垫层内时，垫层厚度不应小于 70mm，并应避免与其他管道相互交叉。

(3) 导线槽的固定

① 木砖固定导线槽。配合土建结构施工时预埋木砖。加气砖墙或砖墙应在剔洞后再埋木砖，梯形木砖较大的一面应朝洞里，外表面与建筑物的表面对齐，然后用水泥沙浆抹平，待凝固后，再把导线槽底板用木螺钉固定在木砖上。

② 塑料胀管固定导线槽。混凝土墙、砖墙可采用塑料胀管固定塑料导线槽。根据胀管直径和长度选择钻头，在标出的固定点位置上钻孔，不应有歪斜、豁口现象，应垂直钻好孔后，将孔内残存的杂物清理干净，用木锤把塑料胀管垂直敲入孔中，直至与建筑物表面平齐，再用石膏将缝隙填实抹平。

③ 伞形螺栓固定导线槽。在石膏板墙或其他护板墙上，可用伞形螺栓固定塑料导线槽。根据弹线定位的标记，找好固定点位置，把导线槽的底板横平竖直地紧贴在建筑物的表面。钻好孔后将伞形螺栓的两伞叶掐紧合拢插入孔中，待合拢伞叶自行张开后，再用螺母紧固即可，露出导线槽内的部分应加套塑料管。固定导线槽时，应先固定两端再固定中间。

(4) 导线槽在墙上安装

① 金属导线槽在墙上安装时，可采用塑料胀管安装。当导线槽的宽度小于等于 100mm 时，可采用一个胀管固定；如导线槽的宽度大于 100mm，应采用两个胀管并列固定。

a. 金属导线槽在墙上固定安装的固定间距为 500mm，每节导线槽的固定点不应少于 2 个。

b. 导线槽固定螺钉紧固后，其端部应与导线槽内表面光滑相连，导线槽槽底应紧贴墙面固定。

c. 导线槽的连接应连续没有间断，导线槽接口应平直、严密、导线槽在转角、分支处和端部均应有固定点。

② 金属导线槽在墙上水平架空安装时，既可使用托臂支承，也可使用扁钢或角钢支架支承。托臂可用膨胀螺栓进行固定，当金属导线槽宽度小于等于 100mm 时，导线槽在托臂上可采用一个螺栓固定。

制作角钢或扁钢支架时，下料后，长短偏差不应大于 5mm，切口处应没有卷边和毛刺。支架焊接后应无明显变形，焊缝均匀平整，焊缝处不得出现裂纹、咬边、气孔、凹陷、漏焊等缺陷。

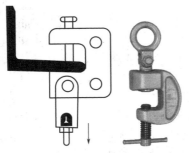

图 4-48　用万能吊具固定

(5) 导线槽在吊顶上安装

① 吊装金属导线槽在吊顶内安装时，吊杆可用膨胀螺栓与建筑结构固定。当在钢结构上固定时，可进行焊接固定，将吊装架直接焊在钢结构的固定位置处；也可以使用万能吊具与角钢、槽钢、工字钢等钢结构进行安装（见图 4-48）。

② 吊装金属导线槽在吊顶下吊装时，吊杆应固定在吊顶的主龙骨上，不允许固定在副龙骨或辅助龙骨上。

(6) 导线槽在吊装架上安装　导线槽用吊装架悬吊安装时，可根据吊装卡箍的不同形式采用不同的安装方法。当吊杆安装完成后，即可进行导线槽的组装。

① 吊装金属导线槽时，可根据不同需要，选择开口向上安装或开口向下安装。

② 吊装金属导线槽时，应先安装干线导线槽，后安装支线导线槽。

③ 导线槽安装时，应先拧开吊装器，把吊装器下半部套入导线槽内，使导线槽与吊杆之间通过吊装器悬吊在一起。如在导线槽上安装灯具时，灯具可用蝶形螺栓或蝶形夹卡与吊装器固定在一起，然后再把导线槽逐段组装成形。

④ 导线槽与导线槽之间应采用内连接头或外连接头连接，并用沉头或圆头螺栓配上平垫和弹簧垫圈用螺母紧固。

⑤ 吊装金属导线槽在水平方向分支时，应采用二通接线盒、三通接线盒、四通接线盒进行分支连接。在不同平面转弯时，在转弯处应采用立上弯头或立下弯头进行连接，安装角度要适宜。

⑥ 在导线槽出线口处应利用出线口盒［见图4-49（a）］进行连接；末端要装上封堵［见图4-49（b）］进行封闭，在接线盒、接线箱出线处应采用抱脚［见图4-49（c）］进行连接。

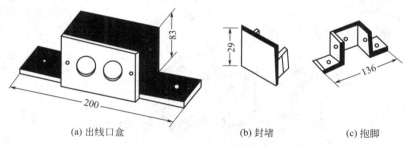

(a) 出线口盒　　　　　(b) 封堵　　　　(c) 抱脚

图 4-49　金属导线槽安装配件图

(7) 导线槽在地面内安装　金属导线槽在地面内暗装敷设时，应根据单导线槽或双导线槽选择单压板或双压板，与导线槽组装好后再上好卧脚螺栓。然后，将组合好的导线槽及支架沿线路走向水平放置在地面或楼（地）面的找平层或楼板的模板上，然后再进行导线槽的连接。

① 导线槽支架的安装距离应按照工程具体情况进行设置，一般应设置于直线段大于3m或在导线槽接头处、导线槽进入分线盒200mm处。

② 地面内暗装金属线盒的制造长度一般为3m，每0.6m设一个出线口。当需要导线槽与导线槽相互连接时，应采用导线槽连接头，如图4-50所示。

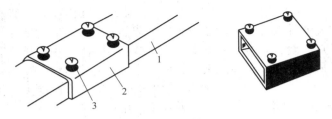

图 4-50　导线槽连接头示意图

1—导线槽；2—导线槽连接头；3—紧定螺钉

导线槽的对口处应在导线槽连接头中间位置上，导线槽接口应平直，紧定螺钉应拧紧，使导线槽在同一条中心轴线上。

③ 地面内暗装金属导线槽为矩形断面，不能进行导线槽的弯曲加工，当遇有线路交叉、分支或弯曲转向时，必须安装分线盒，如图 4-51 所示。当导线槽的直线长度超过 6m 时，为方便导线槽内穿线也应该加装分线盒。

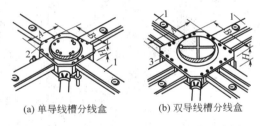

(a) 单导线槽分线盒　　(b) 双导线槽分线盒

图 4-51　单、双导线槽分线盒安装示意图

1—导线槽；2—单槽分线盒；3—双槽分线盒

导线槽与分线盒连接时，导线槽插入分线盒的长度不应该大于 10mm。分线盒与地面高度的调整依靠盒体上的调整螺栓进行。双导线槽分线盒安装时，应在盒内安装便于分开的交叉隔板。

④ 组装好的地面内暗装金属导线槽，不明露地面的分线盒封口盖，不应外露出地面；需露出地面的出线盒口和分线盒口不得突出地面，必须与地面平齐。

⑤ 地面内暗装金属导线槽端部与配管连接时，应使用导线槽与管过渡接头。当金属导线槽的末端没有连接管时，应使用封端堵头拧牢堵严。导线槽地面出线口处，应根据不同需要使用不同

零件。

（8）**导线槽附件安装**　导线槽附件如直通、三通转角、接头、插口、盒和箱应采用相同材质的定型产品。导线槽槽底、导线槽槽盖与各种附件相对接时，接缝处应严实平整，没有缝隙。

盒子均应两点固定，各种附件角、转角、三通等固定点不应少于两点（卡装式除外）。接线盒、灯头盒应采用相应插口连接。导线槽的终端应采用终端头封堵。在线路分支接头处应采用相应接线箱。安装铝合金装饰板时，应牢固平整严实。

（9）**金属导线槽接地**　金属导线槽必须与 PE 线或 PEN 干线有可靠电气连接，并符合下列规定。

① 金属导线槽不得熔焊跨接接地线。

② 金属导线槽不应作为设备的接地导体，当设计没有要求时，金属导线槽全长不少于 2 处与 PE 线或 PEN 干线连接。

③ 非镀锌金属导线槽间连接板的两端跨接铜芯接地线，截面面积不小于 4mm^2，镀锌导线槽间连接板的两端不跨接接地线，但连接板两端应不少于 2 个有防松螺母或防松垫圈的连接固定螺栓。

4.3.3　塑料导线槽的敷设

（1）**导线槽的选择**　选用塑料导线槽时，应根据设计要求和允许容纳导线的根数来选择导线槽的型号和规格。选用的导线槽应有产品合格证件，导线槽内外应光滑没有棱刺，且不应有扭曲、翘边等现象。塑料导线槽及其附件的耐火及防延燃的要求应符合相关规定，一般氧指数不应低于 27%。

电气工程中，常用的塑料导线槽的型号有 VXC2 型、VXC25 型导线槽和 VXCF 型分线式导线槽。其中，VXC2 型塑料导线槽可应用于潮湿和有酸碱腐蚀的场所。

弱电磁线路多为非载流导体，自身引起火灾的可能性极小，在建筑物顶棚内敷设时，可采用难燃型带盖塑料导线槽。

（2）**弹线定位**　塑料导线槽敷设前，应先确定好盒（箱）等电气器具固定点的准确位置，从始端至终端按顺序找好水平线或垂直线。用粉线袋在导线槽布线的中心处弹线，确定好各固定点的位置。在确定门旁开关导线槽位置时，应能保证门旁开关盒处在距门框边 0.14～0.2m 的范围内。

(3) 导线槽固定　塑料导线槽敷设时，应该沿建筑物顶棚与墙壁交角处的墙上及墙角和踢脚板上口线上敷设。

导线槽槽底的固定应符合下列规定。

① 塑料导线槽布线应先固定导线槽槽底，导线槽槽底应根据每段所需长度切断。

② 塑料导线槽布线在分支时应做成 T 字形分支，导线槽在转角处导线槽槽底应锯成 45°角对接，对接连接面应严密平整，没有缝隙。

③ 塑料导线槽槽底可用伞形螺栓固定或用塑料胀管固定，也可用木螺钉将其固定在预先埋入在墙体内的木砖上，如图 4-52 所示。

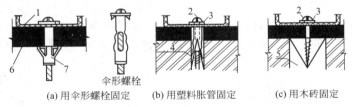

(a) 用伞形螺栓固定　　(b) 用塑料胀管固定　　(c) 用木砖固定

图 4-52　导线槽槽底的固定
1—导线槽槽底；2—木螺钉；3—垫圈；4—塑料胀管；
5—木砖；6—石膏壁板；7—伞形螺栓

④ 塑料导线槽槽底的固定点间距应根据导线槽规格而定。固定导线槽时，应先固定两端再固定中间，端部固定点距导线槽槽底终点不应小于 50mm。

⑤ 固定好后的导线槽槽底应紧贴建筑物表面，布置合理，横平竖直，导线槽的水平度与垂直度允许偏差均不应大于 5mm。

⑥ 导线槽槽盖一般为卡装式。安装前，应比照每段导线槽槽底的长度按需要切断，导线槽槽盖的长度要比导线槽槽底的长度短一些，如图 4-53 所示，其 A 段的长度应为导线槽宽度的一半，在安装导线槽槽盖时供作装饰配件就位用。塑料导线槽槽盖如不使用

装饰配件，导线槽槽盖与导线槽槽底应错位搭接。导线槽槽盖安装时，应将导线槽槽盖平行放置，对准导线槽槽底，用手一按导线槽槽盖，即可卡入导线槽槽底的凹槽中。

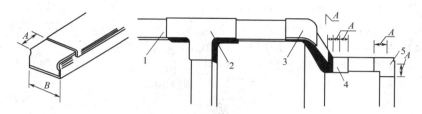

图4-53 导线槽沿墙敷设示意图

1—直线导线槽；2—平三通；3—阳转角；4—阴转角；5—直转角

⑦ 在建筑物的墙角处导线槽进行转角及分支布置时，应使用左三通或右三通。分支导线槽布置在墙角左侧时使用左三通，分支导线槽布置在墙角右侧时应使用右三通。

⑧ 塑料导线槽布线在导线槽的末端应使用堵头封堵。

4.3.4 导线槽内导线的敷设

（1）金属导线槽内导线的敷设

① 金属导线槽内配线前，应清除导线槽内的积水和杂物。清扫导线槽时，可用抹布擦净导线槽内残存的杂物，使导线槽内外保持清洁。

清扫地面内暗装的金属导线槽时，可先将引线钢丝穿通至分线盒或出线口，然后将布条绑在引线一端送入导线槽内，从另一端将布条拉出，反复多次即可将槽内的杂物和积水清理干净，也可用压缩空气或氧气将导线槽内的杂物积水吹出。

② 放线前应先检查导线的选择是否符合要求，导线分色是否正确。

③ 放线时应边放边整理，不应出现挤压、背扣、扭结、损伤绝缘等现象，并应将导线按回路（或系统）绑扎成捆，绑扎时应采用尼龙绑扎带或线绳，不允许使用金属导线或绑线进行绑扎。导线绑扎好后，应分层排放在导线槽内并做好永久性编号标志。

④ 穿线时，在金属导线槽内不应该有接头，但在易于检查

（可拆卸盖板）的场所，可允许在导线槽内有分支接头。电磁线电缆和分支接头的总截面面积（包括外护层），不应超过该点导线槽内截面面积的 75%；在不易于拆卸盖板的导线槽内，导线的接头应置于导线槽的接线盒内。

⑤ 电磁线在导线槽内有一定余量。导线槽内电磁线或电缆的总截面面积（包括外护层）不应超过导线槽内截面面积的 20%，载流导线不应该超过 30 根。当设计没有此规定时，包括绝缘层在内的导线总截面面积不应大于导线槽截面面积的 60%。

控制、信号或与其相类似的线路，电磁线或电缆的总截面面积不应超过导线槽内截面面积的 50%，电磁线或电缆根数不限。

⑥ 同一回路的相线和中性线，敷设于同一金属导线槽内。

⑦ 同一电源的不同回路没有抗干扰要求的线路可敷设于同一导线槽内；由于导线槽内电磁线有相互交叉和平行紧挨现象，敷设于同一导线槽内有抗干扰要求的线路用隔板隔离，或采用屏蔽电磁线和屏蔽护套一端接地等屏蔽和隔离措施。

⑧ 在金属导线槽垂直或倾斜敷设时，应采取措施防止电磁线或电缆在导线槽内移动，造成绝缘层损坏，拉断导线或拉脱拉线盒（箱）内导线。

⑨ 引出金属导线槽的线路，应采用镀锌钢管或普利卡金属套管，不应该采用塑料管与金属导线槽连接。导线槽的出线口应位置正确、光滑、没有毛刺。

引出金属导线槽的配管管口处应有护口，电磁线或电缆在引出部分不得遭受损伤。

(2) 塑料导线槽内导线的敷设 对于塑料导线槽，导线应在导线槽槽底固定后开始敷设。导线敷设完成后，再固定导线槽槽盖。

导线在塑料导线槽内敷设时，应注意以下几点。

① 导线槽内电磁线或电缆的总截面面积（包括外护层）不应超过导线槽内截面面积的 20%，载流导线不应该超过 30 根（控制、信号等线路可视为非载流导线）。

② 强、弱电磁线路不应同时敷设在同一根导线槽内。同一路径没有抗干扰要求的线路，可以敷设在同一根导线槽内。

③ 放线时先将导线放开抻直，从始端到终端边放边整理，导

线应顺直，不得有挤压、背扣、扭结和受损等现象。

④ 电磁线、电缆在塑料导线槽内不得有接头，导线的分支接头应在接线盒内进行。从室外引进室内的导线在进入墙内一段应使用橡胶绝缘导线，严禁使用塑料绝缘导线。

4.4 金属套索布线

4.4.1 金属套索及其附件的选择

（1）**金属套索**　为抗锈蚀和延长使用寿命，布线的金属套索应采用镀锌金属套索，不应采用含油芯的金属套索。由于含油芯的金属套索易积存灰尘而锈蚀，难以清扫，故而不应该使用。

为了保证金属套索的强度，使用的金属套索不应有扭曲、松股、断股和抽筋等缺陷。单根钢丝的直径应小于 0.5mm，因为金属套索在使用过程中，常会发生因经常摆动而导致钢丝过早断裂的现象，所以钢丝的直径应小，以便保持较好的柔性。在潮湿或有腐蚀性介质及易储纤维灰尘的场所，为防止金属套索发生锈蚀，影响安全运行，可选用塑料护套金属套索。

选用圆钢做金属套索时，在安装前应调直、预拉伸和刷防腐漆。如采用镀锌圆钢，在校直、拉伸时注意不得损坏镀锌层。

（2）**金属套索附件**　金属套索附件主要有拉环、花篮螺栓、金属套索卡和索具套环及各种接线盒等。

① 拉环。拉环用于在建筑物上固定金属套索。为增加其强度，拉环应采用不小于 ϕ16mm 的圆钢制作。拉环的接口处应焊死，其适用于所受拉力不大于 3900N 的地方。

② 花篮螺栓。花篮螺栓也叫做索具螺旋扣、紧线扣等，用于拉紧钢绞线，并起调整松紧作用。金属套索配线所用的花篮螺栓主要有 CC 型、CO 型和 OO 型三种，其外形如图 4-54 所示。

金属套索的松弛度受金属套索的张力影响，可通过花篮螺栓进行调整。如果金属套索长度过大，通过一个花篮螺栓将无法调整，

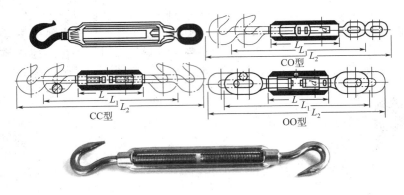

图 4-54　花篮螺栓的外形

此时，可适当增加花篮螺栓。通常，金属套索长度在 50m 以下时，可装设一个花篮螺栓；超过 50m 时，两端均须安装花篮螺栓。同时，金属套索长度每增加 50m，均应增加一个中间花篮螺栓。

③ 金属套索卡。金属套索卡又称钢丝绳扎头、夹线盘、钢丝绳夹等，与钢绞线用套环配合作夹紧钢绞线末端用。

④ 钢丝绳套环也叫做索具套环、三角圈、心形环，是钢绞线的固定连接附件。钢绞线与钢绞线或其他附件连接时，钢丝绳一端嵌在套环的凹槽中，形成环状，保护钢丝绳连接弯曲部分受力时不易折断。

4.4.2　金属套索安装

(1) 安装要求

① 固定电气线路的金属套索，其端部固定是否可靠是影响安全的关键，所以金属套索的终端拉环埋件应牢固可靠，金属套索与终端拉环套接处应采用心形环，固定金属套索的线卡不应少于 2 个，金属套索端头应用镀锌铁线绑扎紧密。

② 金属套索中间固定点的间距不应大于 12m，中间吊钩应使用圆钢，其直径不应小于 8mm，深度不应小于 20mm。

③ 金属套索的终端拉环应固定牢固，并能承受金属套索在全部负载下的拉力。

④ 金属套索必须安装牢固，并做可靠的明显接地。中间加有花篮螺栓时，应做跨接地线。

金属套索是电气装置的可接近的裸露导体，为了防止由于配线而造成的金属套索漏电，防止触电危险，金属套索端头必须与 PE 线或 PEN 干线连接可靠。

⑤ 金属套索装有中间吊装架，可改善金属套索受力状态。为防止金属套索受振动跳出而破坏整条线路，所以在吊装架上要有锁定装置，锁定装置既可打开放入金属套索，又可闭合防止金属套索跳出。锁定装置和吊装架一样，与金属套索间没有强制性固定。

(2) 构件预加工与预埋

① 按需要加工好吊卡、吊钩、抱箍等铁件（铁件应除锈、刷漆），如金属套索采用圆钢时，必须先抻直。

金属套索如为钢绞线，其直径由设计决定，但不得小于 4.5mm；如为圆钢，其直径不得小于 8mm；钢绞线不得有背扣、松股、断股、抽筋等现象；如采用镀锌圆钢，抻直时不得损坏镀锌层。

② 如未预埋耳环，则按选好的线路位置，将耳环固定。耳环穿墙时，靠墙侧垫上不小于 150mm×150mm×8mm 的方垫圈，并用双螺母拧紧。耳环钢材直径应不小于 10mm，耳环接口处必须焊死。

③ 墙上金属套索安装步骤如下：先按需要长度将金属套索剪断，擦去油污，预抻直后，一端穿入耳环，垫上心形环。如为金属套索钢绞线，用钢丝绳扎头（钢线卡子）将钢绞线固定两道；如为圆钢，可揻成环形圈，并将圈口焊牢，当焊接有困难时，也可使用钢丝绳扎头固定两道。然后，将另一端用紧线器拉紧后，揻好环形圈与花篮螺栓相连，垫好心形环，再用钢丝扎头固定两道。紧线器要在花篮螺栓吃力后才能取下，花篮螺栓应紧至适当程度。最后，用钢丝将花篮螺栓绑牢，吊钩与金属套索同样需要用钢丝绑牢，防止脱钩。在墙上安装好的金属套索如图 4-55 所示。

4.4.3 金属套索布线

金属套索吊装管布线就是采用扁钢吊卡将钢管或塑料管以及灯

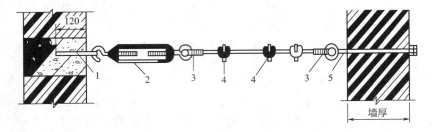

图 4-55 墙上金属套索的安装

1—耳环；2—花篮螺栓；3—心形环；4—钢丝绳扎头；5—耳环

具吊装在金属套索上，其具体安装方法如下。

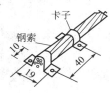

图 4-56 吊灯头
盒卡子

① 吊装布管时，应按照先干线后支线的顺序，把加工好的管子从始端到终端顺序连接。

② 按要求找好灯位，装上吊灯头盒卡子（见图 4-56），再装上扁钢吊卡（见图 4-57），然后开始敷设配管。扁钢吊卡的安装应垂直、牢固、间距均匀；扁钢厚度应不小于 1.0mm。

图 4-57 扁钢吊卡

③ 从电源侧开始，量好每段管长，加工（断管、套螺纹、撅弯等）完毕后，装好灯头盒，再将配管逐段固定在扁钢吊卡上，并做好整体接地（在灯头盒两端的钢管，要用跨接地线焊牢）。

吊装钢管时，应采用铁制灯头盒；吊装硬塑料管时，可采用塑料灯头盒。

④ 金属套索吊装管配线的组装如图 4-58 所示，金属套索吊装塑料护套线组装如图 4-59 所示。

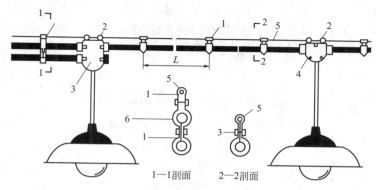

图 4-58 金属套索吊装管配线组装图

1—扁钢吊卡；2—吊灯头盒卡子；3—五通灯头；4—三通灯头盒；

5—金属套索；6—钢管或塑料管

注：图中 L，钢管 1.5m，塑料管 1.0m。

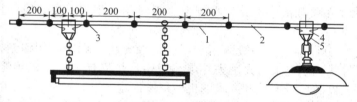

图 4-59 金属套索吊装塑料护套线组装图

1—塑料护套线；2—金属套索；3—铝导线卡；

4—塑料接线盒；5—接线盒安装钢板

对于钢管配线，吊卡距灯头盒距离应不大于 200mm，吊卡之间距离不大于 1.5m；对塑料管配线，吊卡距灯头盒不大于 150mm，吊卡之间距离不大于 1m。线间最小距离 1mm。

4.5 导线的连接

4.5.1 剥削导线绝缘层

(1) 剥削导线 剥削线芯绝缘层常用的工具有电工刀、克丝钳和剥皮钳。一般 4mm² 以下的导线原则上使用剥皮钳，使用电工刀时，不允许用刀在导线周围转圈剥削绝缘层，以免破坏线芯。剥削线芯绝缘层的方法如图 4-60 所示。

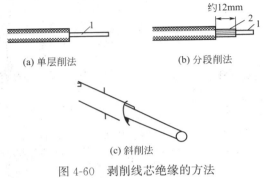

图 4-60　剥削线芯绝缘的方法
1—导体；2—橡胶

① 单层削法：不允许采用电工刀转圈剥削绝缘层，应使用剥皮钳。

② 分段削法：一般适用于多层绝缘导线的剥削，如编制橡皮绝缘导线，用电工刀先削去外层编织层，并留有 12mm 的绝缘层，线芯长度随接线方法和要求的机械强度而定。

③ 用钢丝钳剥离绝缘层的方法（见图 4-61）。首先用左手拇指和食指捏住线头。再按连接所需长度，用钳头刀口轻切绝缘层。注意：只要切破绝缘层即可，千万不可用力过大，使切痕过深，因软线每股芯线较细，极易被切断，哪怕隔着未被切破的绝缘层，往往也会被切断。再迅速移动钢丝钳握位，从柄部移至头部。在移位过程中切不可松动已切破绝缘层的钳头。同时，左手食指应围绕一圈导线，并握拳捏住导线。然后两手反向同时用力，左手抽、右手勒，即可使端部绝缘层脱离芯线。

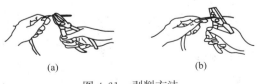

图 4-61　剥削方法

（2）塑料绝缘硬线

① 端头绝缘层的剥离。通常采用电工刀进行剥离，但 4mm^2 及以下的硬线绝缘层，则可用剥线钳或钢丝钳进行剥离。

用电工刀剥离的方法如图 4-62 所示。

用电工刀以 45°倾斜角切入绝缘层，当切近线芯时就应停止用力，接着应使刀子倾斜角度为 15°左右，沿着线芯表面向前头端部推出，然后把残存的绝缘层剥离线芯，用刀口插入背部以 45°角削断。

② 中间绝缘层的剥离。中间绝缘层只能用电工刀剥离，方法如图 4-63 所示。

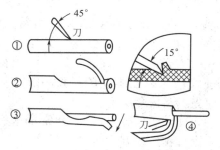

图 4-62　塑料绝缘硬线端头
绝缘层的剥离

图 4-63　塑料绝缘硬线中间
绝缘层的剥离

在连接所需的线段上，依照上述端头绝缘层的剥离方法，推刀至连接所需长度为止，把已剥离部分绝缘层切断，用刀尖把余下的绝缘层挑开，并把刀身伸入已挑开的缝中，接着用刀口切断一端，再切断另一端。

（3）剥线钳剥线　剥线钳为内线电工、电机修理、仪器仪表电工常用的工具之一，它适宜于塑料橡胶绝缘电磁线、电缆芯线的剥皮，使用方法如图 4-64 所示：将带绝缘皮的线头至于钳头的刀口中，用手将钳柄一捏，然后再一松绝缘皮便与芯线脱开。

① 根据缆线的粗细型号，选择相应的剥线刀口。

② 将准备好的电缆放在剥线工具的刀刃中间，选择好要剥线的长度。

③ 握住剥线工具手柄，将电缆夹住，缓缓用力使电缆外表皮慢慢剥落。

④ 松开工具手柄，取出电缆线，这时电缆金属整齐露出外面，其余绝缘塑料完全脱落。

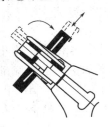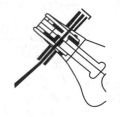

图 4-64　剥线钳的使用方法

(4) 塑料护套线　这种导线只能进行端头连接，不允许进行中间连接。它有两层绝缘结构，外层统包着两根（双芯）或三根（三芯）同规格绝缘硬线，称护套层。在剥离芯线绝缘层前应先剥离护套层。

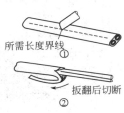

所需长度界线 ①

扳翻后切断 ②

图 4-65　塑料护套线护套层的剥离

① 护套层的剥离方法。通常都采用电工刀进行剥离，方法如图 4-65 所示。

用电工刀尖从所需长度界线上开始，从两芯线凹缝中划破护套层，剥开已划破的护套层，向切口根部扳翻，并切断。

注意： 在剥离过程中，务必防止损伤芯线绝缘层，操作时，应始终沿着两芯线凹缝划去，切勿偏离，以免切着芯线绝缘层。

② 芯线绝缘层的剥离方法。与塑料绝缘硬线端头绝缘层剥离方法完全相同，但切口相距护套层至少 10mm（见图 4-66），所以，实际连接所需长度应以绝缘层切口为准，护套层切口长度应加上这段错开长度。

注意： 实际错开长度应按连接处具体情况而定。如导线进木台后 10mm 处即可剥离护套层，而芯线绝缘层却需通过木台并穿入灯开关（或灯座、插座）后才可剥离，这样，两者错开长度往往需要 40mm 以上。

(5) 软电缆（又称橡胶护套线，习惯称橡皮软线）

① 外护套层的剥离方法。用电工刀从端头任意两芯线缝隙中

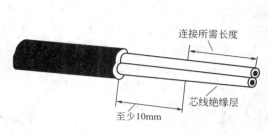

连接所需长度

芯线绝缘层

至少10mm

图 4-66　塑料护套线芯线绝缘层的剥离

割破部分护套层，把割破已可分成两片的护套层连同芯线（分成两组）同时进行反向分拉来撕破护套层。当撕拉难以破开护套层时，再用电工刀补割，直到所需长度为止。扳翻已被分割的护套层，在根部分别切断。

② 麻线扣结方法。软电缆或是作为电动机的电源引线使用，或是作为田间临时电源馈线等使用，因而受外界的拉力较大，故在护套层内除有芯线外，尚有 2～5 根加强麻线。这些麻线不应在护套层切口根部剪去，应扣结加固，余端也应固定在插头或电器内的防拉压板中，以使这些麻线能承受外界拉力，保证导线端头不遭破坏。

把全部芯线捆扎住后扣结，位置应尽量靠在护套层切口根部。余端压入防拉压板后扣结。

③ 绝缘层的剥离方法。每根芯线绝缘层可按剥离塑料绝缘软线的方法剥离，但护套层与绝缘层之间也应错开，要求和注意事项与塑料护套线相同。

4.5.2　导线连接工艺

（1）单股、多股硬导线的缠绕连接

① 对接

a. 单股线对接。单股线对接的连接方法如图 4-67 所示，先按芯线直径约 40 倍长剥去线端绝缘层，并拉直芯线。

把两根线头在离芯线根部的 1/3 处呈 "×" 状交叉，如麻花状

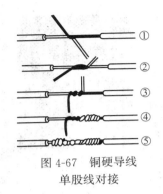

①
②
③
④
⑤

图 4-67　铜硬导线
单股线对接

互相紧绞两圈，先把一根线头扳起与另一根处于下边的线头保持垂直，把扳起的线头按顺时针方向在另一根线头上紧缠 6～8 圈，圈间不应有缝隙，且应垂直排绕，缠毕切去芯线余端，并钳平切口，不准留有切口毛刺，另一端头的加工方法同上。

多种单芯铜导线的直接连接可参照图 4-68 的方法连接，所有铜导线连接后均应挂锡，防止氧化并增大电导率。

b. 多股线对接。多股线对接方法（以 7 股为例）如图 4-69 所示。

按该多股线中的单股芯线直径的 100～150 倍长度，剥离两线端绝缘层。在离绝缘层切口约为全长 2/5 处的芯线，应作进一步绞紧，接着应把余下 3/5 芯线松散后每股分开，成伞骨状，然后勒直每股芯线。把两伞骨状线端隔股对叉，必须相对插到底。

捏平对叉后的两侧所有芯线，理直每股芯线并使每股芯线的间隔均匀；同时用钢丝钳钳紧叉口处，消除空隙。在一端，把邻近两股芯线在距叉口中线约 3 根单股芯线直径宽度处折起，并形成 90°，接着把这两股芯线按顺时针方向紧缠两圈后，再折回 90°并平卧在扳起前的轴线位置上。接着把处于紧挨平卧前临近的两根芯线折成 90°，并按前面的方法加工。把余下的三根芯线缠绕至第 2 圈时，把前四根芯线在根部分别切断，并钳平；接着把三根芯线缠足三圈，然后剪去余端，钳平切口，不留毛刺。另一端加工方法同上。

注意：缠绕的每圈直径均应垂直于下边芯线的轴线，并应使每两圈（或三圈）间紧缠紧挨。

其他多芯铜导线的直接连接方法可参照图 4-70 的连接方式，所有多芯铜导线连接应挂锡，防止氧化并增大电导率。

c. 双芯线双根线的连接。双根线的连接如图 4-71 所示。双芯线连接时，将两根待连接的线头中颜色一致的芯线按小截面积直线连接方式连接，同样，将另一颜色的芯线连接在一起。

② 单股线与多股线的分支连接　应用于分支线路与干线之间

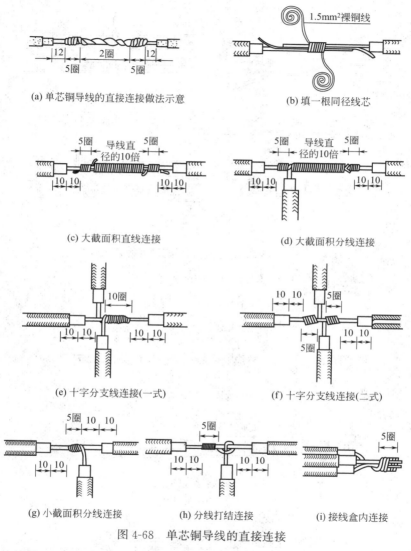

(a) 单芯铜导线的直接连接做法示意

(b) 填一根同径线芯

(c) 大截面积直线连接

(d) 大截面积分线连接

(e) 十字分支线连接(一式)

(f) 十字分支线连接(二式)

(g) 小截面积分线连接

(h) 分线打结连接

(i) 接线盒内连接

图 4-68 单芯铜导线的直接连接

的连接，连接方法如图 4-72 所示。先按单股芯线直径约 20 倍的长度剥除多股线连接处的中间绝缘层，再按多股线的单股芯线直径的 100 倍左右长度剥去单股线的线端绝缘层，并勒直芯线。

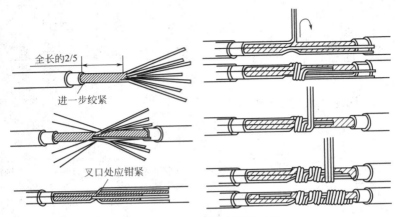

图 4-69 铜硬导线多股线对接

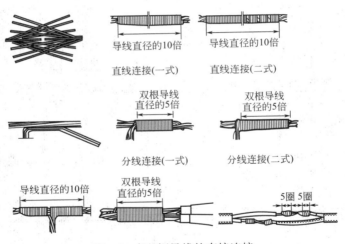

图 4-70 多芯铜导线的直接连接

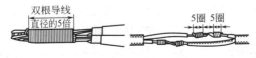

图 4-71 双芯线的对接

在离多股线的左端绝缘层切口 3～5mm 处的芯线上，用螺钉旋具把多股芯线分成较均匀的两组（如 7 股线的芯线按 3 股、4 股来分）。把单股芯线插入多股线的两组芯线中间，但单股线芯线不可插到底，应使绝缘层切口离多股芯线约 3mm。同时，应尽可能使单股芯线向多股芯线的左端靠近，与多股芯线绝缘层切口的距离不大于 5mm。接着用钢丝钳把多股线的插缝钳平、钳紧。把单股芯线按顺时针方向紧缠在多股芯线上，务必要使每圈直径垂直于多股线芯线的轴心，并应使圈与圈紧挨，应绕足 10 圈，然后切断余端，钳平切口毛刺。若绕足 10 圈后另一端多股线芯线裸露超过 5mm，且单股芯线尚有余端，则可继续缠绕，直至多股芯线裸露小于 5mm 为止。

③ 多股线与多股线的分支连接。适用于一般容量而干支线均由多股线构成的分支连接处。在连接处，干线线头剥去绝缘层的长度约为支线单根芯线直径的 60 倍，支线线头绝缘层的剥离长度约为干线单根芯线直径的 80 倍。然后按图 4-73 所示步骤操作。

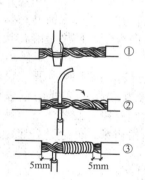

图 4-72　铜硬导线单股与
多股线的分支连接

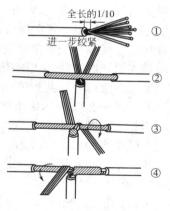

图 4-73　铜硬导线
多股线的分支连接

把支线线头离绝缘层切口根部约 1/10 的一段芯线进一步绞紧；并把余下的芯线头松散，逐根勒直后分成较均匀且排成并列的两组（如 7 股线按 3 股、4 股分）。在干线芯线中间略偏一端部位，用螺钉旋具插入芯线股间，也要分成较均匀的两组；接着把支线略多的一组芯线头（如 7 股线中 4 股的一组）插入干线芯线的缝隙中（即插至进一步绞紧的 1/10 处）同时移正位置，使干线芯线约以 2：3 的比例分段，其中 2/5 的一段供支线芯线较少的一组（3 股）缠绕，3/5 的一段供支线芯线较多的一组（4 股）缠绕。先钳紧干线芯线插口处，接着把支线 3 股芯线在干线芯线上按顺时针方向垂直地紧紧排缠至 3 圈，但缠至两圈半时，即应剪去多余的每股芯线端头，缠毕应钳平端头，不留切口毛刺。另 4 股支线芯线头缠法也一样，但要缠足四圈，芯线端口也应不留毛刺。

注意：两端若已缠足 3 或 4 圈而干线芯线裸露尚较多，支线芯线又尚有余量时，可继续缠绕，缠至各离绝缘层切口处 5mm 左右为止。

④ 多根单股线并头连接

a. 导线自缠法。在照明电路或较小容量的动力电路上，多个负载电路的线头往往需要并联在一起形成一条支路。把多个线头并联一体的加工，俗称并头。并头连接只适用于单股线，并严格规定：凡截面积等于或大于 2.5mm^2 的导线，并头连接点应焊锡加固。但加工时前把每根导线的绝缘层剥去，所需长度约 30mm，并逐一勒直每根芯线端。把多根导线捏合成束，并使芯线端彼此贴紧，然后用钢丝钳把成束的芯线端按顺时针方向绞紧，使之呈麻花状。

加工方法可分为两种情况：

• 截面积 2.5mm^2 以下的，应把已绞成一体的多根芯线端剪齐，但芯线端净长不应小于 25mm；接着在其 1/2 处用钢丝钳折弯。在已折弯的多根绞合芯线端头，用钢丝钳再绞紧一下，然后继续弯曲，使两芯线呈并列状，并用钢丝钳钳紧，使之处处紧贴，如图 4-74 所示。

• 截面积 2.5mm^2 以上的，应把已绞成一体的多根芯线端剪齐，但芯线端上的净长不小于 20mm，在绞紧的芯线端头上用电烙铁焊锡。必须使锡液充分渗入芯线每个缝隙中，锡层表面应光滑，不留毛刺。然后彻底擦净端头上残留的焊膏，以免日后腐蚀芯线，如图 4-75 所示。

b. 多股线的倒人字连接。将两根线头剖削一定长度，再准备一根 1.5mm^2 的绑线。连接时将绑线的一端与两根连接芯线并在

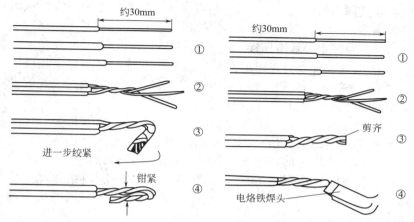

图 4-74　截面积 2.5mm² 以下铜硬
导线多根单股线并头

图 4-75　截面积 2.5mm² 以上铜硬
导线多根单股线并头

一起，在靠近导线绝缘层处起绕。缠绕长度为导线直径的 10 倍，然后将绑线的两个线头打结，再在距离绑线最后一圈 10mm 处把两根芯线和打完结的绑线线头一同剪断。

　　c.用压线帽压接。用压线帽压接要使用压线帽和压接钳，压线帽外为尼龙壳，内为镀锌铜套或铝合金套管，如图 4-76 所示。

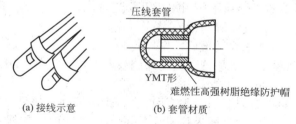

(a) 接线示意　　　　　　(b) 套管材质

图 4-76　压线帽

　　单芯线连接：用十字机螺钉压接，盘圈开口不应该大于 2mm，按顺时针方向压接。

　　多股铜芯导线用螺钉压接时，应将软线芯做成单眼圈状，挂锡后，将其压平再用螺钉紧固。

　　导线与针孔式接线柱连接：把要连接的线芯插入接线柱针孔

内，导线裸露出针孔 1～2mm，针孔大于导线直径 2 倍时需要折回插入压接。

（2）单芯铝导线冷压接

① 用电工刀或剥线钳削去单芯铝导线的绝缘层，并清除裸铝导线上的污物和氧化铝，使其露出金属光泽。铝导线的削光长度视配用的铝套管长度而定，一般约 30mm。

② 削去绝缘层后，铝导线表面应光滑，不允许有折叠、气泡和腐蚀点，以及超过允许偏差的划伤、碰伤、擦伤和压陷等缺陷。

③ 按预先规定的标记分清相线、零线和各回路，将所需连接的导线合拢并绞扭成合股线（见图 4-77），但不能扭结过度。然后，应及时在多股裸导线头子上涂一层防腐油膏，以免裸线头子再度被氧化。

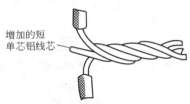

增加的短
单芯铝线芯

图 4-77　单芯铝导线槽板配线裸线头合拢绞扭图

④ 对单芯铝导线压接用铝套管要进行检查：

a. 要有铝材材质资料；

b. 铝套管要求尺寸准确，壁厚均匀一致；

c. 套管管口光滑平整，且内外侧没有毛边、毛刺，端面应垂直于套管轴中心线；

d. 套管内壁应清洁，没有污染，否则应清理干净后方准使用。

⑤ 将合股的线头插入检验合格的铝套管，使铝导线穿出铝套管端头 1～3mm。套管应依据单芯铝导线合拢成合股线头的根数选用。

⑥ 根据套管的规格，使用相应的压接钳对铝套管施压。每个接头可在铝套管同一边压三道坑（见图 4-78），一压到位，如 ϕ8mm 铝套管施压后窄向为 6～6.2mm。压坑中心线必须在同一直线上（纵向）。一般情况下，尽量采用正反向压接法，且正反向相

差180°，不得随意错向压接，如图4-79所示。

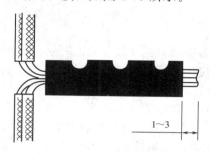

图4-78　单芯铝导线接头同向压接图

图4-79　单芯铝导线接头正反向压接图

⑦ 单芯铝导线压接后，在缠绕绝缘带之前，应对其进行检查。压接接头应当到位，铝套管没有裂纹，三道压坑间距应一致，抽动单根导线没有松动的现象。

⑧ 根据压坑数目及深度判断铝导线压接合格后，恢复裸露部分绝缘，包缠绝缘带两层，绝缘带包缠应均匀、紧密，不露裸线及铝套管。

⑨ 在绝缘层外面再包缠黑胶布（或聚氯乙烯薄膜粘带等）两层，采取半叠包法，并应将绝缘层完全遮盖，黑胶布的缠绕方向与绝缘带缠绕方向一致。整个绝缘层的耐压强度不得低于绝缘导线本身绝缘层的耐压强度。

⑩ 将压接接头用塑料接线盒封盖。

(3) 焊接法连接铝导线　焊接方法主要有钎焊、电阻焊和气焊等。

① 钎焊。适用于单股铝导线。钎焊的操作方法与铜导线的锡焊方法相似。

铝导线焊接前将铝导线线芯破开顺直合拢，用绑线把连接处做临时绑缠。导线绝缘层处用浸过水的石棉绳包好，以防烧坏。导线焊接所用的焊剂：一种是含锌58.5%、铅40%、铜1.5%（质量分数）的焊剂；另一种是含锌80％、铅20％（质量分数）的焊剂，还有一种由纯度99％以上的锡（60％）和纯度98％以上的锌（40％）配制而成。

焊接时先用砂纸磨去铝导线表面的一层氧化膜，并使芯线表面毛糙，以利于焊接；然后用功率较大的电烙铁在铝导线上搪上一层焊料，再把两导线头相互缠绕3圈，剪掉多余线头，用电烙铁蘸上焊料，一边焊，一边用烙铁头摩擦导线，把接头沟槽搪满焊料，焊好一面待冷却后再焊另一面，使焊料均匀密实填满缝隙即可。

单芯铝导线钎焊接头如图4-80所示，线芯端部搭叠长度见表4-9。

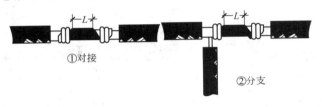

①对接

②分支

图4-80　单芯铝导线钎焊接头

表4-9　线芯端部搭叠长度

导线截面积/mm^2	剥除绝缘层长度/mm	搭接长度 L/mm
2.4～4	60	20
5～10	80	30

② 电阻焊。适用于单芯或多芯不同截面积的铝导线的并接。焊接时需要一台容量为1kV·A的焊接变压器，二次电压为6～12V，并配以焊钳。焊钳上两根炭棒极的直径为8mm，焊极头端有一定的锥度，焊钳引线采用10mm^{2}的铜芯橡皮绝缘线。焊料由30％氯化钠、50％氯化钾和20％冰晶石粉配制而成。

焊接时，先将铝导线头绞扭在一起，并将端部剪齐，涂上焊料，然后接通电源，先使炭棒短路发红，迅速夹紧线头。等线头焊料开始熔化时，焊钳慢慢地向线端方向移动，待线端头熔透后随即撤去焊钳，使焊点形成圆球状。冷却后用钢丝刷刷去接头上的焊渣，用干净的湿布擦去多余焊料，再在接头表面涂一层速干性沥青用以绝缘，沥青干后包缠上绝缘胶带即可。

焊接所需的电压、电流和持续时间可参照表4-10。

表 4-10 单股铝导线电阻焊所需电压、电流和持续时间

导线截面积/mm²	二次电压/V	二次电流/A	焊接持续时间/s
2.5	6	50～60	8
4	9	100～110	12
6	12	150～160	12
10	12	170～190	13

③ 气焊。适用于多根单芯或多芯铝导线的连接。焊接前，先将铝芯线用铁丝缠绕牢，以防止导线松散；导线的绝缘层用湿石棉带包好，以防烧坏。焊接时火焰的焰心离焊接点 2～3mm，当加热到熔点（653℃）时，即可加入铝焊粉，使焊接处的铝芯相互融合；焊完后要趁热清除焊渣。

单芯和多芯铝导线气焊连接长度分别见表 4-11 和表 4-12。

表 4-11 单芯铝导线气焊连接长度

导线截面积/mm²	连接长度 L/mm	导线截面积/mm²	连接长度 L/mm
2.5	20	6	30
4	25	10	40

表 4-12 多芯铝导线气焊连接长度

导线截面积/mm²	连接长度 L/mm	导线截面积/mm²	连接长度 L/mm
16	60	50	90
25	70	70	100
35	80	95	120

(4) 铜导线与铝导线的连接 铜铝是两种不同的金属，它们有着不同的电化顺序，若把铜和铝简单地连接在一起，在"原电池"的作用下，铝会很快失去电子而被腐蚀掉，造成接触不良，直至接头被烧断，因此应尽量避免铜铝导线的连接。

实际施工中往往不可避免会碰到铜铝导线（体）的连接问题，一般可采取以下几种连接方法。

① 用复合脂处理后压接。即在铜铝导体连接表面涂上铜铝过渡的复合脂（如导电膏），然后压接。此方法能有效地防止连接部位表面被氧化，防止空气和水分侵入，缓和原电池电化作用。这是一种最经济、最简便的铜铝过渡连接方法，尤其适用于铜、铝母排

间的连接和铝母排与断路器等电气设备连接端子间的连接。

导电膏具有耐高温（滴点温度大于 200℃）、耐低温（−40℃时不开裂）、抗氧化、抗霉菌、耐潮湿、耐化学腐蚀及性能稳定、使用寿命长（密封情况下大于 5 年）、无毒、无味、对皮肤没有刺激、涂覆工艺简单等优点。用导电膏对接头进行处理，具有擦除氧化膜的作用，并能有效地降低接头的接触电阻（可降低 25%～70%）。

操作时，先将连接部位打磨，使其露出金属光泽。若是两导体之间连接，应预涂 0.05～0.1mm 厚的导电膏，并用铜丝刷轻轻擦拭，然后擦净表面，重新涂覆 0.2mm 厚的导电膏，再用螺栓紧固。须注意：导电膏在自然状态下绝缘电阻很高，基本不导电，只有外施一定的压力，使微细的导电颗粒挤压在一起时，才呈现导电性能。

② 搪锡处理后连接。即在铜导线表面搪上一层锡，再与铝导线连接。由于锡铝之间的电阻系数比铜铝之间的电阻系数小，产生的电位差也较小，电化学腐蚀有所改善。搪锡焊料成分有两种，见表 4-13。搪锡层的厚度为 0.03～0.1mm。

表 4-13　搪锡焊料

焊料成分		熔点/℃	性能
锡 Sn/%	锌 Zn/%		
90	10	210	流动性好,焊接效率高
80	20	270	防潮性较好

③ 采用铜铝过渡管压接。铜铝过渡管是一种专门供铜导线和铝导线直线连接用的连接件，管的一半为铜管，另一半为铝管，是经摩擦焊接连接成的。使用时，将铜导线插入管的铜端，铝导线插入管的铝端，用压接钳冷压连接。对于 10mm^2 及以下的单芯铜导线与铝导线，可使用冷压钳压接。

④ 采用圆形铝套管压接。先清除连接导线端头表面的氧化膜和铝套管内壁氧化膜，然后将铜导线和铝导线分别插入铝套管两端（最好预先在接触面涂上薄薄的一层导电膏），再用六角形压模在钳压机上压成六角形接头。两端还可用中性凡士林和塑料封好，防止空气和水分侵入，阻止局部电化腐蚀，但凡士林的滴点温度仅为

50℃左右，当导体接头温度达到70℃以上时，凡士林就会逐渐流失干涸，失去作用。

⑤ 采用铜铝过渡板连接。铜铝过渡板（排）又称铜铝过渡并沟线夹，是一种专门用于铜导线和铝导线连接的连接件，通常用于分支导线连接；分上下两块，各有两条弧形沟道，中间有两个孔眼用以安装固定螺栓。板的一半（沿纵线）为铜质，另一半为铝质，经摩擦焊接连接而成。使用时，先清除连接导线和过渡板弧形沟道内的氧化膜，并涂上导电膏，将铜导线置于过渡的铜板侧弧形沟道内，铝导线置于过渡板的铝板侧弧形沟道内，两块板合上后装上螺杆、弹簧垫、平垫圈、螺母，用活扳手拧紧螺母即可。如果铝导线线径较细，可缠铝包带；如果铜导线线径较细，可用铜导线绑绕。连接时，应先把分支线头末端与干线进行绑扎。

还有一种铜铝过渡板，板的一半（沿横线）为铜质，另一半为铝质。这种过渡板多用于变配电所铜母线与铝母线之间的连接。

⑥ 采用B型铝并沟线夹连接。B型铝并沟线夹是用于铝与铝分支导线连接的，若用于铜与铝导线连接，则铜导线端需要搪锡。如果铝导线线径较细，可缠铝包带；如果铜导线线径较细，可用铜导线绑绕。并沟线夹通常用于跳线、引下线等的连接。

⑦ 采用SL螺栓型铝设备线夹连接。SL螺栓型铝设备线夹用于设备端子连接，一端与铝导线连接，另一端与设备端子的铜螺杆连接。铜螺母下垫圈应搪锡。

(5) 导线包扎　各种接头连接好后，应用胶带进行包扎。包扎时首先用橡胶绝缘带从导线接头处始端的完好绝缘层开始，缠绕1～2倍绝缘带宽度，以半幅宽度重叠进行缠绕，在包扎过程中应尽可能收紧绝缘带。最后在绝缘层上缠绕1～2圈，再进行回缠。采用橡胶绝缘带包扎时，应将其拉长2倍后再进行缠绕。然后用黑胶布包扎，包扎时要衔接好，以半幅宽度边压边进行缠绕，同时在包扎过程中收紧胶布，导线接头处两端应用黑胶布封严。

(6) 线头与接线柱的连接

① 针孔式接线柱是一种常用接线柱，熔断器、接线块和电能表等器材上均有应用。通常用黄铜制成矩形方块，端面置有导线承接孔，顶面装有压紧导线的螺钉。当导线端头芯线插入承接孔后，

再拧紧压紧螺钉就实现了两者之间的电气连接。

a.连接要求和方法如图4-81所示。单股芯线端头应折成双根并列状，平着插入承接孔，以使并列面能承受压紧螺钉的顶压，因此，芯线端头的所需长度应是两倍孔深。芯线端头必须插到孔的底部。凡有两个压紧螺钉的，应先拧紧近孔口的一个，再拧紧近口底的一个，若先拧紧近孔底的一个，万一孔底很浅，芯线端头处于压紧螺钉端头球部，这样当螺钉拧紧时就容易把线端挤出，造成空压。

b.常见的错误接法如图4-82所示。单股线端直接插入孔内，芯线会被挤在一边。绝缘层剥去太少，部分绝缘层被插入孔内，接触面积被占据。绝缘层剥去太多，孔外芯线裸露太长，影响用电安全。

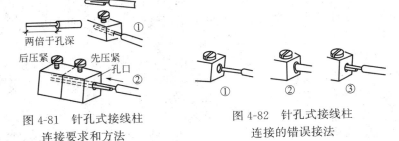

图4-81 针孔式接线柱
连接要求和方法

图4-82 针孔式接线柱
连接的错误接法

② 平压式接线柱

a.小容量平压柱。通常利用圆头螺钉的平面进行压接，且中间多数不加平垫圈。灯座、灯开关和插座等都采用这种结构，连接方法如图4-83所示。

对绝缘硬线芯线端头必须先加工成压接圈。压接圈的弯曲方向必须与螺钉的拧紧方向一致，否则圈孔会随螺钉的拧紧而被扩大，且往往会从接线柱中脱出。圈孔不应该弯得过大或过小，只要稍大于螺钉直径即可。圈根部绝缘层不可剥去太多，$4mm^2$ 及以下的导线，一般留有 3mm 间缝，螺钉尾就不会压着圈根绝缘层，但也不应留得过少，以免绝缘层被压入。

b.常见的错误连接法。不弯压接圈，芯线被压在螺钉的单边。这样连接，极易造成线端接触不良，且极易脱落。绝缘层被压入螺

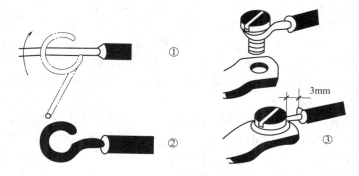

图 4-83 小容量平压柱的连接方法

钉内，这样的接法因为有效接触面积被绝缘层占据，且螺钉难以压紧，故会造成严重的接触不良。芯线裸露过长，不仅会留下电气故障隐患，还会影响安全用电。

c. 7 股线压接圈弯制方法。在照明干线或一般容量的电力线路中，截面积不大于 $16mm^2$ 的 7 股绝缘硬线，可采用压接圈套上接线柱螺栓的方法进行连接，但 7 股线压接圈的制作必须正规，切不可把 7 股芯线直接缠绕在螺栓上。7 股线压接圈的弯制方法如图 4-84 所示。

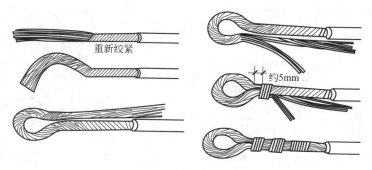

图 4-84 7 股线压接圈的弯制方法

把剥去绝缘层的 7 股线端头在全长 3/5 部位重新绞紧（越紧越好）。按稍大于螺栓直径的尺寸弯曲圆孔。开始弯曲时，应先把芯线朝外侧折成约 $45°$，然后逐渐弯成圆圈状。形成圆圈后，把余端芯线逐根理直，并贴紧根部芯线。把已弯成圆圈的线端翻转（旋转180°），然后选出处于最外侧且邻近的两根芯线扳成直角（即与圈根部的 7 股芯线成垂直状）。在离圈外沿约 5mm 处进行缠绕，加工方法与 7 股线缠绕对接一样，可参照应用。成形后应经过整修，使压接圈及圈柄部分平整挺直，且应在圈柄部分焊锡后恢复绝缘层。

注意： 导线截面积超过 16mm² 时，一般不应该采用压接圈连接，应采用线端加装接线耳的方法，由接线耳套上接线螺栓后压紧来实现电气连接。

③ 软线头与接线柱的连接方法

a. 与针孔柱连接，如图 4-85 所示。把多股芯线进一步绞紧，全部芯线端头不应有断股而露出毛刺。把芯线按针孔深度折弯，使之成为双根并列状。在芯线根部（即绝缘层切口处）把超出根部的那段芯线折成垂直于双根并列的芯线，并把余下芯线按顺时针方向缠绕在双根并列的芯线上，且排列应紧密整齐。缠绕至芯线端头口剪去余端并钳平，不留毛刺，然后插入接线柱针孔内，拧紧螺钉即可。

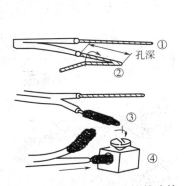
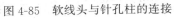

图 4-85　软线头与针孔柱的连接

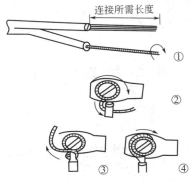

图 4-86　软线头与平压柱的连接

b. 与平压柱连接，如图 4-86 所示。在连接前，也应先把多股线芯线作进一步绞紧。把芯线按顺时针方向围绕在接线柱的螺栓上，应注意芯线根部不可贴住螺栓，应相距 3mm。接着把芯线围绕螺栓一圈后，余端应在芯线根部由上向下围绕一圈。把芯线余端再按顺时针方向围绕在螺栓上。把芯线余端围绕到芯线根部收住，若因余端太短不便嵌入螺栓尾部，可用旋具刀口推入。接着拧紧螺栓后扳起余端在根部切断，不应露出毛刺和损伤下面芯线。

④ 头攻头连接。一根导线需与两个以上接线柱连接时，除最后一个接线柱连接导线末端外，导线在处于中间的接点上，不应切断后并接在接线柱中，而应采用头攻头的连接法。这样不但可大大降低连接点的接触电阻，而且可有效地降低因连接点松脱而造成的开路故障。

a. 在针孔柱上连接如图 4-87 所示。按针孔深度的两倍长度，再加 5～6mm 的芯线根部裕度，剥离导线连接点的绝缘层。在剥去绝缘层的芯线中间将导线折成双根并列状态，并在两芯线根部反向折成 90°转角。把双根并列的芯线端头插入针孔并拧紧螺栓。

b. 在平压柱上连接如图 4-88 所示。按接线柱螺栓直径约 6 倍长度剥离导线连接点绝缘层。以剥去绝缘层芯线的中点为基准，按螺栓规格弯曲成压接圈后，用钢丝钳紧夹住压接圈根部，把两根部芯线互绞一圈，使压接圈呈图示形状。把压接圈套入螺栓后拧紧（需加套垫圈的，应先套入垫圈，再套入压接圈）。

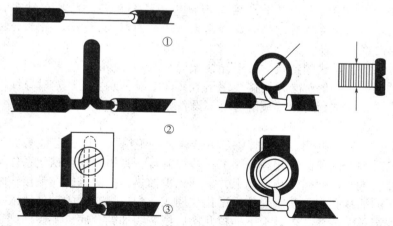

图 4-87　头攻头在针孔柱上的连接　　　图 4-88　头攻头在平压柱上的连接

⑤ 铝导线与接线柱的连接。截面积小于 $4mm^2$ 的铝质导线，允许直接与接线柱连接，但连接前必须经过清除氧化铝薄膜的技术

处理，再弯制芯线的连接点，如图 4-89 所示。

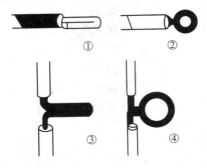

图 4-89 弯制芯线的连接点

端头直接与针孔柱连接时，应先折成双根并列状。端头直接与平压柱连接时，应先弯制压接圈。头攻头接入针孔柱时，应先折成双根 T 字状。头攻头接入平压柱时，应先弯成连续式压接圈。

各种形状接点的弯制和连接，与小规格铜质导线的方法相同。

注意：铝质芯线质地很软，压紧螺钉虽应紧压住线头，不允许松动，但应避免一味拧旋螺钉而把铝芯线头压扁，尤其在针孔柱内，因压紧螺钉对线头的压强很大（比平压柱大得多），甚至会把铝芯线头压断。

(7) 导线的封端 对于导线截面积大于 $10mm^2$ 的多股铜、铝芯导线，一般都必须用接线端子（又称接线鼻或接线耳）对导线端头进行封端，再由接线端与电气设备相连。

① 铜芯导线的封端

a. 锡焊封端。先剥掉铜芯导线端部的绝缘层，除去芯线表面和接线端子内壁的氧化膜，涂上无酸焊锡膏。再用一根粗铁丝系住铜接线端子，使插线孔口朝上并放到火里加热。把锡条插在铜接线端子的插线孔内，使锡受热后熔化在插线孔内。把芯线的端部插入接线端子的插线孔内，上下插拉几次后把芯线插到孔底。平稳而缓慢地把粗铁丝的接线端子浸到冷水里，使液态锡凝固，芯线焊牢。用锉刀把铜接线端子表面的焊锡除去，用砂布打光后包上绝缘带，即可与电器接线柱连接。

b.压接封端。把剥去绝缘层并涂上石英粉-凡士林油膏的芯线插入内壁也涂上石英粉-凡士林油膏的铜接线端子孔内。用压接钳进行压接，在铜接线端子的正面压两个坑，先压外坑，再压内坑，两个坑要在一条直线上。从导线绝缘层至铜接线端子根部包上绝缘带。

② 铝芯导线的封端。铝芯导线一般采用铝接线端子压接法进行封端。铝接线端子的外形及规格如图 4-90 所示，其各部分尺寸见表 4-14。

表 4-14　铝接线端子各部分尺寸　　　　mm

型号 TYpe	ϕ	D	d	L	L_1	B
DTL-1-10	8.5	10	6	68	28	16
DTL-1-16	8.5	11	6	70	30	16
DTL-1-25	8.5	12	7	75	34	18
DTL-1-35	10.5	14	8.5	85	38	20.5
DTL-1-50	10.5	16	9.8	90	40	23
DTL-1-70	12.5	18	11.5	102	48	26
DTL-1-95	12.5	21	13.5	112	50	28
DTL-1-120	14.5	23	15	120	53	30
DTL-1-150	14.5	25	16.5	126	56	34
DTL-1-185	16.5	27	18.5	133	58	37
DTL-1-240	16.5	30	21	140	60	40
DTL-1-300	21	34	23.5	160	65	50
DTL-1-400	21	38	27	170	70	55
DTL-1-500	21	45	29	225	75	60
DTL-1-630	—	54	35	245	80	80
DTL-1-800	—	60	38	270	90	100

铝芯导线用压接法进行封端的方法：根据铝芯线的截面积查表 4-15 选用合适的铝接线端子，刷去铝接线端子内壁氧化层并涂上石英粉-凡士林油膏，然后剥去芯线端部绝缘层，刷去铝芯表面氧化层并涂上石英粉-凡士林油膏。将铝芯线插到插线孔的孔底。

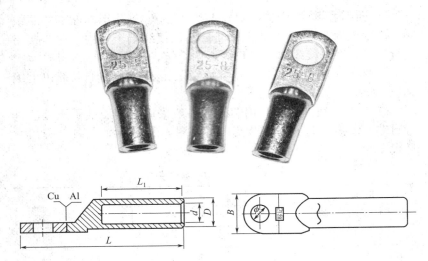

图 4-90　铝接线端子的外形

用压线钳在铝接线端子正面压两个坑，先压靠近插线孔处的第一个坑，再压第二个坑，压坑的尺寸见表 4-15。

表 4-15　铝接线端子压坑尺寸对应表

导线截面积 /mm²	端子各部分尺寸/mm			压模深/mm
	d	D	ϕ	
16	5.5	10	6.5	5.5
25	6.8	12	8.5	5.9
35	7.7	14	8.5	7.0
50	9.2	16	10.5	7.8
70	11.0	18	10.5	8.9
95	13.0	21	13.0	9.9

在剥去绝缘层的铝芯导线和铝接线端子根部包上绝缘带（绝缘带要从导线绝缘层包起），并刷去接线端子表面的氧化层。

4.5.3　导线接头包扎

(1) 对接接点包扎　对接接点包扎方法如图 4-91 所示。

绝缘带（黄蜡带或塑料带）应从左侧的完好绝缘层上开始包

缠，应包入绝缘层 1.5～2 倍带宽，即 30～40mm，起包时带与导线之间应保持约 45°倾斜。进行每圈斜叠缠包，包一圈必须压叠住前一圈的 1/2 带宽。包至另一端也必须包入与始端同样长度的绝缘层，然后接上黑胶带，并应使黑胶带包出绝缘带层至少半个带宽，即必须使黑胶带完全包没绝缘带。黑胶带也必须进行 1/2 叠包，不可包得过疏或过密；包到另一端也必须完全包没绝缘带，收尾后应用双手的拇指和食指紧捏黑胶带两端口，进行一正一反

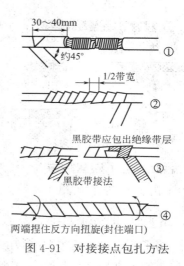

图 4-91　对接接点包扎方法

方向拧旋，利用黑胶带的黏性，将两端口充分密封起来。

(2) 分支接点包扎　分支接点包扎方法如图 4-92 所示。

采用与对接相同的方法从左端开始起包。包至碰到分支线时，应用左手拇指顶住左侧直角处包上的带面，使它紧贴转角处芯线，并应使处于线顶部的带面尽量向右侧斜压（即跨越到右边）。当围绕到右侧转角处时，用左手食指顶住右侧直角处带面，并使带面在干线顶部向左侧斜压，与被压在下边的带面呈"×"状交叉，然后把带再回绕到右侧转角处。带沿紧贴住支线连接处根端，开始在支线上缠包，包至完好绝缘层上约两倍带宽时，原带折回再包至支线连接处根端，并把带向干线右侧斜压（不应该倾斜太多）。

当带围过干线顶部后，紧贴干线右侧的支线连接处开始在干线右侧芯线上进行包缠。包至干线另一端的完好绝缘层上后，接上黑胶带，重复上述方法继续包缠黑胶带。

(3) 并头接点包扎　并头连接后的端头通常埋藏在木台或接线盒内，空间狭小，导线和附件较多，往往彼此挤轧在一起，且容易贴着建筑面，所以并头接点的绝缘层必须恢复可靠，否则极容易发生漏电或短路等电气故障。操作步骤和方法如图 4-93 所示。

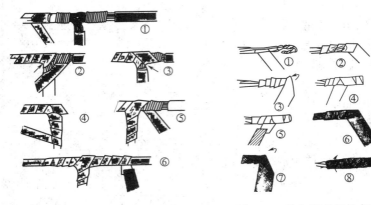

图 4-92　分支接点包扎方法　　　图 4-93　并头接点包扎方法

　　为了防止包缠的整个绝缘层脱落，绝缘线在起包前必须插入两根导线的夹缝中，然后在包缠时把带头夹紧。起包方法和要求与"对接接点"一样。由于并头接点较短，叠压时可紧些，间隔可小于 1/2 带宽。若并接的是较大的端头，在尚未包缠到端口时，应裹上包裹带，然后在继续包缠中把包裹带扎紧压住；若并接的是较小的端头，不必加包裹带。包缠到导线端口后，应使带面超出导线端口 1/2～3/4 带宽，然后紧贴导线端口折回伸出部分的带面。把折回的带面掀平掀服，然后用原带缠压住（必须压紧），接着缠包第二层绝缘带，包至下层起包处止。接上黑胶带，并应使黑胶带超出绝缘带层至少半个带宽，并完全包没压住绝缘带。把黑胶带缠包到导线端口，用黑胶带缠裹住端口绝缘带层，要完全压住包没绝缘带层，然后缠包第二层黑胶带至起包处止。用右手拇、食两指紧捏黑胶带断带口，旋紧，使端口密封。

　　(4) 接线耳和多股线压接圈包扎

　　① 接线耳线端包扎方法如图 4-94 所示。从完好绝缘层的 40～60mm 处缠起，方法与本节对接接点法相同。绝缘带缠包到接线耳近圆柱体底部处，接上黑胶带；然后朝起包处缠包黑胶带，包出下层绝缘带约 1/2 带宽后断带，应完全包没压住绝缘带。如图 4-94 中的两箭头所示，两手捏紧后作反方向扭旋，使两端黑胶带端口密封。

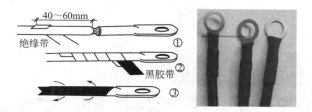

图 4-94　接线耳线端包扎方法

② 多股线压接圈线端包扎方法如图 4-95 所示。步骤和方法与上述接线耳基本相同，但离压接圈根部 5mm 的芯线应留着不包。若包缠到圈的根部，螺栓顶部的平垫圈就会压着恢复的绝缘层，造成接点接触不良。

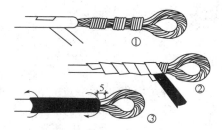

图 4-95　多股线压接圈线端包扎方法

第5章
室外架空线路的安装

5.1 架空线的敷设

5.1.1 电杆及其附件

（1）**电杆** 电杆应有足够的机械强度，常用的电杆有木电杆、金属电杆、水泥电杆三种。

① 木电杆：木电杆重量轻，搬运和架设方便，缺点是容易腐朽，使用年限短。已被淘汰。

② 金属电杆：最常见的是铁塔。多由角铁焊接而成，多用在高压输电磁线路上。

③ 水泥电杆：是最常用的一种，强度大，使用年限长。

选用水泥电杆时，其表面应光洁平整，壁厚均匀，没有外露钢筋，杆身弯曲不超过杆长的 2%。

电杆立起前，应将顶端封堵，防止电杆投入使用后，杆内积水，浸蚀钢筋，导致电杆断裂。

在现代施工工作中，一般采用起重机械立杆的方法，如图 5-1 所示。起吊时，坑边站两人负责电杆入坑，由一人指挥。当杆顶吊离地面 500mm 时，应停止起吊，检查吊绳及各绳扣无误后，方可继续起吊。当电杆根部吊离地面 200mm 时，坑边二人将杆根移至坑口，电杆继续起吊，电杆就会一边竖起，一边伸入坑内，坑边两

图 5-1 起重机立杆

人要推动杆根，使其便于入抗。

（2）**横担** 横担是用来安装绝缘子、避雷器等设施的，横担的长度是根据架空线根数和线间距离来确定的，通常可分为木横担、铁横担和陶瓷横担三种。

① 木横担：木横担按断面形状分为圆横担和方横担两种。已被淘汰。

② 铁横担：铁横担是用角铁制成的，坚固耐用，使用最多，使用前应采用热镀锌处理，可以延长使用寿命。

③ 陶瓷横担（瓷横担绝缘子）：其优点是不易击穿，不易老化，绝缘能力高，安全可靠，维护简单，主要在高压线路上应用。

④ 线路横担安装要求：横担安装方向及安装如图 5-2、图 5-3 所示。为了使横担安装方向统一，便于认清来电方向，直线杆单横担应装于受电侧。90°转角杆及终端杆，当采用单横担时，应装于拉线侧。横担安装应平整，安装偏差端部上下歪斜不应超过20mm，左右扭斜不应超过 20mm。

横担安装，应符合下列规定数值：

a. 垂直安装时，顶端顺线路歪斜不应大于 10mm。

b. 水平安装时，顶端应向上翘起 5°～10°，顶端顺线路歪斜不应大于 20mm。

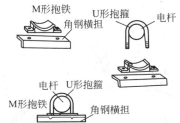

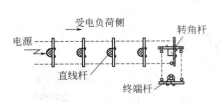

图 5-2　横担的安装方向和单横担安装　　图 5-3　单横担的安装方向

c.全瓷式瓷横担的固定处应加软垫。

（3）绝缘子　俗称瓷瓶，作用是固定导线。应有足够的电气绝缘能力和机械强度，使带电导线之间或导线与大地之间绝缘。

① 针式绝缘子（如图 5-4 所示）：针式绝缘子分为高压针式绝缘子和低压针式绝缘子两种，由于横担有铁、木两种，所以针式绝缘子又分为长柱、短柱及弯脚式绝缘子。

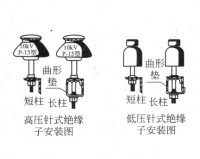

图 5-4　针式绝缘子安装图

针式绝缘子适用于直线杆上或在承力杆上用来支持跳线的地方。

② 蝶式绝缘子（如图 5-5 所示）：蝶式绝缘子用于终端杆、转角杆、分支杆、耐张杆以及导线需承受拉力的地方。

③ 拉线绝缘子：又称为拉线球，居民区、厂矿内电杆的拉线从导线之间穿过时，应装设拉线绝缘子。拉线绝缘子距地面不应小

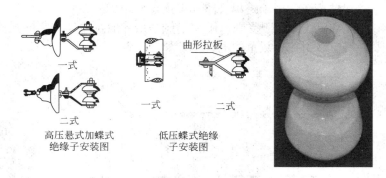

一式

二式

高压悬式加蝶式
绝缘子安装图

曲形拉板

一式　　二式

低压蝶式绝缘
子安装图

图5-5　蝶式绝缘子安装图

于2.5mm。其作用如下：

a. 防止维修人员上杆带电作业时，人体碰及上拉线而造成单相触电。

b. 防止导线与拉线短路时造成线路接地或人体触及中、下拉线时造成人体触电。

(4) 拉线　电杆拉线（板线）是为了平衡电杆所受到的各方面的作用力并抵抗风压等，防止电杆倾倒所使用的金属导线。

安装拉线要求如下。

① 拉线与电杆的夹角不应该小于45°，拉线穿过公路时，对路面最低垂直距离不应小于6m。

② 终端杆的拉线及耐张杆承力拉线应与线路方向对正，分角拉线应与线路分角线方向对正，防风拉线应与线路方向垂直。

③ 合股组成的镀锌铁线用作拉线时，股数必须三股以上，并且单股直径不应在4mm以上。

④ 当一根电杆上装设多条拉线时，拉线不应有过松、过紧、受力不均匀等现象。

⑤ 拉线的种类（见图5-6）如下。

a. 终端拉线：用于终端和分支杆，如图5-6（a）所示。

b. 转角拉线：用于转角杆，如图5-6（b）所示。

c. 人字拉线：用于基础不坚固和跨越加高杆及较大耐张段中间的直线杆上，如图5-6（c）所示。

d.高桩拉线：用于跨越公路和渠道等处，如图 5-6(d) 所示。

e.自身拉线：用于受地形限制不能采用一般拉线处，它的强度有限，不应该用在负载重的电杆上，如图 5-6(e) 所示。

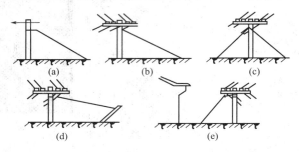

图 5-6　拉线的种类

(5) 在实际施工中对埋设电杆的要求

① 电杆埋设深度应符合表 5-1 所列数值。

表 5-1　电杆埋设深度表

杆长/m	8.0	9.0	10.0	11.0	12.0	13.0	15.0
埋深/m	1.5	1.6	1.7	1.8	1.8	2.0	2.3

电杆埋深要求，最小不得小于 1.5m。杆根埋设必须夯实。

② 杆上设变压器台的电杆一般埋设深度不小于 2m。

③ 由于电杆受荷重、土质影响，杆基的稳定不能满足要求，常采用卡盘对基础进行补强，所以水泥杆的卡盘的埋深不应小于电杆埋深的三分之一，最小不得小于 0.5m。

5.1.2　架空室外线路的一般要求

(1) 导线架设要求

① 导线在架设过程中，应防止发生磨伤、断股、折弯等情况。

② 导线受损伤后，同一截面内，损伤面积超过导电部分截面积的 17% 应锯断后重接。

③ 同一档距内，同一根导线的接头，不得超过 1 个，导线接头位置与导线固定处的距离必须大于 0.5m。

④ 不同金属、规格的导线严禁在档距内连接。

⑤ 1～10kV 的导线与拉线，电杆或构架之间的净空距离不应小于 200mm，1kV 以下配电磁线路，不应小于 50mm。1～10kV 引下线与 1kV 以下线路间的距离不应小于 200mm。

（2）导线对地距离及交叉跨越要求 低压架空线路导线间最小距离：

① 水平排列：档距在 40m 以内时为 30cm，档距在 40m 以外时为 40cm。

② 垂直排列时为 40cm。

③ 导线为多层排列时接近电杆的相邻导线间水平距离为 60cm。高、低压同杆架设时，高、低压导线间最小距离不小于 1.2m。

④ 不同线路同杆架设时，要求高压线路在低压动力线路的上端，弱电磁线路在低压动力线路的下端。

⑤ 低压架空线路与各种设施的最小距离见表 5-2。

表 5-2 低压架空线路与各种设施的最小距离

1	距凉台、台阶、屋顶的最小垂直距离	2.5m
2	导线边线距建筑物的凸出部分和没有门窗的墙	1m
3	导线至铁路轨顶	7.5m
4	导线至铁路车厢、货物外廓	1m
5	导线距交通要道垂直距离	6m
6	导线距一般人行道地面垂直距离	5m
7	导线经过树木时，裸导线在最大弧垂和最大偏移时，最小距离	1m
8	导线通过管道上方，与管道的垂直距离	3m
9	导线通过管道下方，与管道的垂直距离	1.5m
10	导线与弱电磁线路交叉距离不小于 1.25m，平行	1m
11	沿墙布线经过里巷、院内人行道时，至地面垂直距离	3.5m
12	距路灯线路	1.2m

⑥ 绝缘导线应水平或垂直敷设，导线对地面距离不应低于 3m，跨越人行道时不应低于 3.5m。水平敷设时，零线设在最外侧。垂直敷设时，零线在最下端。跨越通车道路时，导线距地不低

于 6m。沿墙敷设的导线间距离为 20～30cm。

5.1.3　登杆

登杆使用的工具有脚扣和安全带。脚扣如图 5-7 所示，不同长度的杆杆径不同，要选用不同规格的脚扣，如登 8m 杆用 8m 杆脚扣。现在还有一种通用脚扣，大小可调。使用前要检查脚扣是否完好，有没有断裂痕迹，脚扣皮带是否结实。

图 5-7　脚扣

安全带是为了确保登高安全，在高空作业时支撑身体，使双手能松开进行作业的保护工具，如图 5-8 所示。

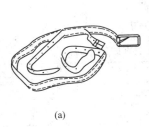

(a)　　　　　　　　(b)　　　　　　　　(c)

图 5-8　安全带

登杆前先系好安全带。为了便于在杆上操作，安全带的腰带系在胯骨以下，系得不要太紧，把腰绳和安全绳挎在肩上。脚扣的皮带不要系得过紧，以脚能从皮带中脱出，而脚扣又不会自行脱落为好。用脚扣登杆的方法如图 5-9 所示。

登杆时，应用双手抱住电杆，一脚向上跨扣。脚上提时不要翘脚尖，脚要放松，用脚扣的重力使其自然挂在脚上。脚扣平面一定要水平，否则上提过程中脚扣会碰杆脱落。每次上跨间距不要过大，以膝盖成直角最合适。上跨到位后，让脚扣尖靠向电杆，脚后跟用力向侧后方踩，脚扣就很牢固地卡在杆上。卡稳后不要松脚，要把重心移过来，另一脚上提松开脚扣，做第二跨，注意脚扣上提时两脚扣不要相碰以免脱落。

由于杆梢直径小，登杆时越向上脚扣越容易脱扣下滑，要特别

图 5-9　用脚扣登杆

注意。当到达工作位置时，应先挂好安全绳，且安全带与电杆有一定倾斜角度。调整脚扣到合适操作的位置，将两脚相互扣死，如图 5-10 所示。

脚扣和安全绳都稳固后，方可以松开手进行操作。另外，杆前不要忘记带工具袋，并带上一根细绳，以便从杆下提取工件。

图 5-10　脚扣定位

5.1.4　敷设进户线

进户线，是指从室外支持铁件处接下来引到室内电度表或配电盘（室内第一支持点）的一段线路。进户线的敷设，应按以下要求进行：

① 进户线的长度不应该超过 1m；超过时应使用绝缘子在中间固定。室内一端应能够接到电度表接线盒内（或经熔体盒再进电度表接线盒内）；室外一端与接户线搭接后要有一定的裕度。进户中性线应有明显标志。

② 进户点至地面距离大于 2.7m 时，应采用绝缘导线穿瓷管进户，并使进户管口与接户线的垂直距离保持 0.5m 左右（见图 5-11）。

③ 进户点至地面距离小于 2.7m 时，应加装进户杆（落地杆或短杆），采用塑料护套线穿瓷管或者采用绝缘导线穿钢管（或硬

塑料管）进户（见图 5-12）。

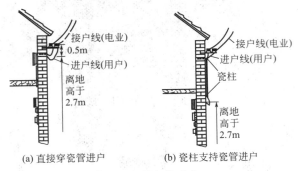

(a) 直接穿瓷管进户　　　　(b) 瓷柱支持瓷管进户

图 5-11　绝缘线穿瓷管进户

图 5-12　加装进户杆（落地杆或短杆）进户

④ 进户点至地面距离虽然大于 2.7m，但与原来已加高的或由于安全要求必须加高的接户线垂直距离在 0.5m 以上时，应按图 5-13 所示方法使进户线与接户线相连接。此时接户线和进户线应采用绝缘良好的铜芯或铝芯导线，不得使用软线，也不得有接头。进户线的最小截面积，当采用铜芯绝缘线时为 1.5mm²，采用铝芯绝缘线时为 2.5mm²。

⑤ 选择进户线截面积的原则是：对于电灯和电热负载，导线的安全载流量（A）≥所有电器的额定电流之和；对于接有电动机的负载，导线的安全载流量，应按对电动机供电的线路的工作电流来确定。

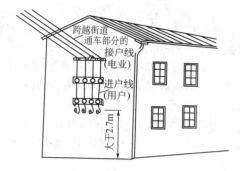

图 5-13　角铁加装瓷瓶支持单根绝缘线穿管进户

5.2　电缆线路的敷设

5.2.1　电力电缆分类及检查

按绝缘材料分类有：油浸纸绝缘、塑料绝缘、橡胶绝缘。

按结构特征分类有：统包型、分相型、扁平型、自容型等。

电力电缆敷设前，必须进行外观、电气检查，检查电缆表面有没有损伤，并测量电力电缆绝缘电阻。

5.2.2　室外敷设

室外敷设的方法有很多，分为桥架、沿墙支架、金属套索吊挂、电缆隧道、电缆沟、直埋等，应根据环境要求、电缆数量等具体情况，来决定敷设方式。

(1) 架空明敷

① 在缆桥、缆架上敷设电缆时，相同电压的电缆可以并列敷设，但电缆间的净距不应小于 3.5cm。

② 架空明敷的电缆与热力管道净距不应小于 1m，达不到要求应采取隔热措施，与其他管道净距不应小于 0.5m。

③ 电缆支架或固定点间的距离，水平敷设电力电缆不应大于 1m，控制电缆不应大于 0.8m。

④ 金属套索上，水平悬吊电力电缆固定点间距离不应大于0.75m，控制电缆不应大于0.6m。垂直悬吊电力电缆不应大于1.5m，控制电缆不应大于0.75m。

(2) 直埋电缆 电缆线路的路径上有可能存在使电缆受到机械损伤、化学作用、热影响等危害的地段，要采取相应保护措施，以保证电缆安全运行。

① 室外直埋电缆，深度不应小于0.7m，穿越农田时，不应小于1m。避免由于深翻土地、挖排水沟或拖拉机耕地等原因损伤电缆。

② 直埋电缆的沿线及其接头处应有明显的方位标志，或牢固的标桩，水泥标桩不小于120mm×120mm×600mm，如图5-14所示。

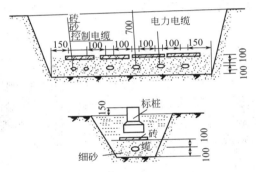

图5-14 电缆埋设及标桩做法图

③ 非铠装电缆不准直接埋设。

④ 电缆应埋设在建筑物的散水以外。

⑤ 直埋电缆的上、下须铺不小于100mm厚的软土或沙层，并盖砖保护，防止电缆受到机械损伤。

⑥ 多根电缆并列直埋时，线间水平净距不应小于100mm。

⑦ 电缆与道路、铁路交叉时应穿保护管，保护管应伸出路基两侧各2m。

⑧ 电缆与热力管沟交叉时，如果电缆用石棉、水泥管保护，其长度应伸出热力管沟两侧各2m；采用隔热层保护时，应超出热力管沟两侧各1m。

（3）水底敷设

① 水底电缆应利用整根的，不能有接头。

② 敷设于水中的电缆，必须贴于水底。

③ 水底电缆引至架空线路时，引出地面处离栈道不应小于 10m。

④ 在河床及河岸容易遭受冲刷的地方，不应敷设电缆。

（4）桥梁上敷设

① 敷设于桥上的电缆，应穿在耐火材料制成的管中，如没有人接触，电缆可敷设在桥上侧面。

② 在经常受到振动的桥梁上敷设的电缆，应采取防振措施。桥的两端和伸缝处留有电缆松弛部分，以防电缆由于结构胀缩而受到损坏。

（5）电缆终端头和中间接头制作要求

① 电力电缆的终端头和中间接头，要保证密封良好，防止电缆油漏出使绝缘干枯，绝缘性能降低。同时，纸绝缘有很大的吸水性，极易受潮，也同样导致绝缘性能降低。

② 电缆终端头、中间接头的外壳与电缆金属护套及铠装层应良好接地。接地线应采用铜绞线，其截面积不应该小于 $100mm^2$。

③ 不同牌号的高压绝缘胶或电缆油，不应该混合使用。

④ 电缆接头的绝缘强度，不应低于电缆本身的绝缘强度。

第6章
室内电气装置的安装

6.1 室内照明灯具的安装

6.1.1 白炽灯照明线路

(1) 灯具

① 灯泡　灯泡由灯丝、玻璃壳和灯头三部分组成，其中灯头有螺口和插口两种。白炽灯按工作电压分有 6V、12V、24V、36V、110V 和 220V 等六种，其中 36V 以下的灯泡为安全灯泡。在安装灯泡时，必须注意灯泡电压和线路电压是否一致。

② 灯座　如图 6-1 所示。

图 6-1　常用灯座

③ 开关　如图 6-2 所示。

图 6-2　常用开关

(2) 白炽灯照明线路原理图

① 单联开关控制白炽灯　接线原理图如图 6-3 所示。

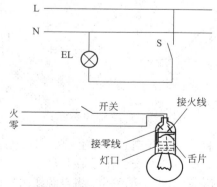

图 6-3　单联开关控制白炽灯接线原理图

② 双联开关控制白炽灯　接线原理图如图 6-4 所示。

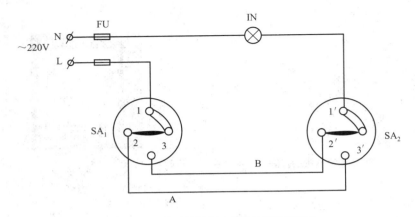

图 6-4　双联开关控制白炽灯接线原理图

(3) 照明线路的安装

① 圆木的安装如图 6-5 所示。先在准备安装挂线盒的地方打孔，预埋木榫或膨胀螺栓。在圆木底面用电工刀刻两条槽；在圆木中间钻 3 个小孔。将两根导线嵌入圆木槽内，并将两根电源线端头分别从两个小孔中穿出，用木螺钉通过第三个小孔将圆木固定在木榫上。

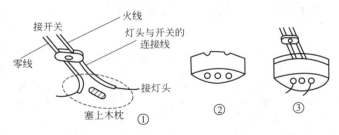

图 6-5　普通式安装

在楼板上安装：首先在空心楼板上选好弓板位置，然后按图示方法制作弓板，最后将圆木安装在弓板上，如图 6-6 所示。

② 吊线盒的安装如图 6-7 所示　将电源线由吊线盒的引线孔穿出。确定好吊线盒在圆木上的位置后，用螺钉将其紧固在圆木上。一般为方便木螺钉旋入，可先用钢锥钻一个小孔。拧紧螺钉，将电

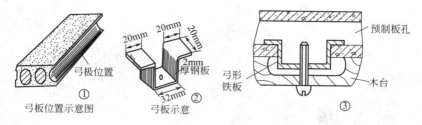

图 6-6　在楼板上安装

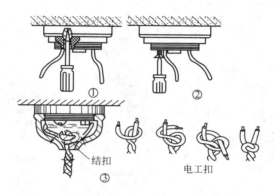

图 6-7　吊线盒的安装图

源线接在吊线盒的接线柱上。按灯具的安装高度要求，取一段铜芯软线作挂线盒与灯头之间的连接线，上端接挂线盒内的接线柱，下端接灯头接线柱。为了不使接头处承受灯具重力，吊灯电源线在进入吊线盒盖后，在离接线端头 50mm 处打一个结（电工扣）。

　　③ 灯头的安装

　　a. 吊灯头的安装（如图 6-8 所示）：把螺口灯头的胶木盖子卸下，将软吊灯线下端穿过灯头盖孔，在离导线下端约 30mm 处打一电工扣。把去除绝缘层的两根导线下端芯线分别压接在两个灯头接线端子上，旋上灯头盖。注意一点，火线应接在跟中心铜片相连的接线柱上，零线应接在与螺口相连的接线柱上。

　　b. 平灯头的安装（如图 6-9 所示）：平灯座在圆木上的安装与吊线盒在圆木上的安装方法大体相同，只是由穿出的电源线直接与平灯座两接线柱相接，而且现在多采用圆木与灯座一体结构的灯座。

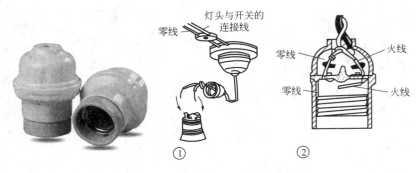

图 6-8　吊灯头的安装图

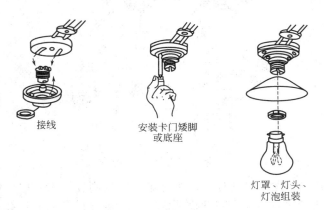

图 6-9　平灯头的安装图

④ 吸顶式灯具的安装

a.较轻灯具的安装（如图 6-10 所示）：首先用膨胀螺栓或塑料胀管将过渡板固定在顶棚预定位置。在底盘元件安装完毕后，再将电源线由引线孔穿出，然后托着底盘穿过渡板上的安装螺栓，上好螺母。安装过程中因不便观察而不易对准位置时，可用十字螺丝刀穿过底盘安装孔，顶在螺栓端部，使底盘轻轻靠近，沿螺丝刀杆顺利对准螺栓并安装到位。

b.较重灯具的安装（如图 6-11 所示）：用直径为 6mm、长约8cm 的钢筋做成图示的形状，再做一个图示形状的钩子，钩子的下段铰 6mm 螺纹。将钩子勾住已做好的钢筋后再送入空心楼板

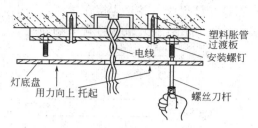

图 6-10　较轻灯具的安装图

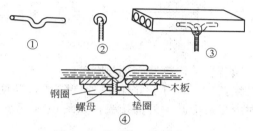

图 6-11　较重灯具的安装图

内。做一块和吸顶灯座大小相似的木板，在中间打个孔，套在钩子的下段上并用螺母固定。在木板上另打一个孔，以穿电磁线用，然后用木螺钉将吸顶灯底座板固定在木板上，接着将灯座装在钢圈内木板上，经通电试验合格后，最后将玻璃罩装入钢圈内，用螺栓固定。

　　c.嵌入式安装（如图 6-12 所示）：制作吊顶时，应根据灯具的嵌入尺寸预留孔洞，安装灯具时，将其嵌在吊顶上。

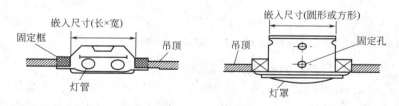

图 6-12　嵌入式安装图

6.1.2　日光灯的安装

　　（1）日光灯一般接法　普通日光灯接线如图 6-13 所示。安装时开关S应控制日光灯火线，并且应接在镇流器一端；零线直接接日光灯另一端；日光灯启辉器并接在灯管两端即可。

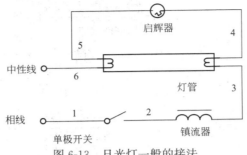

图 6-13　日光灯一般的接法

安装时，镇流器、启辉器必须与电源电压、灯管功率相配套。

双日光灯线路一般用于厂矿和户外广告要求照明度较高的场所，在接线时应尽可能减少外部接头，如图 6-14 所示。

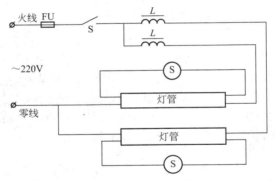

图 6-14　双日光灯的接法

(2) 日光灯的安装步骤与方法

① 组装接线（如图 6-15 所示）：启辉器座上的两个接线端分别与两个灯座中的一个接线端连接，余下的接线端，其中一个与电源的中性线相连，另一个与镇流器的一个出线头连接。镇流器的另一个出线头与开关的一个接线端连接，而开关的另一个接线端则与电源中的一根相线相连。与镇流器连接的导线既可通过瓷接线柱连接，也可直接连接。接线完毕，要对照电路图仔细检查，以免错接或漏接。

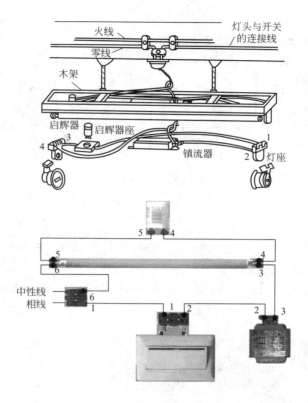

火线
零线
灯头与开关
的连接线
木架
启辉器 启辉器座
3
4
镇流器
1
2 灯座

5 4
5 4
6 3
中性线
相线
6
1
1 2
2 3

图 6-15 组装接线图

② 安装灯管（如图 6-16 所示）：安装灯管时，对插入式灯座，先将灯管一端灯脚插入带弹簧的一个灯座，稍用力使弹簧灯座活动部分向外退出一小段距离，另一端趁势插入不带弹簧的灯座。对开启式灯座，先将灯管两端灯脚同时卡入灯座的开缝中，再用手握住灯管两端头旋转约 1/4 圈，灯管的两个引脚即被弹簧片卡紧使电路接通。

③ 安装启辉器（如图 6-17 所示）：开关、熔断器等按白炽灯安装方法进行接线。在检查无误后，即可通电试用。

④ 近几年发展使用了电子式日光灯，安装方法是用塑料胀栓直接固定在顶棚之上即可。

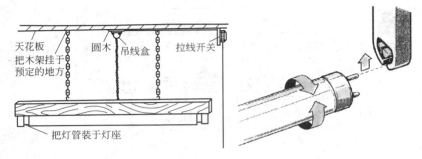

图 6-16　安装灯管图

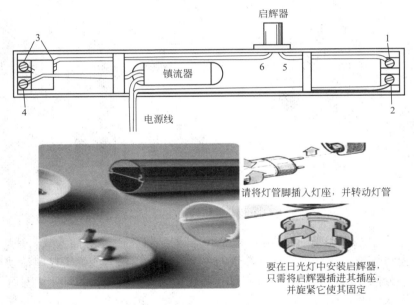

图 6-17　安装启辉器图

1～6—接线柱

6.1.3　其他灯具的安装

（1）**高压水银荧光灯**　高压水银荧光灯应配用瓷质灯座；镇流器的规格必须与荧光灯泡功率一致。灯泡应垂直安装。功率偏大的高压水银灯由于温度高，应装置散热设备。对自镇流水银灯，没有外接镇流器，直接拧到相同规格的瓷灯口上即可。高压水银荧光灯的安装图如图 6-18 所示。

（2）**高压钠灯** 高压钠灯必须配用镇流器，电源电压的变化不应该大于±5%。高压钠灯功率较大，灯泡发热厉害，因此电源线应有足够平方数。高压钠灯的安装图如图 6-19 所示。

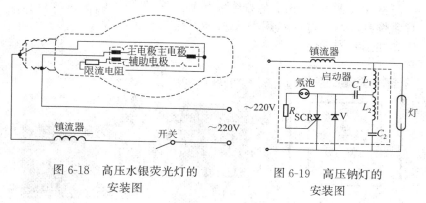

图 6-18　高压水银荧光灯的
安装图

图 6-19　高压钠灯的
安装图

（3）**碘钨灯** 碘钨灯必须水平安装，水平线偏角应小于 4°。灯管必须装在专用的有隔热装置的金属灯架上，同时，不可在灯管周围放置易燃物品。在室外安装，要有防雨措施。功率在 1kW 以上的碘钨灯，不可安装一般电灯开关，而应安装漏电保护器。碘钨灯的安装图如图 6-20 所示。

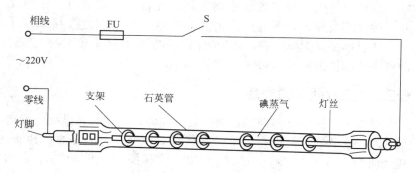

图 6-20　碘钨灯的安装图

6.2 插座与插头的安装

6.2.1 三孔插座的暗装

将导线剥去 15mm 左右绝缘层后，分别接入插座接线柱中，拧紧螺钉，然后将插座用平头螺钉固定在开关暗盒上，压入装饰钮，如图 6-21 所示。

图 6-21　三孔插座的暗装

6.2.2 两脚插头的安装

将两根导线端部的绝缘层剥去，在导线端部附近打一个电工扣；拆开端头盖，将剥好的多股线芯拧成一股，固定在接线端子上。注意不要露铜丝毛刷，以免短路。最后盖好插头盖，拧上螺钉即可。两脚插头的安装如图 6-22 所示。

6.2.3 三脚插头的安装

三脚插头的安装与两脚插头的安装类似，不同的是导线一般选用三芯护套软线，其中一根是带有黄绿双色绝缘层的芯线接地线，其余两根一根接零线，一根接火线。三脚插头的安装如图 6-23 所示。

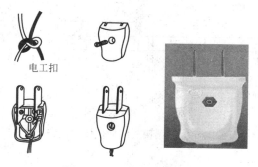

电工扣

图 6-22　两脚插头的安装

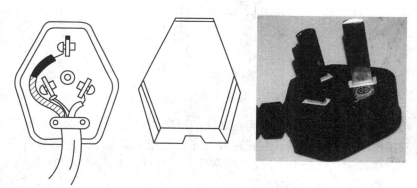

图 6-23　三脚插头的安装

6.2.4　各种插座接线电路

（1）**单相三线插座接线电路**　单相三线插座电路由电源开关 S、熔断器 FU、导线及三芯插座 $XS_1 \sim XS_n$ 等构成，其接线方法如图 6-24 所示。

熔断器的额定容量可按电路导线额定容量的 0.8 倍确定，开关 S 也可选用带漏电保护的断路器（又称漏电断路器或漏电开关）。

（2）**四孔三相插座接线电路**　如图 6-25 所示为四孔三相插座电路，它由电源开关、连接导线和四芯插座等组成。

图 6-25 中 L_1、L_2、L_3 分别为 1、2、3 相相线，QF 为三相插座的电源控制开关，PEN 为中性线，$XS_1 \sim XS_n$ 为四孔三相插座。

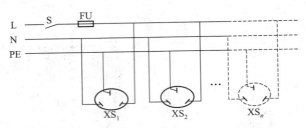

图 6-24　单相三线插座接线电路

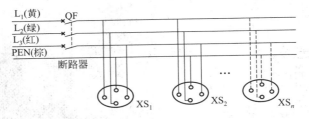

图 6-25　四孔三相插座接线电路

四孔三相插座下方的三个插孔之间的距离相对近些，分别用来连接三相相线，面对插座从左到右接 L_1、L_2、L_3 接线；上方单独有一个插孔，用来连接 PEN 线。所有四孔三相插座都按统一约定接线，并且插头与负载的接线也对应一致。

为了方便安装和检修，统一按黄（L_1）、绿（L_2）、红（L_3）、棕（PEN）的顺序配线，各相色线不得混合安装，以防相位出错。

（3）房屋装修用配电板电路　房屋装修用配电板电路常见的有：单相三线配电板电路和三相五线配电板电路两种。

① 单相三线配电板电路。它由带漏电保护的电源开关 SD、电源指示灯 HL、三芯电源插座 $XS_1 \sim XS_6$ 以及绝缘导线等组成，其电路如图 6-26 所示。

由于单相三线配电板使用得非常频繁，故引入配电板的电源线要用优质的护套橡胶三芯多股软铜导线。配电板的所有配线均安装在配电板的反面，然后用三合板或其他合适的木板封装，并且用油漆涂刷一遍。每次使用配电板之前，均应对护套绝缘电源线进行安全检查，如有破损，应处理后再用。电源工作零线与保护零线要严

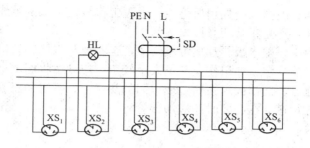

图 6-26 单相三线配电板电路

格区别开来，不能相互交叉接线。

当合上电源开关 SD 后，若信号灯点亮，则表示配电板上的电路和插座均已带电。装修作业时，应将配电板放在干燥、没有易燃物品、没有金属物品相接触的安全地段。配电板通常垂直安放，也可倾斜一定的角度安放，尽量避免平仰放置。

② 三相五线配电板电路。三相五线配电板电路由一个漏电开关 SD、一个四芯插座、六个三芯插座以及若干绝缘导线等组成，其电路如图 6-27 所示。

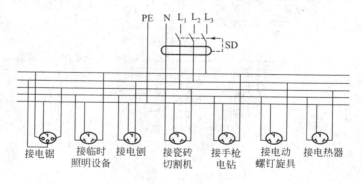

接电锯　接临时　接电刨　接瓷砖　接手枪　接电动　接电热器
　　　　照明设备　　　　切割机　电钻　螺钉旋具

图 6-27 三相五线配电板电路

由于装修用三相五线配电板使用频繁，故引入配电板的电源线要用优质的护套橡胶五芯多股软铜导线。配电板的所有配线均安装在配电板的反面，然后用三合板或其他合适的木板封装，并且用油漆刷一遍。每次使用配电板之前，均应对护套绝缘电源线进行安全检查，如有破损，应处理后再用。电源工作零线与保护零线要严格区分开来，不能相互交叉接线。

使用中，配电板要远离可燃气体，也不要与水接触，以防电路短路，影响安全。如果作业现场人手较杂，应设法将配电板安置在安全的地方，例如固定在墙上或牢固的支架上，不得随意丢放，如果通过人行道，在必要时还应加穿管防护。

6.3 供电电路安装

6.3.1 一室一厅配电电路

住宅小区常采用单相三线制，电能表集中装于楼道内。一室一厅配电电路如图 6-28 所示。

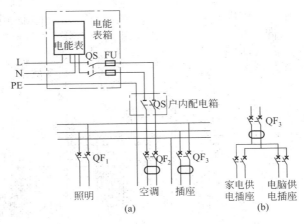

图 6-28　一室一厅配电电路

一室一厅配电电路中共有三个回路，即照明回路、空调回路、插座回路。图 6-28 中，PE 为保护接地线；QS 为双极隔离开关；$QF_1 \sim QF_3$ 为双极低压断路器，具有漏电保护功能（即剩余电流保护器，俗称漏电断路器，又叫 RCD）。对于空调回路，如果采用壁挂式空调器，因为人不易接触空调器，可以不采用带漏电保护功能的断路器，但对于柜式空调器，则必须采用带漏电保护功能的断路器。

为了防止其他家用电器用电时影响电脑的正常工作，可以把图 6-28 中的插座回路再分成家电供电和电脑供电两个插座回路，如图 6-28(b) 所示。两路共同受 QF_3 控制，只要有一个插座漏电，QF_3 就会立即跳闸断电。

6.3.2　两室一厅配电电路

一般居室的电源线都布成暗线，需在建筑施工中预埋塑料空心管，并在管内穿好细铁丝，以备引穿电源线。待工程安装完工时，把电源线经电能表及用电器控制闸刀后通过预埋管引入居室内的客厅，客厅墙上方预留有一暗室，暗室前为木制开关板，装有总电源闸刀，然后分别把暗线经过开关引向墙上壁灯。

吊灯以及电扇电源线分别引向墙上方天花板中间处，安装吊灯和吊扇时，两者之间要有足够的安全距离或根据客厅的大小来决定。如果是长方形客厅，可在客厅中间的一半中心安装吊灯，另一半中心安装吊扇，也可只安装吊灯（这对有空调的房间更为适宜）。安装吊扇处要在钢筋水泥板上预埋吊钩，再把电源线引至客厅的彩电电源插座、台灯插座、音响插座、冰箱插座以及备用插座等用电设施。

卧室应考虑安装壁灯、吸顶灯及一些插座。厨房要考虑安装抽油烟机插座、换气扇插座以及电热器具插座。

卫生间要考虑安装壁灯插座、抽风机插座以及洗衣机三眼单相插座和电热水器电源插座等。总之要根据居室布局尽可能地把电源一次安装到位。两室一厅居室电源布线分配线路参考方案如图 6-29 所示。

6.3.3　三室两厅配电电路

如图 6-30 所示为三室两厅配电电路，它共有 10 个回路，总电源处不装漏电保护器。这样做主要是由于房间面积大，分路多，漏电电流不容易与总漏电保护器匹配，容易引起误动或拒动。另外，还可以防止回路漏电引起总漏电保护器跳闸，从而使整个住房停

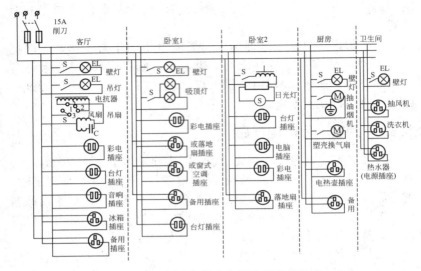

图 6-29 两室一厅居室电源布线分配电路

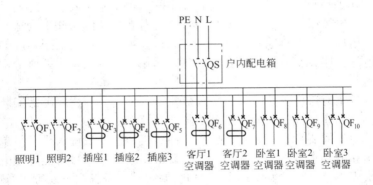

图 6-30 三室两厅配电电路

电。而在回路上装设漏电保护器就可克服上述缺点。

元器件选择：总开关采用双极 63A 隔离开关，照明回路上安装 6A 双极断路器，空调器回路根据容量不同可选用 15A 或 20A 的断路器，插座回路可选用 10A 或 15A 的断路器。电路进线采用截面积为 16mm² 的塑料铜导线，其他回路都采用截面积为 2.5mm² 的塑料铜导线。

6.3.4 四室两厅配电电路

如图 6-31 所示为四室两厅配电电路，它共有 11 个回路，比如：照明、插座、空调等。其中两路作照明，如果一路发生短路等故障时，另一路能提供照明，以便检修。插座有三路，分别送至客厅、卧室、厨房，这样插座电磁线不至于超负荷，起到分流作用。六路为空调回路，通至各室，即使目前不安装，也须预留，为将来要安装时做好准备。若空调为壁挂式，则可不装漏电保护断路器。

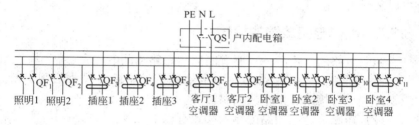

图 6-31 四室两厅配电电路

6.3.5 家用单相三线闭合型安装电路

家用单相三线闭合型安装电路如图 6-32 所示，它由漏电保护开关 SD、分线盒子 $X_1 \sim X_4$ 以及回形导线等组成。

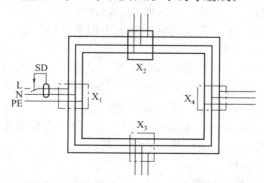

图 6-32 家用单相三线闭合型安装电路

一户作为一个独立的供电单元，可采用安全可靠的三线闭合电路安装方式，该电路也可以用于一个独立的房间。如果用于一个独立的房间，则四个方向中的任意一处都可以作为电源的引入端，当然电源开关也应随之换位，其余分支可用来连接负载。

在电源正常的条件下，闭合型电路中的任意一点断路都会影响其他负载的正常运行。在导线截面积相同的条件下，与单回路配线比较，其带负载能力提高1倍。闭合型电路灵活方便，可以在任一方位的接线盒内装入单相负载，不仅可以延长电路使用寿命，而且可以防止发生电气火灾。

6.3.6　配电电路故障的检修

照明电路的常见故障主要有断路、短路和漏电三种。

（1）断路　产生断路的原因主要是熔丝熔断、线头松脱、断线、开关没有接通、铜铝接头腐蚀等。

（2）短路　造成短路的原因大致有以下几种：

① 用电器具接线不好，以致接头碰在一起。

② 灯座或开关进水、螺口灯头内部松动或灯座顶芯歪斜造成内部短路。

③ 导线绝缘外皮损坏或老化损坏，并在零线和相线的绝缘处碰线。

（3）漏电　相线绝缘损坏而接地，用电设备内部绝缘损坏使外壳带电等原因，均会造成漏电。漏电不但造成电力浪费，还可能造成人身触电伤亡事故。

漏电保护装置一般采用漏电开关。当漏电电流超过整定电流值时，漏电保护器动作，切断电路。若发现漏电保护器动作，则应查出漏电接地点并进行绝缘处理后再通电。

照明线路的接地点多发生在穿墙部位和靠近墙壁或天花板等部位。查找接地点时，应注意查找这些部位。

漏电查找方法：

① 首先判断是否确定漏电。要用摇表看其绝缘电阻值的大小，或在被检查建筑物的总开关上串接一块万用表，接通全部电灯开

关，取下所有灯泡，进行仔细观察。若万用表指针摇动，则说明漏电。指针偏转的多少，表明漏电电流的大小，若偏转多则说明漏电大。确定漏电后可按下一步继续进行检查。

② 判断是火线与零线之间的漏电，还是相线与大地间的漏电，或者是两者兼而有之。以接入万用表检查为例，切断零线，观察电流的变化：电流指示不变，是相线与大地之间漏电；电流指示为零，是相线与零线之间的漏电；电流表指示变小但不为零，则表明相线与零线、相线与大地之间均有漏电。

③ 确定漏电范围。取下分路熔断器或拉下开关刀闸，电流若不变化，则表明是总线漏电；电流指示为零，则表明是分路漏电；电流指示变小但不为零，则表明总线与分路均有漏电。

④ 找出漏电点。按前面介绍的方法确定漏电的线段后，依次拉断该线路灯具的开关，当拉断某一开关时，电流指针回零或变小，若回零则是这一分支线漏电，若变小则除该分支漏电外还有其他漏电处；若所有灯具开关都拉断后，电流表指针仍不变，则说明是该段干线漏电。

依照上述方法依次把故障范围缩小到一个较短线段或小范围之后，便可进一步检查该段线路的接头，以及电磁线穿墙处等有无漏电情况。当找到漏电点后，包缠好进行绝缘处理。

6.4　浴霸的接线

浴霸，是现代化家居中必不可少的取暖设备，是通过换气扇组合以及远红外线灯，将浴室的开关照明、换气、取暖、装饰等多功能集于一体化的小家电。下面介绍一下五开浴霸开关接线图。

五开浴霸，指的就是有五个开关的浴霸，主要分为换气、照明、取暖三个方面，如图 6-33 所示。

(1) 五开浴霸开关接线原理图　五开浴霸开关接线原理图和平时开关接线图的原理差不多，最关键的是五开浴霸开关接线图的安装方法和接线方式，如图 6-34 所示。

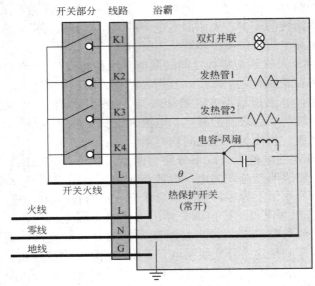

图 6-33 五开开关示意图

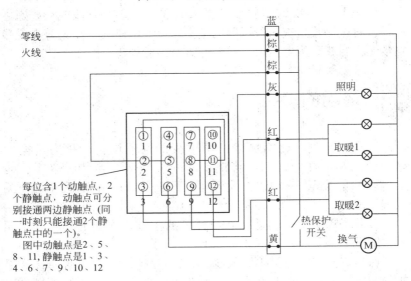

每位含1个动触点，2个静触点，动触点可分别接通两边静触点（同一时刻只能接通2个静触点中的一个）。

图中动触点是2、5、8、11，静触点是1、3、4、6、7、9、10、12

图 6-34 五开浴霸开关接线图

（2）**防水开关**　由于浴霸装置在卫生间中，使用的时候也难免会碰到水，或者是蒸汽。一般开关都很少安装在水汽或者是蒸汽的环境当中，但是又必须要用到开关，所以在购买浴霸开关时，要购买防水罩来保护浴霸开关，或者是预留防水地方来安装浴霸开关，如图6-35所示。

图6-35　防水开关

（3）**五开浴霸开关内部接线图**　五开浴霸开关内部接线图如图6-36所示。

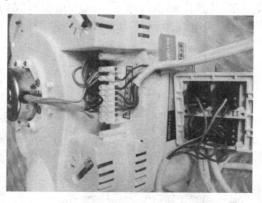

图6-36　五开浴霸开关内部接线图

（4）**开关按钮**　既然是五开的浴霸开关接线图，那么就有灯泡、换气 1/换气 2、照明、转向等几个开关，要让总电源控制中心控制所有的开关按钮，其他的开关能够自主独立地运作。开关按钮及其接线如图 6-37 所示。

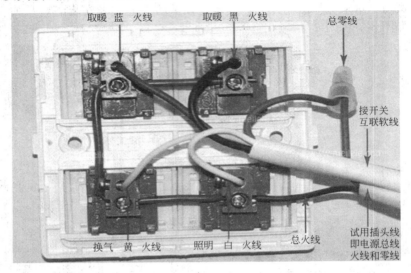

图 6-37 开关按钮

(5) 五开浴霸开关内部接线原理 五开浴霸开关内部接线原理如图 6-38 所示，接线电线颜色及功能区分见表 6-1。

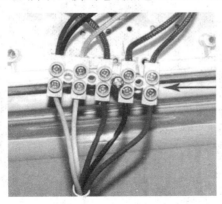

接线柱 从左至右：
第1根 黄线：换气 火线
第2根 白线：照明 火线
第3根 蓝线：取暖 火线
第4根 黑线：取暖 火线
第5根 红线：总线 零线
注：地线已经并入电容，可接皮套内线。

图 6-38 五开浴霸开关内部接线原理

表 6-1　浴霸常用的电线颜色与功能对照表

序号	芯线颜色	对应功能	线径要求/mm
1	蓝色	中性线	1.5
2	棕色	火线	1.5
3	白色	风暖1	1
4	红色	灯暖	1
5	黄色	换气	0.75
6	黑色	吹风	0.75
7	橙色	风暖2	0.75
8	绿色	负离子	0.5
9	绿色	低速	0.75
10	绿色	导风	0.5
11	灰色	照明	0.75
12	黄绿色	接地	1

说明：本表线径以目前浴霸主机相同颜色中较粗的一款为准。

6.5　室内供电改造技能

6.5.1　关于改电的规范注意事项

① 家庭装修中，要涉及强电（照明、电器用电）和弱电（电视、电话、音响、网络等）。电线在现代装修中一般要求埋暗线，一旦出了问题，维修起来很麻烦，所以，线材就一定要选择比较好的。切记，这部分的钱绝对不能省！

② 电线规格的选用：家庭装修中，按国家的规定，照明、开关、插座要用 2.5mm^2 的电线，空调要用 4.0mm^2 的电线，热水器要用 6.0mm^2 的电线。

③ 改电做法

a.功能性的做法：不用分很多组，只要能达到用电的目的就可以了，这样的做法大多是房产商为了交房提供的水电安装，一个三室两厅的房子也就是分 4 组线。这样的做法很不安全，因此，凡是这样的水电安装，都要全部打掉重做。

　　b. 分组做法：分组就是说，每个空间的照明都要单独分组，每个空间的空调还要单独分组，这样的话，一个三室两厅的房子就需要房间 3 组，客厅 1 组，餐厅 1 组，两个卫生间 2 组，厨房 1 组，三个房间的空调要 3 组，客厅空调 1 组，总共要 12 组线，每组都要需要单独的空开控制。

　　c. 强弱电分槽布线：此种做法可有效防止强电弱电干扰，后续维修方便。

　　d. 开槽：开槽有横槽和竖槽，但一般是少开或完全不开横槽，只开竖槽。

　　e. 施工的基本原则：走顶不走地，顶不能走，考虑走墙，墙也不能走，才考虑走地。这是因为走顶的线在吊顶或者石膏线里面，即使出了故障，检修也方便，损失不大，如果全部走地了，检修就要把地板掀起来，那损失就大了；还有，地面是混凝土结构，要埋线管，必然会伤害到混凝土层，甚至钢筋，这是很危险的。

6.5.2　操作技能

　　(1) 定位　首先要根据需要进行电路定位，比如，哪里要开关、哪里要插座、哪里要灯等要求。此过程要征求业主意见，并给出合理建议后绘制施工电气原理图，然后按照电气图的要求进行定位，如图 6-39 所示。

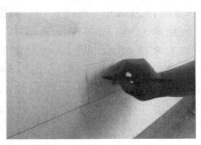

图 6-39　按照电气图定位

　　(2) 开槽　定位完成后，应根据定位和电路走向，开布线槽。

线路槽很有讲究，要横平竖直，不过，规范的做法不允许开横槽，因为会影响墙的承受力，如图 6-40 所示。

图 6-40　在墙上开槽

（3）**下布线管**　布线一般采用线管暗埋的方式。线管有冷弯管和 PVC 管两种，冷弯管可以弯曲而不断裂，是布线的最好选择，因为它的转角是有弧度的，线可以随时更换，而不用开墙。弯管：冷弯管要用弯管工具，弧度应该是线管直径的 10 倍，这样穿线或拆线，才能顺利，如图 6-41 所示。

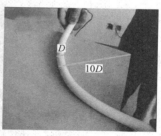

图 6-41　冷弯线管

（4）**布线要遵循的原则**

① 如图 6-42 所示，强弱电的间距要在 30～50cm 之间，强弱电更不能同穿一根管内，以免相互串扰，造成强电对弱电的干扰。

② 管内导线总截面面积要小于保护管截面面积的 40%，比如 20mm² 的管内最多穿 4 根 2.5mm² 的导线，如图 6-43 所示。

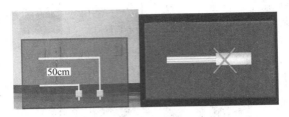

图 6-42 强弱电分开布置

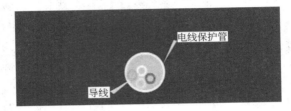

图 6-43 穿管示意图

③ 长距离的线管尽量用整管,如图 6-44 所示。

图 6-44 检查整管

④ 线管如果需要连接,要用接头,接头和管要用胶粘好,如图 6-45 所示。

⑤ 如果有线管在地面上,应立即保护起来,防止踩裂,影响以后的检修,如图 6-46 所示。

图 6-45　粘接管路

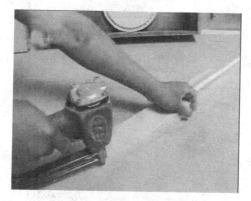

图 6-46　加装保护措施

⑥ 当布线长度超过 15m 或中间有 3 处弯曲时，在中间应该加装一个接线盒，因为拆装电线时，太长或弯曲多了，线从穿线管中过不去，如图 6-47 所示。

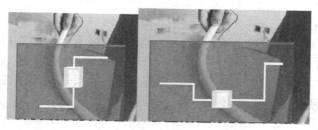

图 6-47　加装接线盒

⑦ 一般情况下，电线线路要和煤气管道相距 40cm 以上，如图 6-48 所示。

图 6-48　线管与煤气管的间距

⑧ 一般情况下，空调插座应离地 2m 以上，如图 6-49 所示。

图 6-49　空调插座高度确定

(5) 插座安装　没有特别要求的前提下，插座安装应离地 30cm 高度，如图 6-50 所示。

(6) 接线

① 开关、插座面对面板，应该左侧零线右侧火线，如图 6-51 所示。

② 家庭装修中，电线只能并头连接，并采用缠绕法接线，如图 6-52 所示。

③ 接头处采用按压接线法，必须要结实牢固，有条件应用焊锡焊接，如图 6-53 所示。

图 6-50 插座高度定位

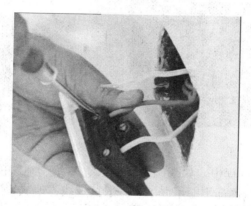

图 6-51 安装零线和火线

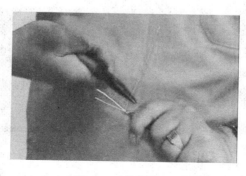

图 6-52 缠线方法

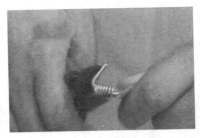

图 6-53 压线与焊接接头

④ 接好的线，要立即用绝缘胶布包好，如图 6-54 所示。

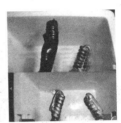

耐磨胶布

防水胶带

图 6-54 包扎接头

⑤ 装修过程中，如果确定了火线、零线、地线的颜色，那么任何时候，颜色都不能用混了，一般黄绿线为地线，黑色或蓝色为零线，红色或黄色为火线，如图 6-55 所示。

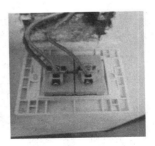

图 6-55 确定线色

⑥ 不同区域的照明、插座、空调、热水器等电路都要分开分

组布线，一旦哪部分需要断电检修时，不影响其他电器的正常使用，如图 6-56 所示。

图 6-56　配电箱控制图

（7）**验收**　在布置完电路后，一定要给业主一份电路布置图，以防以后要检修或墙面修整或在墙上打钉子时，电线被打坏，并请业主验收。

第7章
弱电系统的安装

7.1 共用天线电视系统

7.1.1 共用天线电视系统的构成及主要功能

(1) 共用天线电视系统（CATV 系统）的基本构成

① CATV 系统的基本构成　共用天线电视系统主要由信号接收部分、前端信号处理单元部分、干线传输分配系统、用户分配网络及用户终端五个主要部分组成，图 7-1 是其组成框图。

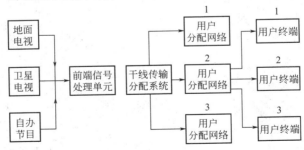

图 7-1　共用天线电视系统组成框图

② CATV 系统的主要功能

a. 解决电视信号接收的问题，使远离电视发射台的用户和被高大建筑遮挡的用户可以看到清晰的电视节目。

b. 可以削弱和消除重影干扰问题。

c. 美化城市市容，利于安全，避免了天线林立的情况。

d. 丰富了电视节目信号源。有了共用天线系统，可以接收几十套到上百个频道节目。我们把用电缆传输电视信号的系统叫做有线电视（或电缆电视）系统（YSTV 系统）。

(2) 卫星电视　卫星电视是通过位于 35786km 高的同步轨道上的静止卫星传输信号的电视系统。由于卫星在天空中，从地面接收一般没有遮挡，还有就是卫星电视的频率极高，不易受其他电信号干扰，因此卫星电视信号的接收质量要比地面电视信号接收质量高一些。

接收卫星电视节目必须使用专门的抛物面型卫星接收天线和卫星电视接收机。在天空的卫星有许多颗，由于每颗卫星的位置不同，接收天线必须对准卫星才能接收。

卫星电视接收系统如图 7-2 所示。

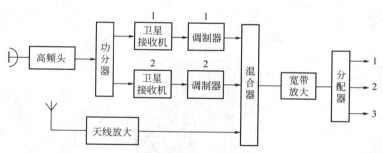

图 7-2　卫星电视接收系统图

图 7-2 中，功分器用来把卫星电视信号分成几路，经卫星电视接收机还原成普通信号，再经过调制器调制成电视信号传输出去。一个调制器调制出的信号就相当于一个电视频道，要求不能与现有的天线电视节目频道重叠。

现在全国各省、市电视台都开通了卫星电视节目，各城市的电视系统为了充分利用这些卫星电视节目源，纷纷把地方电视网改建成了有线电视网以满足人们需要。

7.1.2　共用天线电视系统主要设备与安装

(1) 卫星接收天线　卫星接收天线的形状：反射面呈抛物面

形，分为板状天线和网状天线，天线的直径为 0.25～7.6m。反射面一般为 6～8 瓣，安装时组成一个整体。天线按馈电方式分为前馈式和后馈式，如图 7-3、图 7-4 所示。后馈式效果好但价格昂贵，一般使用前馈式天线。

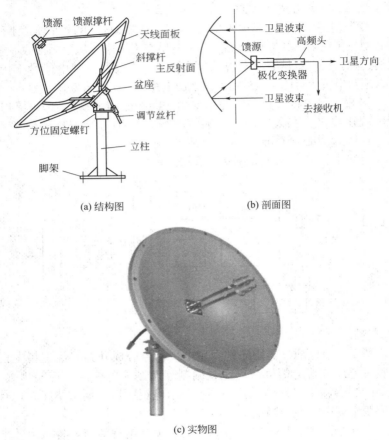

(a) 结构图　　　　　　　　　　(b) 剖面图

(c) 实物图

图 7-3　前馈式天线

　　卫星天线安装时，通常把脚架固定在地脚螺栓上，用钢筋或角铁从三个方向拉紧，再固定在屋顶或地面上。

　　天线要安装在朝卫星方向没有遮挡的地方，安装时要调整两个

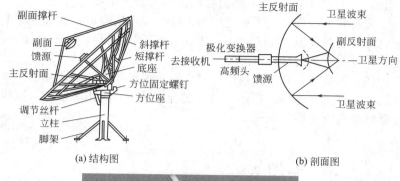

(a) 结构图

(b) 剖面图

(c) 实物图

图 7-4 后馈式天线

方向：一个是方位角，就是朝卫星的水平方向，可以使用指南针校准方向；另一个是仰角，天线所在地理位置不同，朝向卫星的仰起角度也不同，可调整天线上的调节丝杆调整仰角，调整时要用卫星接收机和电视监视达到最佳效果。

（2）天线放大器 电视信号的强弱不等，这就需要使用天线放大器把信号加强。放大器的放大倍数叫增益，用 dB 表示。天线放大器的增益一般为 10～20dB，dB 可以相加减，比如天线信号

50dB，放大器增益 20dB，放大器输出信号就是 70dB。

天线放大器是对某个频道用的，哪个频道信号弱，就选购哪个频道的天线放大器。安装时，天线放大器要装在天线下 1m 内的位置，并且要有防雨盒。

(3) 混合器 多个电视信号进入同一个传输系统，要使用一个专门的器件进行连接，把多个信号混合后从一个输出端输出，这样的器件就是混合器，如图 7-5 所示。

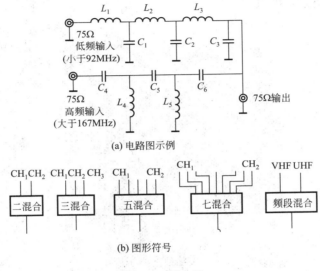

(a) 电路图示例

(b) 图形符号

图 7-5 混合器

由于输入的信号源个数和频道不同，混合器分二混合、三混合、七混合等。

(4) 宽带放大器 电视信号要想进行传输，需要克服线路上的衰减，因此，需要先把信号电平提高到一定水平，这就需要使用放大器。现在的信号是全频道信号，放大器的工作频率也要够宽，要能放大所有频道信号而不失真，这种放大器叫宽带放大器。

放大器的参数有两个：一个是增益，一般为 20～40dB；另一个是最高输出电平，为 90～120dB。放在混合器后面，作为系统放大器的叫主放大器；放在每个楼中，作为本楼放大器的叫线路放大器。

放大器使用的电源，一般都放在前端设备箱中。

（5）分配器 电视信号要分配给各个用户，需要通过一定的器件进行分接，分配器就是这样一种器件。分配器是把一个信号平均地分成几等份，有二分配器、三分配器、四分配器等，如图 7-6 所示。

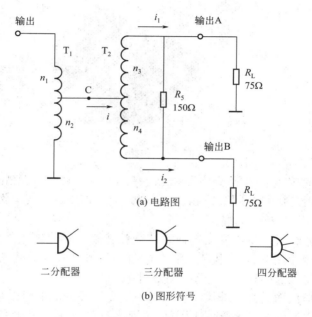

(a) 电路图

二分配器　　　　三分配器　　　　四分配器

(b) 图形符号

图 7-6　分配器

分配器有铝壳的也有塑料壳的，暗敷施工时分配器放在顶层的天线箱里，一般用铝壳的。明敷施工时，固定在墙上，在室外要加防雨盒。分配器入口端标有 IN，出口端标有 OUT。

（6）传输线 天线信号要使用专门的传输线传输，如图 7-7 所示，为同轴电缆，特性阻抗为 75Ω 和 50Ω，在共用天线系统中用的是 75Ω 同轴电缆与各种设备连接，彩色电视的输入端也是 75Ω 的。同轴电缆中心是铜导线，外面包一层绝缘材料，现在工程中常用耦芯型和物理发泡型的，这一层绝缘材料决定电缆的质量。绝缘层外有一层镀铝塑料薄膜，膜外为金属网状线，这两层既作屏蔽用，也是外接线，这层线与设备外壳及大地连接起屏蔽作用。最外面是聚氯乙烯护套。

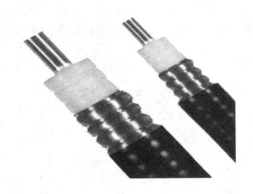

图 7-7　传输线

电缆按绝缘外径分为 $\phi 5mm$、$\phi 7mm$、$\phi 9mm$、$\phi 12mm$ 等规格。一般到用户端用 $\phi 5mm$ 电缆，楼与楼间用 $\phi 9mm$ 电缆，大系统干线用 $\phi 12mm$ 电缆。

(7) 光缆　城市有线电视系统现在普遍采用光缆电缆混合网，干线传输使用光缆，用户分配用电缆。与电缆相比，光缆的频带宽、容量大、损耗小，也不受电磁干扰。

光缆里面是光导纤维，可以是一根光导纤维，也可以是多根光纤捆在一起，电视系统使用的是多根光纤的光缆。光缆的结构如图 7-8 所示。

光纤由芯心、包层、一次涂覆层和二次涂覆层组成，纤芯和包层由超高纯度的二氧化硅制成。光纤分为单模型和多模型两种，电流光缆使用单模光纤，纤芯直径为 $5 \sim 8.5\mu m$，包层直径为 $125\mu m$，一次涂覆层的外径为 $250 \sim 500\mu m$，为增加强度要进行二次涂覆，外径为 $1 \sim 2mm$，如图 7-9 所示。

纤芯是中空的玻璃管，由于纤芯和包层的光学性质不同，光线在纤芯内被不断反射，传向前方，如图 7-10 所示。

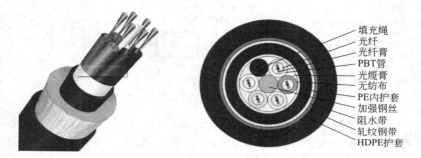

图 7-8　光缆结构示意图

填充绳
光纤
光纤膏
PBT管
光缆膏
无纺布
PE内护套
加强钢丝
阻水带
轧纹钢带
HDPE护套

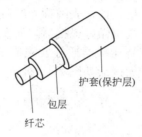

护套(保护层)

包层

纤芯

图 7-9　光纤结构示意图

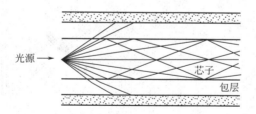

光源→

芯子

包层

图 7-10　光导纤维传输原理图

电视光缆中传输的是被电视信号调制的激光，产生这种激光信号的设备叫激光发送机，电视台通常用光发送机把混合好的电视信号通过光缆发送出去。

在光缆另一端要使用接收机把光信号转换回电视信号，电视信号经放大器放大后送入住宅电缆分配系统。信号的传输如图 7-11 所示。

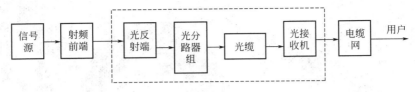

图 7-11　光缆传输示意图

　　如果光发送机功率较小，或长距离传输信号有衰减，则需要使用光放大器对光信号进行放大。如果想把一路光信号分配到多根光缆中去，可以使用光分路器。

　　光缆末端与光接收机连接时，不能用整根光缆连接，而是要使用一根单芯光缆进行连接，这根光缆称光纤跳线。光纤跳线两端都接有连接器，在光缆末端也做好连接器，光发送机、光放大器和光接收机也装有连接器，将连接器插好就完成了光缆与设备的连接，或光缆间的连接。光纤连接器如图 7-12 所示。

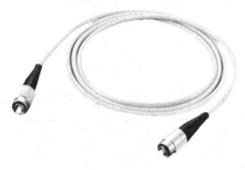

图 7-12　光纤连接器

　　光纤也可以直接对接，但要把断口磨光用熔接机熔焊在一起。光纤与连接器的连接要使用环氧树脂粘接，光纤连接须经过专门的培训人员进行操作。

　　每台光接收机的位置叫一个光节点，每个光节点要预留四根光纤，其中一根传输下行信号，一根传输上行信号，这样才能实现双向传输，还要有两根备用。从发送端到每个光节点都要求光缆直通，光缆中途不做光分路器，因此从光发送机输出需要用光分路器分出多路信号，用一根多芯光缆传输，到每个光节点取出本节点的光纤，余下的光缆继续传输，如图 7-13 所示。

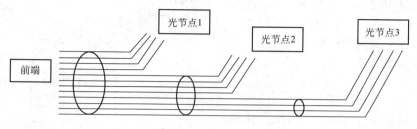

图 7-13 到各个光节点的光缆示意图

(8) 用户盒 用户盒面板安装在用户墙内预埋的接线盒上，或带盒体明装在墙上。用户盒上只有一个进线口，一个用户插座，要与分支器和分配器配合使用。

(9) 连接件 在 CATV 系统中，电缆与各种设备器件和电视设备需要连接，导线间有时也需要连接，这些连接不能按电力导线的接线方法进行，而要使用专门的连接件。

① 工程用高频插头。与各种设备连接所用的插头，叫工程用高频插头，平时叫它 F 头。这种插头直接利用电缆芯线，插入相

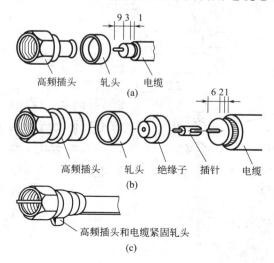

图 7-14 高频插头与电缆的安装方法

应高频插座，实际是一个连接紧固螺钉，拧在插座上，使导线不会松脱，另外插头起连接外金属网的作用。高频插头与电缆的安装方法见图 7-14。

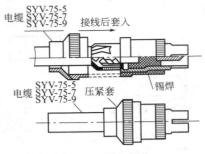

图 7-15　用户插头

② 与电视机连接用插头。接电视机的插头是 75Ω 插头，可以用于 CATV 系统。使用时将电缆护套剥去 1cm，留下铜网，去掉铝膜，再剥去约 0.6cm 内绝缘，把铜芯接在插头芯螺钉上，把铜网接在插头外套金属筒上，如图 7-15 所示。

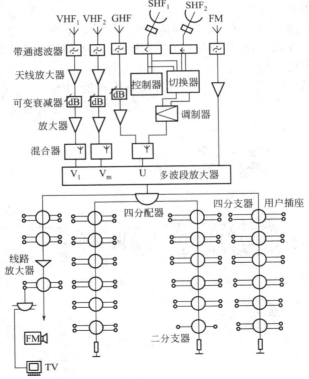

图 7-16　共用天线电视系统框图

7.1.3 共用天线电视系统

一个共用天线电视系统包括前端设备、干线分配系统、支线分配系统、用户，如图 7-16 所示。

一幢楼中信号分配可以使用分支器加用户终端盒，也可以使用分配器加串接单元，如图 7-17 所示。如图 7-18 所示为系统中信号

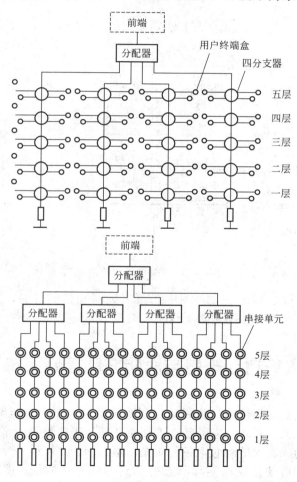

图 7-17 用户分配网络的主要形式

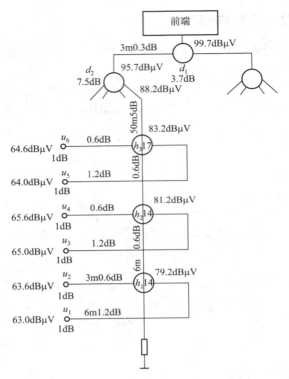

图 7-18　信号电平变化情况

强度在传输过程的变化，图中线路末端不能是空置的，要接一个 75Ω 负载电阻，作用是防止线路末端产生的反射波干扰。

7.2　火灾自动报警与消防联动控制系统

　　火灾自动报警与消防联动控制系统是对火灾进行监测、控制、报警、扑救的系统，它的基本工作原理是：当建筑物内某一现场着火或已构成着火危险时，各种对光、温、烟、红外线等反应灵敏的火灾探测器便把现场实际状态检测到的信息（烟气、温度、火光等）以电信号形式立即送到控制器，控制器将这些信息与现场正常状态进行比较，若确认已着火或即将着火，则输出两路信号，一路令声光显示动作，发出音响报警，显示火灾现场地址（楼层、房间）、时间，火灾专用电话开通向消防队报警等；另一路指令则指示设于现场的执行器，开启各种消防设备，如喷淋水、喷射灭火剂，启动排烟机，关闭隔火门等。为了防止系统失控，在各现场附近还设有手动开关，用以报警和启动消防设施。

火灾自动报警与消防联动控制系统的结构如图 7-19 所示。

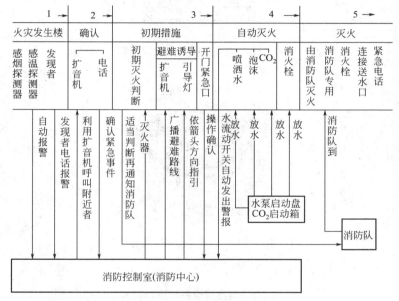

图 7-19 消防系统结构示意图

消防系统中常用电气元件、装置和线路包括：火灾探测器、报警器、声光报警和消防灭火执行装置等。

7.2.1 火灾探测器

火灾探测器是整个报警系统的检测单元，可分为感烟火灾探测器、感温火灾探测器、感光火灾探测器、可燃气体探测器及复合式火灾探测器。

光电式感烟火灾探测器 如图 7-20 所示，感烟式火灾探测器外形如图 7-21 所示。由于火灾初起时要产生大量烟雾,因此感烟式火灾探测器是在火灾报警系统中用得最多的一种探测器。

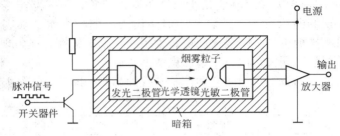

图 7-20　光电式感烟火灾探测器

图 7-21　感烟式火灾探测器

火灾报警系统的图形符号见表 7-1。

表 7-1　火灾报警系统图形符号

符号	名称
	报警启动装置
或　W	感温火灾探测器
或　WD	定温火灾探测器

续表

符号	名 称
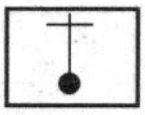 ┬ 或 WC	差温火灾探测器
 ┬ 或 WCD	差定温组合式火灾探测器
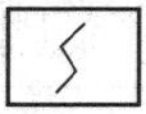 ʃ 或 Y	感烟火灾探测器
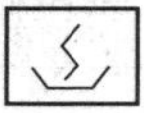 ʃ 或 YLZ	离子感烟火灾探测器
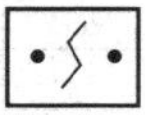 •ʃ• 或 YGD	光电感烟火灾探测器
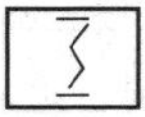 ʃ 或 YDR	电容感烟火灾探测器
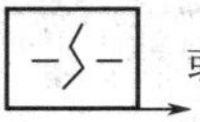 ─ʃ─ 或 YHS	红外光束感烟火灾探测器(发射部分)
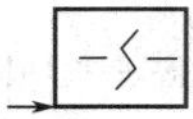 ─ʃ─ 或 YHS	红外光束感烟火灾探测器(接收部分)
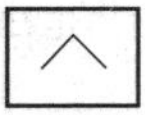 ∧ 或 G	感光火灾探测器(火焰探测器)
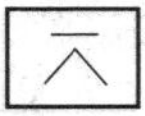 ∧ 或 GZW	紫外火焰探测器
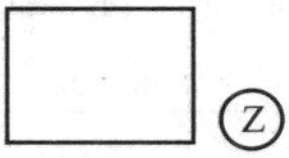 Ⓩ	带终端的火灾探测器
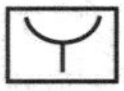 Y	火灾报警按钮
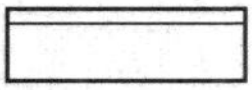 ▭	火灾报警装置

续表

符　号	名　　称
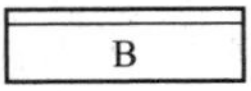 B	火灾报警控制器
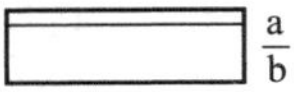 $\dfrac{a}{b}$	单路火灾报警控制器 a—型号;b—容量(b=1)
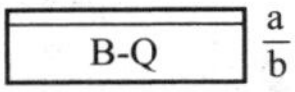 B-Q $\dfrac{a}{b}$	区域火灾报警控制器 a—型号;b—容量(路数)
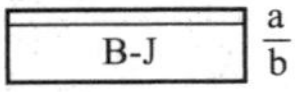 B-J $\dfrac{a}{b}$	集中火灾报警控制器 a—型号;b—容量(路数)
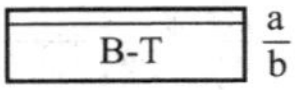 B-T $\dfrac{a}{b}$	通用火灾报警控制器 a—型号;b—容量(路数)
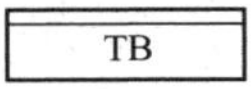 TB	火灾探测-报警控制器
 ⊗ $\dfrac{a}{b}$	火灾部位显示盘 a—型号;b—容量
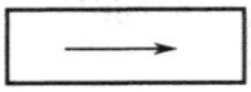 →	诱导灯
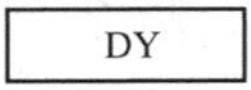 DY	专用火警电源 a—型号;b—输出电压;c—容量
 DY	专用火警电源(交流)a—型号;b—输出电压;c—容量
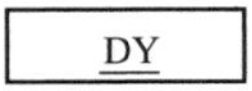 DY	专用火警电源(直流)a—型号;b—输出电压;c—容量
 DY	专用火警电源(交直流)a—型号;b—输出电压;c—容量
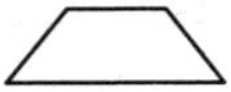 ▱	火灾警报装置
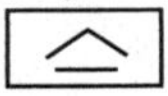 △　或 　GHW	红外火焰探测器

续表

符 号	名 称
 或 Q	可燃气体探测器
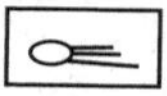 或 QQB	气敏半导体可燃气体探测器
 或 QCH	催化型可燃气体探测器
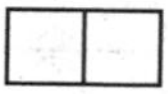 或 F	复合式火灾探测器
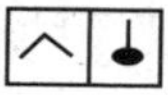 或 FGW	复合式感光感温火灾探测器
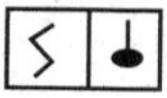 或 FYW	复合式感烟感温火灾探测器
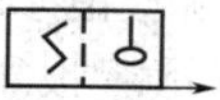 或 FHS	红外光束感烟感温火灾探测器(发射部分)
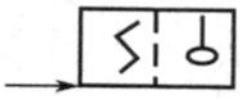 或 FHS	红外光束感烟感温火灾探测器(接收部分)
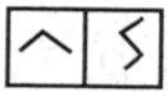 或 FGY	复合式感光感烟火灾探测器
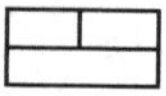	对三种火灾参数变化响应的复合式火灾探测器(无产品,名称暂不定)
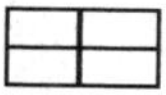	对四种火灾参数变化响应的复合式火灾探测器(无产品,名称暂不定)
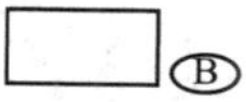 ⑧	防爆型火灾探测器
	报警电话
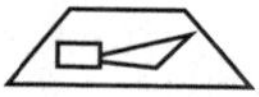	火灾警报器

续表

符号	名　　称
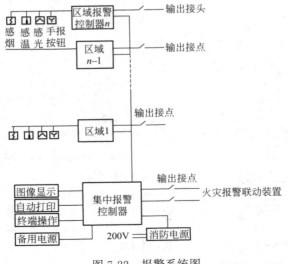	火灾显示器（光信号）
	火灾显示器（声、光信号）
	火警电铃
	紧急事故广播
	警戒区域界限

　　大多建筑中大量安装的是感烟式探测器，它通常被安装在天花板下面，每个探测器保护面积为 75m² 左右，安装高度不大于 12m，要避开门窗口、空调送风口等通风的地方。

7.2.2　报警器

　　火灾探测器得到的信号要送往火灾报警器。由于探测器很多，先接在区域报警器上，再接到总报警器上，如图 7-22 所示。报警

图 7-22　报警系统图

器上可以显示出报警的探测器的具体位置。总报警器放在消防控制中心，由这里对火灾进行处理。发生火灾后要通过铃声通知人员撤离。

7.2.3 消防灭火执行装置

消防灭火执行装置主要包括喷淋水灭火、气体灭火、消火栓、排烟、隔离等装置。

（1）**喷淋水灭火** 在建筑的天花板下装有喷头，喷头口用易熔玻璃球堵住。当发生火灾室温升高时，玻璃球熔化，水自动喷出灭火。喷淋水灭火系统如图 7-23 所示。

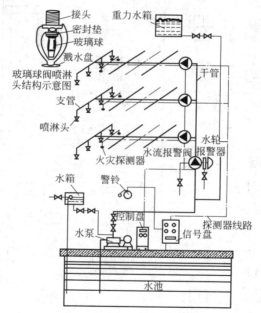

图 7-23 喷淋水灭火系统图

（2）**气体灭火** 在不能用水灭火的场合，要使用二氧化碳等气体灭火剂，由控制中心控制实施灭火。

（3）**消火栓** 建筑物内都有消火栓，可以用来灭火，一般楼内的灭火设备只能扑灭小火，对大火是没有能力的。

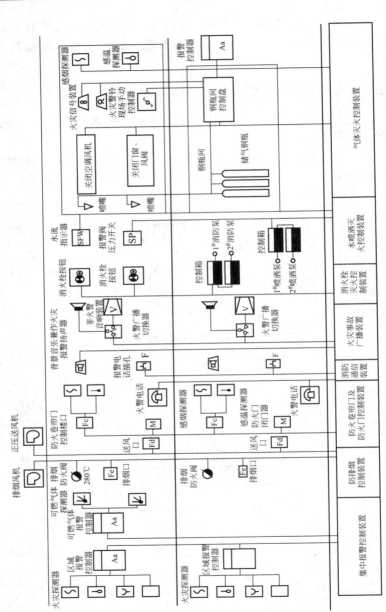

图 7-24 建筑物消防系统图

为了防止火势蔓延和烟气造成的人员伤亡，建筑物内都设有排烟口、防火门，需要根据火灾情况开启或关闭这些设施，有效地控制火势。建筑物消防系统实例如图 7-24 所示。

7.3 防盗报警与出入口控制系统

许多建筑物都安装了保安系统，它主要由防盗报警和出入口控制系统组成。保安系统示意图如图 7-25 所示，保安系统图形符号如图 7-26 所示。

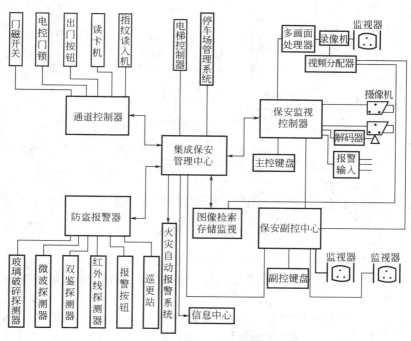

图 7-25　保安系统示意图

7.3.1 防盗探测器

（1）**玻璃破碎探测器** 玻璃破碎探测器粘贴在玻璃内侧，有导

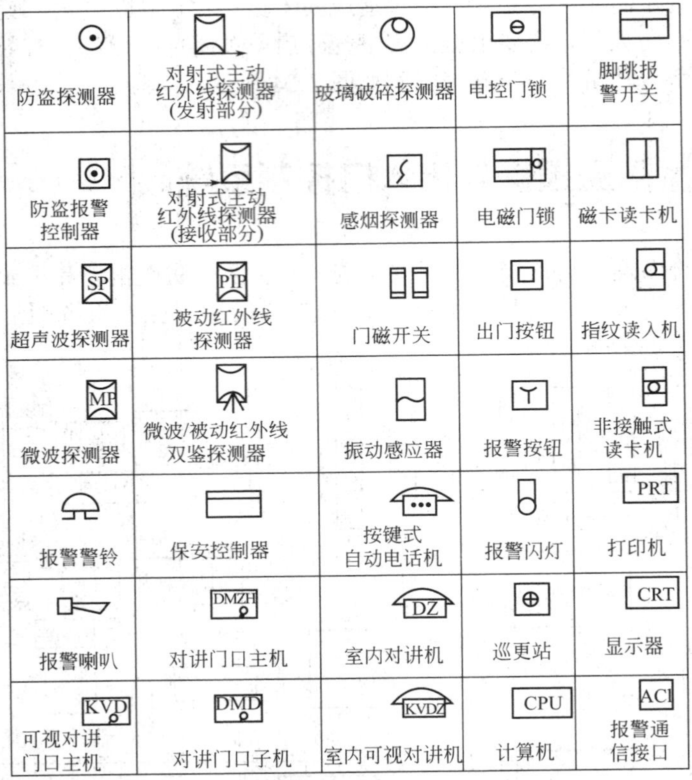
防盗探测器
对射式主动红外线探测器(发射部分)
玻璃破碎探测器
电控门锁
脚挑报警开关
防盗报警控制器
对射式主动红外线探测器(接收部分)
感烟探测器
电磁门锁
磁卡读卡机
SP
超声波探测器
PIP
被动红外线探测器
门磁开关
出门按钮
指纹读入机
MP
微波探测器
微波/被动红外线双鉴探测器
振动感应器
报警按钮
非接触式读卡机
报警警铃
保安控制器
按键式自动电话机
报警闪灯
PRT
打印机
报警喇叭
DMZH
对讲门口主机
DZ
室内对讲机
巡更站
CRT
显示器
KVD
可视对讲门口主机
DMD
对讲门口子机
KVDZ
室内可视对讲机
CPU
计算机
ACI
报警通信接口

图 7-26 保安系统图形符号

电簧片式、压电检测式多种，不同产品的探测范围不同，安装方式也有所不同。导电簧片式玻璃破碎探测器的结构与安装方式如图 7-27 所示。

(2) 红外线探测器 红外线探测器分为主动式和被动式两种。主动式红外线探测器由收、发两部分装置组成，发射装置向几米甚至百米远的接收装置辐射一束红外线，当有目标遮挡时，接收装置接收不到特定的红外线信号，这样就会发出报警信号。在建筑物内可以用多台主动式红外线探测器组成一个探测网，如图 7-28 所示。

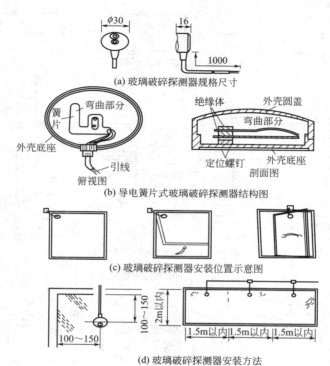

(a) 玻璃破碎探测器规格尺寸

(b) 导电簧片式玻璃破碎探测器结构图

(c) 玻璃破碎探测器安装位置示意图

(d) 玻璃破碎探测器安装方法

图 7-27 导电簧片式玻璃破碎探测器结构与安装方式

被动式红外线探测器是依靠接收物体发出的红外线来进行报警的，由红外线探头和报警器组成。被动式红外线探测器有一定的探测角度，探测角度可以进行自动调整。被动式红外线探测器安装示意图如图 7-29 所示。

(3) 超声波探测器 超声波探测器发出 $24 \sim 40kHz$ 的超声波被超声波接收机接收，并与发射波相比较，当室内没有物体移动时，发射波与反射波的频率相同，室内有物体移动时，反射波会产生 $\pm 100Hz$ 的多普勒频移，接收机检测后会发出报警信号，如图 7-30 所示。

(4) 周界报警器 利用物体对空间电磁场的影响，探测是否有物体进入被探测区域。常见的有泄漏电缆式报警器，如图 7-31 所示；平行电磁线式报警器，如图 7-32 所示。

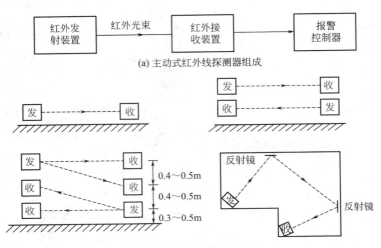

(a) 主动式红外线探测器组成

(b) 主动式红外线探测器的几种布置

图 7-28 主动式红外线探测器

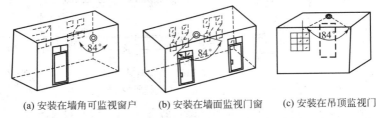

(a) 安装在墙角可监视窗户 (b) 安装在墙面监视门窗 (c) 安装在吊顶监视门

图 7-29 被动式红外线探测器布置示意图

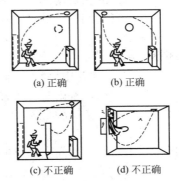

(a) 正确   (b) 正确

(c) 不正确   (d) 不正确

图 7-30 超声波探测器安装示意图

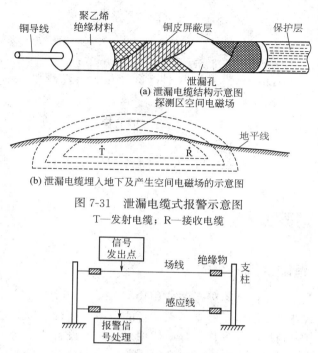

图 7-31 泄漏电缆式报警示意图
T—发射电缆；R—接收电缆

图 7-32 平行电磁线式报警示意图

7.3.2 用户端报警系统

单体住宅的用户安装了各种报警探测器后，需要和公（保）安值班系统连接才能起到真正的报警作用。用户端报警系统框图如图 7-33 所示，其安装示意图如图 7-34 所示。

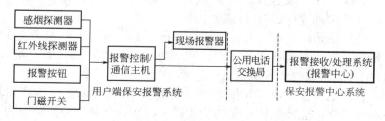

图 7-33 用户端报警系统框图

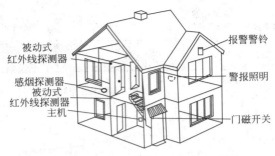

图 7-34　用户端报警系统安装示意图

7.4 音响系统

7.4.1 音响系统的组成

组合音响又称为声频系统或电声系统，它一方面是指电影院、剧院、歌舞厅等娱乐场所中用来扩音的设备的组合，以及电台、电视台、电影制片厂、唱片厂等单位用来录音的设备的组合，另一方面也包括楼宇中用来欣赏音乐、收听节目或卡拉 OK 用的设备的组合。组合音响通常由音频放大器、音频信号源、电声换能器及音频信号处理设备等几种音响设备组合而成。

（1）音频放大器　包括前置放大器、话筒放大器、唱头放大器、线路放大器、混合放大器等（通常统称为"前级"），以及功率放大器（通常称为"后级"）。购买或制作音频放大器时，可以前、后级分开买或分开制作，也可以合并购买或制作"前后级"（通常就称为扩声机或合并式放大器）。

（2）音频信号源　它包括话筒（传声器）、电唱机、CD 唱机、磁带录音机和调谐器等。它们分别播放演唱和讲话的声音、唱片、CD 唱片、录音带和收听电台的广播节目等。

（3）电声换能器　如扬声器（喇叭）、耳机和话筒（传声器），前两种是把电能转换为声能的换能器，而话筒则是把声能转换为电能的换能器。传声器同时也是一种信号源，它能提供讲话、唱歌或乐队演奏等信号给音响系统。

（4）音频信号处理设备 它包括图示均衡器、环绕声处理器、延时/混响器以及压缩/限幅器和口声激励器等，都称为信号处理设备，其作用是对声音信号进行加工美化。

通常把楼宇用的音响系统称为楼宇音响系统或组合音响设备，而把歌舞厅、剧场、电影院等场合使用的音响系统称为专业音响系统。专业音响系统最主要的特征是配备一台调音台作为音响系统的中心。调音台其实是音频放大器和处理设备的一种组合，楼宇音响一般不用调音台，而是以前置放大级或前后级（扩声机）作为中心组成音响系统。

图 7-35 所示是一个楼宇音响系统组成的方框图。

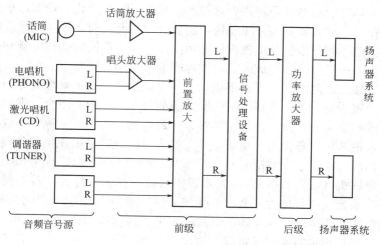

图 7-35　楼宇音响系统的基本组成

楼宇文化娱乐设备的另一个重要部分是视频设备。它由早期单纯的一台电视机，逐渐发展到录像机与电视机配套以及激光影碟机（激光放像机）与电视机配套。在较早时期，楼宇中的视频设备与音频设备（音响设备）通常是相对独立、互不联系的。随着卡拉OK 热潮的兴起，推动了音响设备和视频设备进一步普及到楼宇。人们不满足于靠录音带播放伴奏的"只能听不能看"的那种低水平的卡拉 OK 活动，而是要追求视觉与听觉的同步享受。最常见的是带有歌词并能变换颜色的录像带和激光影碟，把楼宇卡拉 OK 活动提高到一个新的境界。但人们对此仍不满意，由于音频设备和视频设备是各自独立的，歌唱者的声音来自放大器和配套的音箱，而伴奏音乐却从电视机的小口径扬声器放出，效果很不理想。要真正做到音频（英文 Audio，简写 A）和视频（英文 Video，简写 V）设备的紧密结合，需要在前置放大器的设计中设置有话筒信号与伴奏音乐信号能同时输入的所谓"混合"的功能，即设置有混合放大器电路。混合放大器电路以具有混音功能的放大器为中心，把话筒、磁带录音机、CD 唱机、调谐器和电唱机，加上磁带录像机和激光影碟机等的音频信号全部送入放大器，进行选择、混合和放大，另外再加上音调控制、音量控制以及外接或内置的处理设备（如均衡器、延时混响器、环绕声处理器等）对信号进行美化和修饰，最后送往功率放大器放大并驱动扬声器放音。与此同时，把录像带或影碟上的视频信号接到电视机以显示图像，使人们同时获得听觉和视觉上的享受，这就组成人们习惯称呼的"楼宇影院"。

　　楼宇影院由三个方面组成，放映厅应是家中的小客厅或专门设置的视听室，影视设备应是一套完整的楼宇 AV 中心组合，附属设施应是家中的沙发、桌椅、帷帐、窗帘等物。在这里影视中心设备或者说 AV 中心设备，是楼宇影院的主要部分，它由视频和音频设备两部分组成，主要应包括 AV 放大器（又称功放）、音箱、大屏幕电视机（或投影机）、激光影碟机（或高保真录像机）等。楼宇影院系统又经常称为视听中心系统，楼宇影院的图像和音响质量，应当达到或接近标准立体声影院的水平，其组成如图 7-36 所示。

　　(5) 常见的音频传输线

　　① 常见音频传输线的结构　图 7-37 是几种常见的音频传输线，其中图（a）的中心是多股铜芯线，由绝缘材料介质隔离，外面包有一层铜屏蔽线。这种传输线的形状和结构，很像电视接收机的同轴电缆馈线。有的同轴电缆型传输线内，设置了两束或多束紧挨着又相互绝缘的多股芯线。这些传输线可作弱信号线，也可作音箱线。

　　图 7-37(b) 是并列型传输线，每根电缆的结构都和图 7-37(a) 电缆相同，它们可以用作弱信号线或音箱线。

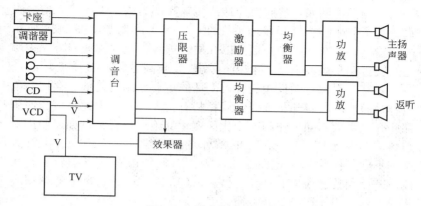

图 7-36 楼宇影院的组成

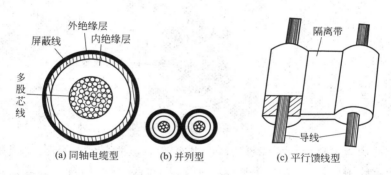

图 7-37 常见音频传输线的构造

图 7-37（c）是平行馈线型传输线。塑料隔离带使两束电缆形成对称平行结构。对于各种牌号的传输线来说，两根电缆之间的塑料隔离带的宽度可能不同，介质材料也可能不同，它们多用来作音箱线。

② 音箱线的选配 由于传输线的线径、形状、材料、长度等因素对重放音质、音色都有影响，因而在为音响系统选配音箱线时就应当认真研究思考，要扬长避短。例如，当线径较细时，对重放高频信号影响较大，而线径较粗时，对重放低频信号的影响更明显。若线径选择不当，将造成整个音域不平衡，引起不同频率段的衰减，同样，传输线的绝缘材料的介电常数，也对不同重放频段有

不同影响。再例如，趋肤效应造成传输频率失衡，引起高频信号失真，为了兼顾高、低频段的平衡性，一些工厂生产了图 7-38 所示的传输线，它在电缆中心填充以介质软棉线，在软棉线与外保护层之间安排有多股绞合导线，可有效地克服高音频段音质变坏的问题。还有，引起音频低频段音质变坏的重要原因是传输线存在静电电容，而静电电容却与导线绝缘材料有很大关系。因此，应当使用那些介电常数不随工作频率变化而变化的绝缘材料。例如可使用氟塑料、聚丙烯 PP、聚乙烯 PE 等作导线绝缘层，它们的介电常数基本不随工作频率变化而变化，因而对低频段音质影响较小；相反，若使用普通橡胶、PVC 材料等，其等效静电电容量随频率变化而变化，因而影响低音音质。

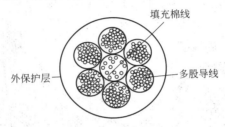

图 7-38　克服趋肤效应的传输线

用户可根据各种导线的特点来选用传输线。例如，导线芯线是由多股细软铜丝绞合而成的，一般属于温和型传输线，其音色柔和，声低醇厚；若由粗硬线绞合而成，能量感将加强；若芯线是单根铜芯，将对小低音有较强的表现，速度感快，分析力高，低音有力但略欠厚度，属于清爽冷艳型；若芯线采用镀银工艺，则低音富于弹性，中高音亮泽，高频饱满，分析力很高，失真很小，音染色极小。欧美生产的多芯线讲究绕线、屏蔽、吸振等工艺，声音透明度增加，中高频偏亮；日本线不讲究绕线结构，而专注线径、总数及纯度，声音自然，但偏暗。

可根据上述特点来选配音箱线。如果现有音响设备音色偏硬，可以换用多芯传输线，音色将变得细腻甜润。如果主体音色略偏沉稳，若改用纯银线后，音色立即增加活跃感，瞬态响应好转；相反，若音响系统的音色已偏于华丽，再换用纯银线后，则音色将倾向于力度稍差，冲劲不足。

③ 精品音箱线和信号线　目前音频传输线仍以铜导线为主，并且逐年在提高含铜量。早期传输线的纯铜含量为 99.99％，以后发展到了 99.9999％，甚至达到了 99.99999％，这些铜导线分别称为 4N、6N 和 7N 无氧铜导线。使用高纯度无氧铜导线后，增强了导电性能，减少了音频信号的丢损，降低了导线自身的固有噪声，提高了传输微弱信号的能力和重放声音的分析力，声音更加清晰、细腻、圆润，虽然工艺复杂，但制作成本仍远低于纯银线。

最初使用的纯铜质传输线，称为韧铜（Tough Pitch Copper，TPC），后又发展为无氧铜（Oxygen Free Copper，OFC）。在 OFC 的基础上，又制造出了大结晶粒的 LC-OFC 铜材，铜的纯度不断提高，材料的性能更优良。在 20 世纪 60 年代日本千叶工业大学的大野笃美教授设计出了一种 OCC 法的铜材制造工艺，这种工艺主要是对铜材的铸造加热法进行改进，能铸出单纯晶状的优质铜材，这种方法称为 PCOCC（Pure Copper of Continuous Casting Process），即纯铜连续压铸加工法。这种方法制出的铜单结晶粒特别大，加工后的优质传输线，传输速度快，在传输方向上能达到最小的杂音影响，没有微粒界限阻挡，音质也更清晰，动态凌厉。

上述几种纯铜导线材当中，LC-OFC 或 PCOCC 之类的材质较强，硬材质的音质也较强，放音分析力强，但稍强；而 OFC、Super Pcocc 及 6N 铜导线等，材质较软，软铜导线材的音质较弱，可放出柔和的音质。在选用时，要注意上述特点，进行合理搭配。

目前，国产的精品音箱线和信号线暂时较少。日本生产精品线材的数量，在世界音响王国中居第一位。主要精品牌号有：PCOCC（古河）、HISAGO（海萨格）、OSONIC（奥索尼克）、MAKURAWA（麦克露华）、DENKO（登高）等，还有日立、松下、索尼、天龙、FDK、JVC 等音响公司的线材产品。日本音响线在我国占有较大市场，这与日本的先进制造技术有密切关系。对多数音响发烧友来说，日本 OSONIC 2X 504 芯音箱线性价比较高，可作音箱线的首选对象。

美国的音响线材品种繁多，规格具全。主要品牌有：Audioquest™（线圣）、MONSTERSTANDARD™Interlink（怪兽）、SPACE& TIME（超时空）、SHAPRA（鲨鱼）、MISSION（美声）、MONTER（魔力）等。对多数工薪楼宇来说，美国怪兽101型信号线可作首选对象，该线在质量和性价比方面都比较出色。美国生产的音响线材以粗壮、威猛、豪华闻名于世，具有典型的美国风格，在制作工艺、质地选材等方面比较讲究。

欧洲的音响线材具有很好的音乐表现力和平衡度，但外观却朴实无华。著名品牌有：德国的 ELEO（一流）、丹麦的 Ortotbn（高度风）、荷兰的 PItlLIPS（屯利浦）和 VDtt（范登蒙）、英国的［XOS（爱索丝）］等。它们的制作技术先进，工艺精良。

7.4.2　扩声系统的线路敷设

（1）扩声系统的馈电网络　扩声系统的馈电网络包括音频信号输入部分、功率输出传送部分和电源供电部分三大块。为防止与其他系统之间的干扰，施工中必须采取有效措施。

① 音频信号输入的馈电

a. 话筒输出必须使用专用屏蔽软线与调音台连接；如果线路较长（10～15m）应使用双芯屏蔽软线作低阻抗平衡输入连接。中间设有话筒转接插座的，必须接触特性良好。

b. 长距离连接的话筒线（超过50m）必须采用低阻抗（200Ω）平衡传送的连接方法，最好采用有色标的四芯屏蔽线，并穿钢管敷设。

c. 调音台及全部周边设备之间的连接均需采用单芯（不平衡）或双芯（平衡）屏蔽软线连接。

② 功率输出的馈电　功率输出的馈电系统指功放输出至扬声器箱之间的连接电缆。

a. 厅堂、舞厅和其他室内扩声系统均采用低阻抗（8Ω，有时也用 4Ω 或 16Ω）输出。一般采用截面积为 $2\sim6mm^2$ 的软导线穿管敷设。发烧线的截面积决定于传输功率的大小和扬声器的阻尼特性要求。通常要求馈线的总直流电阻（双向计算长度）应小于扬声器阻抗的 $1/50\sim1/100$。如扬声器阻抗为 8Ω，则馈线的总直流电阻应小于 $0.15\sim0.08\Omega$。馈线电阻越小，扬声器的阻尼特性越好，低音越纯，力度越大。

b.室外扩声、体育场扩声大楼背景音乐和宾馆客户广播等由于场地大，扬声器箱的馈电磁线路长，为减少线路损耗通常不采用低阻抗连接，而使用高阻抗定电压传输（70V或100V）音频功率。从功放输出端至最远端扬声器负载的线路损耗一般应小于0.5dB。馈线应该采用穿管的双芯聚氯乙烯多股软线。

c.宾馆客房多套节目的广播线应以每套节目敷设一对馈线，而不能共用一根公共地线，以免节目信号间的干扰。

③ 供电磁线路　扩声系统的供电电源与其他用电设备相比，用电量不大，但最怕被干扰。为尽量避免灯光、空调、水泵、电梯等用电设备的干扰，建议使用变压比为1∶1的隔离变压器，此变压器的初次级任何一端都不与初级的地线相连。总用电量小于10kV·A时，功率放大器应使用三相电源，然后在三相电源中再分成三路220V供电，在3路用电分配上应尽量保持三相平衡。如果供电电压（200V）的变化量超过+5%，-10%（即正常范围为198～231V）时，应考虑使用自动稳压器，以保证系统各设备正常工作。

为避免干扰和引入交流噪声，扩声系统应设有专门的接地地线，不与防雷接地或供电接地共用地线。上述各馈电磁线路敷设时，均应穿电磁线铁管敷设，这是防干扰、防老鼠咬断线和防火等三方面的需要。

(2) 导线直径的计算　选择导线直径的依据是传送的电功率、允许最大的压降、导线允许的电流密度和电缆线的力学强度等因素，计算公式如下：

$$q = 0.035(100-n)LP/(nU^2)$$

式中，q 为导线铜芯截面积，mm^2；L 为电磁线的最大长度，m；P 为传输的电功率，W；U 为线路上的传输电压，V；n 为允许的线路压降。

例：一电缆长200m，传输的电功率为100W，传输的电压为100V，允许的线路压降为10%，则导线的截面积应为

$$q = 0.035 \times (100-10) \times 200 \times 100/(10 \times 100^2) = 0.63mm^2$$

考虑到电缆线的力学强度，选用 $2 \times 0.75mm^2$ 的线缆。最后还应校核一下电流密度，最大允许的电流密度为 $4 \sim 10A/mm^2$。

为保证电缆的力学强度，规定穿管的功率线缆至少应有 0.75mm^2 的截面积；明线拉线线缆至少应有 1.5mm^2 的截面积。

7.4.3 系统扬声器配接

定电压传输的公共广播系统，各扬声器负载一般都采用并联连接，如图 7-39 所示。

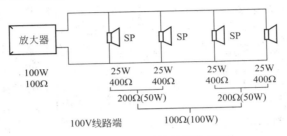

图 7-39 定电压系统的阻抗匹配

功放输出端的输出电压、输出功率和输出阻抗三者之间的关系如下：

$$P = U^2 / Z$$

式中，P 为输出功率，W；Z 为输出阻抗，Ω；U 为输出电压，V。

例：一功放的输出功率为 100W，输出电压为 100V，那么其能接上的最小负载能力为 $Z_{100\text{v}} = U^2 / P = 100^2 \div 100 = 100\Omega$，低于 100Ω 的总负载将会使功放发生过载。

上例中如果使用 4 个 25W 的扬声器，那么需配用多大变化的输送变压器呢？

变压器初级对次级的电压比可这样表达（图 7-40）：

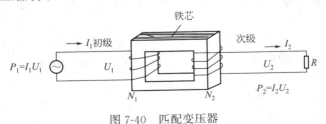

图 7-40 匹配变压器

$$U_2/U_1 = N_2/N_1$$

式中，U_1，U_2分别为变压器的实际输入电压和次级输出电压；N_1，N_2分别为变压器初级和次级绕组的匝数。

如果不考虑变压器的功率损耗，那么初、次级之间的功率应相等：

$$U_1 I_1 = U_2 I_2 = U_2(U_2/R) = U_2^2/R$$

由$I_1 = U_2^2/U_1 R$得

$$Z = U_1/I_1 = (N_1/N_2)^2 R$$

变压器的输入阻抗等于匝数比的平方乘上负载阻抗R，或者说变压器初、次级的阻抗比等于变压器变压比的平方。图7-41中扬声器的阻抗为8Ω，要求每台变压器的输入阻抗为400Ω，那么变压器的变比应为7∶1。

为适应不同扬声器阻抗匹配需要，匹配变压器通常做成抽头型的，如图7-41所示。

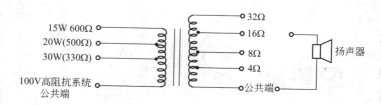

图7-41　匹配变压器的配接

7.5 网络技术与网线制作

7.5.1 家庭局域网简介

目前的家庭网络应用最多的连接是宽带路由器连接。这种方式的最大优点是价格低，而且稳定可靠，不仅适合一般家庭，对于中小企业来说也是很好的选择。

宽带路由器是近年来新兴的一种网络产品，它伴随着宽带的普及应运而生。宽带路由器在一个紧凑的箱子中集成了路由器、防火墙、带宽控制和管理等功能，具备快速转发能力，灵活的网络管理和丰富的网络状态等特点。多数宽带路由器针对中国宽带应用优化设计，可满足不同的网络流量环境，具备良好的电网适应性和网络兼容性。多数宽带路由器采用高度集成设计，集成 10/100Mbps 宽带以太网 WAN 接口，并内置多口 10/100Mbps 自适应交换机，方便多台机器连接内部网络与 Internet。

宽带路由器有高、中、低档次之分，高档次企业级宽带路由器的价格可达数千，而目前的低价宽带路由器已降到百元内，其性能已基本能满足学校宿舍、办公室等应用环境的需求，成为目前家庭、学校宿舍用户的组网首选产品之一。图 7-42 所示为家庭网络结构示意图。

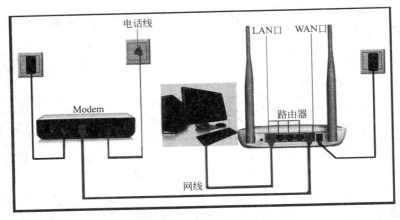

图 7-42　家庭网络结构示意图

7.5.2　常用网络设备

(1) **网卡**　网卡也叫网络适配器，英文全称为 Network Interface Card，简称 NIC。网卡是局域网中最基本的部件之一，它是连接计算机与网络的硬件设备。无论是双绞线连接、同轴电缆连接还是光纤连接，都必须借助于网卡才能实现数据的通信。网卡的外观如图 7-43 所示。

图 7-43　网卡

（2）调制解调器　调制解调器是在发送端通过调制将数字信号转换为模拟信号，而在接收端通过解调再将模拟信号转换为数字信号的一种装置。

Modem，其实是 Modulator（调制器）与 Demodulator（解调器）的简称，中文称为调制解调器。根据 Modem 的谐音，亲昵地称之为"猫"。调制解调器的外观如图 7-44 所示。

图 7-44　调制解调器

① 调制解调器的用途　计算机内的信息是由"0"和"1"组

成的数字信号，而在电话线上传递的却只能是模拟电信号，于是，当两台计算机要通过电话线进行数据传输时，就需要一个设备负责数模的转换。这个数模转换器就是 Modem。计算机在发送数据时，先由 Modem 把数字信号转换为相应的模拟信号，这个过程称为"调制"。经过调制的信号通过电话载波传送到另一台计算机之前，也要经由接收方的 Modem 负责把模拟信号还原为计算机能识别的数字信号，这个过程称为"解调"。正是通过这样一个"调制"与"解调"的数模转换过程，从而实现了两台计算机之间的远程通信。

② 调制解调器的分类　一般来说，根据 Modem 的形态和安装方式，可以大致可以分为以下四类。

a. 外置式 Modem。外置式 Modem 放置于机箱外，通过串行通信口与主机连接。这种 Modem 方便灵巧、易于安装，闪烁的指示灯便于监视 Modem 的工作状况，但需要使用额外的电源与电缆，如图 7-45 所示。

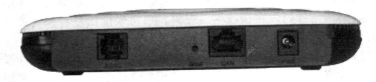

图 7-45　外置调制解调器

b. 内置式 Modem。内置式 Modem 在安装时需要拆开机箱，并且要对中断和 COM 口进行设置，安装较为烦琐。这种 Modem 要占用主板上的扩展槽，但无需额外的电源与电缆，且价格比外置式 Modem 要便宜一些，如图 7-46 所示。

c. PCMCIA 插卡式 Modem。插卡式 Modem 主要用于笔记本电脑，体积纤巧，配合移动电话，可方便地实现移动办公。

d. 机架式 Modem。机架式 Modem 相当于把一组 Modem 集中于一个箱体或外壳里，并由统一的电源进行供电。机架式 Modem 主要用于 Internet/Intranet、电信局、校园网、金融机构等网络的中心机房。

除以上四种常见的 Modem 外，还有 ISDN 调制解调器和一种

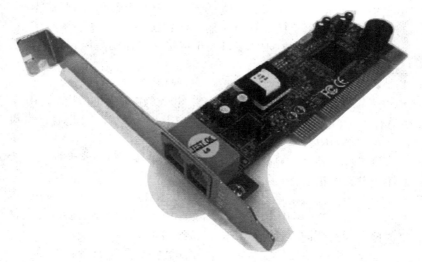

图 7-46 内置调制解调器

称为 Cable Modem 的调制解调器，另外还有一种 ADSL 调制解调器。Cable Modem 利用有线电视的电缆进行信号传送，不但具有调制解调功能，还集路由器、集线器、桥接器于一身，理论传输速度更可达 10Mbps 以上。通过 Cable Modem 上网，每个用户都有独立的 IP 地址，相当于拥有了一条个人专线。

③ 调制解调器的安装　Modem 的安装过程可以分为硬件安装与软件安装两步。

a. Modem 的硬件安装

•外置式 Modem 的安装。

第一步：连接电话线。把电话线的 RJ11 插头插入 Modem 的 Line 接口，再用电话线把 Modem 的 Phone 接口与电话机连接。

第二步：关闭计算机电源，将 Modem 所配的电缆的一端（25 针阳头端）与 Modem 连接，另一端（9 针或者 25 针插头）与主机上的 COM 口连接。

第三步：将电源变压器与 Modem 的 POWER 或 AC 接口连接。接通电源后，Modem 的 MR 指示灯应长亮。如果 MR 灯不亮或不停闪烁，则表示未正确安装或 Modem 自身故障。对于带语音功能的 Modem，还应把 Modem 的 SPK 接口与声卡上的 Line In 接口连接，当然也可直接与耳机等输出设备连接。

另外，Modem 的 MIC 接口用于连接驻极体麦克风，但最好还是把麦克风连接到声卡上。

• 内置式 Modem 的安装。

第一步：根据说明书的指示，设置好有关的跳线。由于 COM1 与 COM3、COM2 与 COM4 共用一个中断，因此通常可设置为 COM3/IRQ4 或 COM4/IRQ3。

第二步：关闭计算机电源并打开机箱，将 Modem 卡插入主板上任一空置的扩展槽。

第三步：连接电话线。把电话线的 RJ11 插头插入 Modem 卡上的 Line 接口，再用电话线把 Modem 卡上的 Phone 接口与电话机连接。此时拿起电话机，应能正常拨打电话。

b. Modem 的软件安装：当硬件安装完成后，打开计算机，外置式 Modem 还应打开 Modem 的开关。对于大多数 Modem，Windows 98 会报告"找到新的硬件设备"，此时只需选择"硬件厂商提供驱动程序"，并插入 Modem 的安装盘即可。如果 Windows 98 启动后未能侦测到 Modem，也可以按以下步骤完成安装。

第一步：进入 Windows 98 的"控制面板"，双击"调制解调器"图标，并在属性窗口中单击"添加"按钮。

第二步：选中"不检测调制解调器，而将从清单中选定一个"，然后单击"下一步"按钮。

第三步：在 Modem 列表中选择相应的厂商与型号，然后单击"下一步"按钮，或者插入 Modem 的安装盘后，选择"从磁盘安装"即可。要证明 Modem 是否安装成功，可使用 Windows 98 附件中的电话拨号程序随便拨打一个电话，如果成功的话，说明 Modem 已被正确安装。对于上网用户，还需要安装拨号网络和协议。

c. Modem 指示灯含义。

MR：Modem 已准备就绪，并成功通过自检。

TR：终端准备就绪。

SD：Modem 正在发出数据。

RD：Modem 正在接收数据。

OH：摘机指示，Modem 正占用电话线。

CD：载波检测，Modem 与对方连接成功。

RI：Modem 处于自动应答状态。某些 Modem 用 AA 表示。

HS：高速指示，速率大于 9600bps。

（3）集线器　集线器（如图 7-47 所示）的英文名称为"Hub"，"Hub"是"中心"的意思。集线器的主要功能是对接收到的信号进行再生整形放大，以扩大网络的传输距离，同时把所有节点集中在以它为中心的节点上。它工作于 OSI（开放系统互联参考模型）参考模型第一层，即"物理层"。集线器与网卡、网线等传输介质一样，属于局域网中的基础设备，采用 CSMA/CD（一种检测协议）访问方式。

图 7-47　集线器

集线器（Hub）属于数据通信系统中的基础设备，它和双绞线等传输介质一样，是一种不需任何软件支持或只需很少管理软件管理的硬件设备。它被广泛应用到各种场合。集线器工作在局域网（LAN）环境，像网卡一样，应用于 OSI 参考模型第一层，因此又被称为物理层设备。集线器内部采用了电器互联，当维护 LAN 的环境是逻辑总线或环形结构时，完全可以用集线器建立一个物理上的星形或树形网络结构。在这方面，集线器所起的作用相当于多端口的中继器。其实，集线器实际上就是中继器的一种，其区别仅在于集线器能够提供更多的端口服务，所以集线器又叫多口中继器。

① 集线器的工作特点 依据 IEEE 802.3 协议，集线器的功能是随机选出某一端口的设备，并让它独占全部带宽，与集线器的上联设备（交换机、路由器或服务器等）进行通信。由此可以看出，集线器在工作时具有以下两个特点。

第一，Hub 只是一个多端口的信号放大设备，工作中当一个端口接收到数据信号时，由于信号在从源端口到 Hub 的传输过程中已有了衰减，所以 Hub 便将该信号进行整形放大，使被衰减的信号再生（恢复）到发送时的状态，紧接着转发到其他所有处于工作状态的端口上。从 Hub 的工作方式可以看出，它在网络中只起到信号放大和重发作用，其目的是扩大网络的传输范围，而不具备信号的定向传送能力，是一个标准的共享式设备，因此有人称集线器为"傻 Hub"或"哑 Hub"。

第二，Hub 只与它的上联设备（如上层 Hub、交换机或服务器）进行通信，同层的各端口之间不会直接进行通信，而是通过上联设备再将信息广播到所有端口上。由此可见，即使是在同一 Hub 的不同两个端口之间进行通信，都必须要经过两步操作：第一步是将信息上传到上联设备；第二步是上联设备再将该信息广播到所有端口上。

不过，随着技术的发展和需求的变化，目前的许多 Hub 在功能上进行了拓宽，不再受这种工作机制的影响。由 Hub 组成的网络是共享式网络，同时 Hub 也只能够在半双工下工作。

Hub 主要用于共享网络的组建，是解决从服务器直接到桌面最经济的方案。在交换式网络中，Hub 直接与交换机相连，将交换机端口的数据送到桌面。使用 Hub 组网灵活，它处于网络的一个星形节点，对节点相连的工作站进行集中管理，不让出问题的工作站影响整个网络的正常运行，并且用户的加入和退出也很自由。

② 集线器的分类

a.按结构和功能分类。按结构和功能分类，集线器可分为未管理的集线器、堆叠式集线器和底盘集线器三类。

• 未管理的集线器。最简单的集线器，通过以太网总线提供中央网络连接，以星形的形式连接起来，只用于很小型的最多12个节点的网络中（在少数情况下，可以更多一些）。未管理的集线器没有管理软件或协议来提供网络管理功能，这种集线器可以是无源的，也可以是有源的，有源集线器使用得较多。

• 堆叠式集线器。堆叠式集线器是稍微复杂一些的集线器。堆叠式集线器最显著的特征是8个转发器可以直接彼此相连，这样只需简单地添加集线器并将其连接到已经安装的集线器上就可以扩展网络。这种方法不仅成本低，而且简单易行。

• 底盘集线器。底盘集线器是一种模块化的设备，在其底板电路板上可以插入多种类型的模块。有些集线器带有冗余的底板和电源。同时，有些模块允许用户不必关闭整个集线器便可替换那些失效的模块。集线器的底板给插入模块准备了多条总线，这些插入模块可以适应不同的段，如以太网、快速以太网、光纤分布式数据接口（Fiber Distributed Data Interface，FDDI）和异步传输模式（Asynchronous Transfer Mode，ATM）中。有些集线器还包含有网桥、路由器或交换模块。有源的底盘集线器还可能会有重定时的模块，用来与放大的数据信号关联。

b.按局域网的类型分类。从局域网角度来区分，集线器可分为五种不同类型。

• 单中继网段集线器。最简单的集线器，是一类用于最简单的中继式LAN网段的集线器，与堆叠式以太网集线器或令牌环网多站访问部件（MAU）等类似。

• 多网段集线器。从单中继网段集线器直接派生而来，采用集线器背板。这种集线器带有多个中继网段，其主要优点是可以将用户分布于多个中继网段上，以减少每个网段的信息流量负载，网段之间的信息流量一般要求独立的网桥或路由器。

• 端口交换式集线器。该集成器是在多网段集线器基础上，将用户端口和多个背板网段之间的连接过程自动化，并通过增加端口交换矩阵（PSM）来实现的集线器。PSM可提供一种自动工具，用于将任何外来用户端口连接到集线器背板上的任何中继网段上。端口交换式集线器的主要优点是，可实现移动、增加和修改的自动化。

• 网络互联集线器。端口交换式集线器注重端口交换，而网络互联集线器在背板的多个网段之间可提供一些类型的集成连接，该功能通过一台综合网桥、路由器或 LAN 交换机来完成。目前，这类集线器通常都采用机箱形式。

• 交换式集线器。目前，集线器和交换机之间的界限已变得模糊。交换式集线器有一个核心交换式背板，采用一个纯粹的交换系统代替传统的共享介质中继网段。此类产品已经上市，并且混合的（中继/交换）集线器很可能在以后几年控制这一市场。应该指出，这类集线器和交换机之间的特性几乎没有区别。

③ 集线器的常见端口　集线器通常都提供三种类型的端口，即 RJ45 端口、BNC 端口和 AUI 端口，以适用于连接不同类型电缆构建的网络。一些高档集线器还提供有光纤端口和其他类型的端口。

a. RJ45 接口。RJ45 接口可用于连接 RJ45 接头，适用于由双绞线构建的网络，这种端口是最常见的，一般来说以太网集线器都会提供这种端口。我们平常所讲的多少口集线器，就是指的具有多少个 RJ45 端口。RJ45 接口如图 7-48 所示。

图 7-48　RJ45 接口

集线器的 RJ45 端口既可直接连接计算机、网络打印机等终端设备，也可以与其他交换机、集线器等集线设备和路由器进行连接。需要注意的是，当连接至不同设备时，所使用的双绞线电缆的跳线方法有所不同。

b. BNC 端口。BNC 端口就是用于与细同轴电缆连接的接口，它一般是通过 BNCT 型接头进行连接的，如图 7-49 所示。

大多数 10Mbps 集线器都拥有一个 BNC 端口。当集线器同时拥有 BNC 和 RJ45 端口时，由于既可通过 RJ45 端口与双绞线网络

图 7-49 BNC 端口

连接，又可通过 BNC 接口与细缆网络连接，因此，可实现双绞线和细同轴电缆两个采用不同通信传输介质的网络之间的连接。这种双接口的特性可用于兼容原有的细同轴电缆网络（10Base-2），并可实现逐步向主流的双绞线网络（10Base-T）的过渡，当然还可实现与远程细同轴电缆网络（少于 185m）之间的连接。

同样，如果两个网络之间的距离大于 100m，使用双绞线不能实现两个网络之间的连接时，这时也可以通过集线器的 BNC 端口利用细同轴电缆传输将两个网络连接起来，而这两个网络都可以采用双绞线这种廉价、常见的传输介质，不过要注意这两个网络之间的距离仍不能大于 185m。

c. AUI 端口。AUI 端口可用于连接粗同轴电缆的 AUI 接头，因此这种接口用于与粗同轴电缆网络的连接，它的示意图如图 7-50 所示。目前带有这种接口的集线器比较少，主要是在一些骨干级集线器中才具备。

图 7-50 AUI 端口示意图

由于采用粗同轴电缆作为传输介质的网络造价较高，且布线较为困难，所以，实践中真正用于粗同轴电缆进行布线的情况已十分少见。不过，单段粗同轴电缆（10Base-5）所支持的传输距离高达500m，因此，完全可以使用粗同轴电缆作为较远距离网络之间连接的通信电缆。

借助于收发器，AUI 端口也可实现与 RJ45 接口、BNC 接口甚至光纤接口的连接。

d.集线器堆叠端口。这种端口当然是只有可堆栈集线器才具备的，它的作用也就是如它的名字一样，是用来连接两个可堆栈集线器的。一般来说一个可堆栈集线器中同时具有两个外观类似的端口：一个标注为"UP"，另一个就标注为"DOWN"。在连接时是用电缆从一个集线器的"UP"端口连接到另一个可堆栈集线器的"DOWN"端口上，都是"母"头，所以连接线端就必须都是"公头"了，不过这种连接线在购买可堆栈集线器时厂家就会为您提供的，如果损坏或丢失，也可直接在电脑城做一条，只要对商家讲明用途即可。集线器堆叠端口示意图如图 7-51 所示。

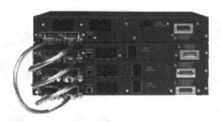

图 7-51　集线器堆叠端口示意图

7.5.3　传输介质

(1) 双绞线　双绞线简称 TP，由两根绝缘导线相互缠绕而成，将一对或多对双绞线放置在一个保护套便成了双绞线电缆。双绞线既可用于传输模拟信号，又可用于传输数字信号。

双绞线可分为非屏蔽双绞线 UTP 和屏蔽双绞线 STP，适合于短距离通信。

•非屏蔽双绞线价格便宜，传输速度偏低，抗干扰能力较差。

•屏蔽双绞线抗干扰能力较好，具有更高的传输速度，但价格相对较贵。

双绞线需用 RJ45 或 RJ11 连接头插接。

（2）**同轴电缆**　同轴电缆由绕在同一轴线上的两个导体组成，具有抗干扰能力强、连接简单等特点，信息传输速度可达每秒几百兆位，是中、高档局域网的首选传输介质，如图 7-52 所示。

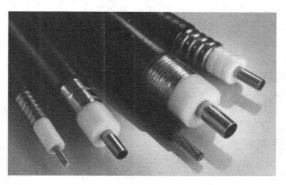

图 7-52　同轴电缆

同轴电缆分为 50Ω 和 75Ω 两种。50Ω 同轴电缆适用于基带数字信号的传输；75Ω 同轴电缆适用于宽带信号的传输，既可传送数字信号，也可传送模拟信号。在需要传送图像、声音、数字等多种信息的局域网中，应用宽带同轴电缆。

同轴电缆需用带 BNC 头的 T 型连接器连接。

（3）**光纤**　光纤又称为光缆或光导纤维，由光导纤维纤芯、玻璃网层和能吸收光线的外壳组成，具有不受外界电磁场的影响，没有限制的带宽等特点，可以实现每秒几十兆位的数据传送，尺寸小、重量轻，数据可传送几百千米，但价格昂贵，如图 7-53 所示。

光纤需用 ST 型头连接器连接。

（4）**无线传输媒介**　无线传输媒介包括：无线电波、微波、红外线等。

图 7-53　光纤

7.5.4　网线的制作

由于光纤一般只在主干网上使用，且必须有专用仪器，制作过程复杂，平时很少用（专业人员做主干网才用，所以在此不作介绍）。同轴电缆已经接近淘汰，做小型局域网一般都是双绞线连接的以太网，所以同轴电缆制作也不作介绍。下面主要看一下双绞线的制作。

双绞线又分直连双绞线和交叉双绞线：直连双绞线主要应用在不同种接口互联时，例如交换机和电脑连接、路由器和交换机相连等；交叉双绞线主要用在同种接口互连时，例如两台电脑直接相连。

国际上排线标准主要有两种：

标准 568B：橙白—1，橙—2，绿白—3，蓝—4，蓝白—5，绿—6，棕白—7，棕—8。

标准 568A：绿白—1，绿—2，橙白—3，蓝—4，蓝白—5，橙—6，棕白—7，棕—8。

注意：双绞线一共有八根线，分别两两绞合到一块起到抵消磁场作用（单一导线在通电时会产生磁场）。

下面分图讲解一下直连双绞线的做法（所需工具：网钳、测线器，如图 7-54 所示）。

① 首先用钳子下口把线剪齐，如图 7-55 所示。

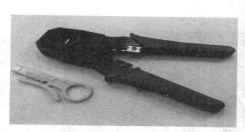

图 7-54　制作网线的工具　　　　　　图 7-55　剪线

② 用钳子中间有缺口的地方剥去导线外面的绝缘皮（2cm 左右），如图 7-56 所示。

图 7-56　剥线

③ 用手把线捋直，按照标准 568B 或标准 568A 排列线序（一套网络中的线要统一为一种标准），如图 7-57 所示。

图 7-57　排列线序

④ 拿一个水晶头使其簧片对着自己，双绞线自下而上插入水晶头，如图 7-58 所示。

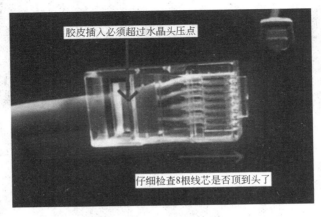

图 7-58　插入水晶头

⑤ 水晶头放入网钳的压线部位使劲压下，如图 7-59 所示。

⑥ 这时候网线就算是做好了，接着进行网线测试，如图 7-60 所示。

图 7-59　压线

当测线器顺序亮灯且 1～8 全亮则网线制作成功，若有哪一个没亮灯则证明对应的哪一根线断开或没接好，应重新做。

交叉双绞线一头用 568A 标准，另一头用 568B 标准即可制作，方法同上。

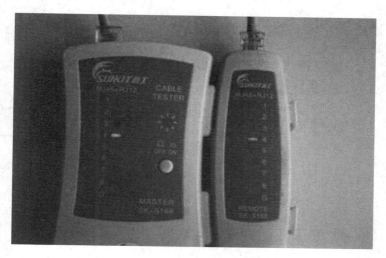

图 7-60 测试网线

第8章
水工基础知识

8.1 水工识图

8.1.1 给排水管道施工图分类

(1) **按专业划分** 根据工程项目性质的不同，管道施工图可分为工业（艺）管道施工图和暖卫管道施工图两大类。前者是为生产输送介质即为生产服务的管道，属于工业管道安装工程；后者是为生活或改善劳动卫生条件，满足人体舒适而输送介质的管道，属于建筑安装工程。

暖卫管道工程又可分为建筑给排水管道、供暖管道、消防管道、通风与空调管道以及燃气管道等诸多专业管道。

(2) **按图形和作用划分** 各专业管道施工图按图形和作用不同，均可分为基本图和详图两部分。基本图包括施工图目录、设计施工说明、设备材料表、工艺流程图、平面图、轴测图、剖（立）面图；详图包括节点图、大样图、标准图。

① 施工图目录。设计人员将各专业施工图按一定的图名、顺序归纳编成施工图目录以便于查阅。通过施工图目录可以了解设计单位、建设单位、拟建工程名称、施工图数量、图号等情况。

② 设计施工说明。凡是图上无法表示出来，又必须让施工人员了解的安装技术、质量要求、施工做法等，均用文字形式表述，

包括设计主要参数、技术数据、施工验收标准等。

③ 设备材料表。是指拟建工程所需的主要设备、各类管道、阀门、防腐材料、绝热材料的名称、规格、材质、数量、型号的明细表。

④ 工艺流程图。流程图是对一个生产系统或化工装置的整个工艺变化过程的表示。通过流程图可以了解设备位号、编号，建（构）筑物名称及整个系统的仪表控制点（温度、压力、流量测点），管道材质、规格、编号，输送的介质流向，主要控制阀门安装的位置、数量等。

⑤ 平面图。平面图主要用于表示建（构）筑、设备及管线之间的平面位置和布置情况，反映管线的走向、坡度、管径、排列及平面尺寸、管路附件及阀门位置、规格、型号等。

⑥ 轴测图。轴测图又称系统图，能够在一个图面上同时反映出管线的空间走向和实际位置，帮助读者想象管线的空间布置情况。轴测图是管道施工图的重要图形之一，系统轴测图是以平面图为主视图，进行第一象限 45°或 60°角斜投影绘制的斜等轴测图。

⑦ 立面图和剖面图。立（剖）面图主要反映建筑物和设备、管线在垂直方向的布置和走向、管路编号、管径、标高、坡度和坡向等情况。

⑧ 节点详图。节点详图主要反映管线某一部分的详细构造及尺寸，是对平面图或其他施工图所无法反映清楚的节点部位的放大。

⑨ 大样图及标准图。大样图主要表示一组设备配管或一组配件组合安装的详图，其特点是用双线表示，对实物有真实感，并对组体部位的详细尺寸均做标注。标准图是一种具有通用性质的图样，是国家有关部门或各设计院绘制的具有标准性的图样，主要反映设备、器具、支架、附件的具体安装方位及详细尺寸，可直接应用于施工安装。

8.1.2 给排水管道施工图主要内容及表示方法

（1）**标题栏**　标题栏提供的内容比图纸更进一层，其格式没有统一规定。标题栏常见内容如下。

① 项目。根据该项工程的具体名称而定。

② 图名。表明本张图纸的名称和主要内容。

③ 设计号。指设计部门对该项工程的编号，有时也是工程的代号。

④ 图别。表明本图所属的专业和设计阶段。

⑤ 图号。表明本专业图纸的编号顺序（一般用阿拉伯数字注写）。

(2) 比例 管道施工图上的长短与实际相比的关系叫做比例。各类管道施工图常用的比例见表 8-1。

表 8-1　管道施工图常用比例

名　　称	比　　例
小区总平面图	$1：2000,1：1000,1：500,1：200$
总图中管道断面图	横向 $1：1000,1：500$ 纵向 $1：200,1：100,1：50$
室内管道平、剖面图	$1：200,1：100,1：50,1：20$
管道系统轴测图	$1：200,1：100,1：50$ 或不按比例
流程图或原理图	无比例

(3) 标高的表示 标高是标注管道或建筑物高度的一种尺寸形式。标高符号的形式见图 8-1。标高符号用细实线绘制，三角形的尖端画在标高引出线上，表示标高位置，尖端的指向可向下，也可向上。剖面图中的管道标高按图 8-2 标注。

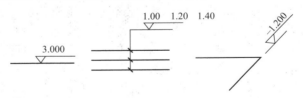

图 8-1　平面图与系统图中管道标高的标注

标高值以米（m）为单位，在一般图纸中宜注写到小数点后三位，在总平面图及相应的小区管道施工图中可注写到小数点后两位。各种管道在起讫点、转角点、连接点、变坡点、交叉点等处需

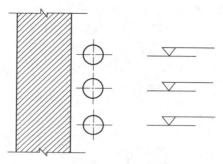

图 8-2　剖面图中标高的标注

要标注管道的标高，地沟宜标注沟底标高，压力管道宜标注管中心标高，室内外重力管道宜标注管内底标高，必要时室内架空重力管道可标注管中心标高（图中应加以说明）。

（4）方位标的表示　确定管道安装方位基准的图标，称为方位标。管道底层平面上一般用指北针表示建筑物或管线的方位，建筑总平面图或室外总体管道布置图上还可用风向频率玫瑰图表示方向，如图 8-3 所示。

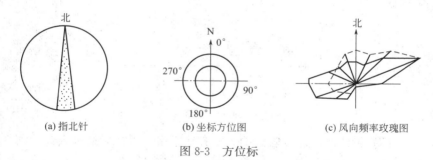

(a) 指北针　　　　　(b) 坐标方位图　　　　(c) 风向频率玫瑰图

图 8-3　方位标

（5）管径的表示　施工图上管道管径尺寸以毫米为单位，标注时通常只注写代号与数字，而不注明单位。低压流体输送用镀锌焊接钢管、不镀锌焊接钢管、铸铁管、聚氯乙烯管、聚丙烯管等，管径应以公称直径 DN 表示，如 $DN15$；无缝钢管、直缝或螺旋缝焊接钢管、有色金属管、不锈钢管等，管径应以外径 $D×$壁厚表示，如 $D108×4$；耐酸瓷管、混凝土管、钢筋混凝土管、陶土管

（缸瓦管）等，管径应以内径 d 表示，如 $d230$。

　　管径在图纸上一般标注在以下位置上：管径尺寸变径处，水平管道的上方，斜管道的斜上方，立管道的左侧，见图 8-4。当管径尺寸无法如上所述标注时，可另找适当位置标注。多根管线的管径尺寸可用引出线标注，见图 8-5。

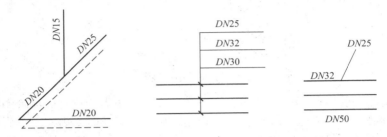

图 8-4　管径尺寸标注位置　　　　图 8-5　多根管线管径尺寸标注

　　（6）坡度、坡向的表示　管道的坡度及坡向表示管道倾斜的程度和高低方向，坡度用字母"i"表示，在其后加上等号并注写坡度值；坡向用单面箭头表示，箭头指向低的一端。常用的表示方法如图 8-6 所示。

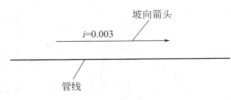

图 8-6　坡度及坡向表示

　　（7）管线的表示　管线的表示方法很多，可在管线进入建筑物入口处进行编号。管道立管较多时，可进行立管编号，并在管道上标注出介质代号、工艺参数及安装数据等。

　　图 8-7 是管道系统入口或出口编号的两种形式，其中图 8-7（a）主要用于室内给水系统的入口和室内排水系统出口的系统编号；图 8-7（b）则用于采暖系统入口或动力管道系统入口的系统编号。

　　立管编号，通常在 8～10mm 直径的圆圈内，注明立管性质及编号。

图 8-7　管道系统编号

（8）**管道连接的表示**　管道连接有法兰连接、承插连接、螺纹连接和焊接连接，它们的连接符号见表 8-2。

表 8-2　**管道连接图例**

名　称	图　例	名　称	图　例
法兰连接	—||—	四通连接	
承插连接	—➤—	盲板	
活接头	—|||—	管道丁字上接	
管堵		管道丁字下接	
法兰堵盖	||	管道交叉	
弯折管	管道向后及向下弯转 90°	螺纹连接	
三通连接		焊接	

8.1.3　给排水管道施工图

建筑给排水管道施工图主要包括平面图、系统图和详图三部分。

（1）**平面图的主要内容**　建筑给排水管道平面布置图是施工图

中最重要和最基本的图样，其比例有 1：50 和 1：100 两种。平面图主要表明室内给水排水管道、卫生器具和用水设备的平面布置。解读时应掌握的主要内容和注意事项有以下几点。

① 查明卫生器具、用水设备（开水炉、水加热器）和升压设备（水泵、水箱）的类型、数量、安装位置、定位尺寸。

② 弄清给水引入管和污水排出管的平面位置、走向、定位尺寸与室外给排水管网的连接方式、管径及坡度。

③ 查明给水排水干管、主管、支管的平面位置与走向、管径尺寸及立管编号。

④ 对于消防给水管道应查明消火栓的布置、口径大小及消火栓箱形式与设置。对于自动喷水灭火系统，还应查明喷头的类型、数量以及报警阀组等消防部件的平面位置、数量、规格、型号。

⑤ 应查明水表的型号、安装位置及水表前后的阀门设置情况。

⑥ 对于室内排水管道，应查明清通设备的布置情况，同时，弯头、三通应考虑是否带检修门。对于大型厂房的室内排水管道，应注意是否设有室内检查井以及检查井的进出管与室外管道的连接方式。对于雨水管道，应查明雨水斗的布置、数量、规格、型号，并结合详细图查清雨水管与屋面天沟的连接方式及施工做法。

（2）系统图的主要内容　给水和排水管道系统图是分系统绘制成正面斜等轴测图的，主要表明管道系统的空间走向。解读时应掌握的主要内容和注意事项如下。

① 查明给水管道系统的具体走向、干管敷设形式、管径尺寸、阀门设置以及管道标高。解读给水系统图时，应按引入管、干管、立管、支管及用水设备的顺序进行。

② 查明排水管道系统的具体走向，管路分支情况，管径尺寸，横管坡度，管道标高，存水弯形式，清通设备型号，弯头、三通的选用是否符合规范要求。解读排水管道系统图时，应按卫生器具或排水设备的存水弯、器具排水管、排水横管、立管、排出管的顺序进行。

（3）详图的主要内容　室内给排水管道详图主要包括管道节点、水表、消火栓、水加热器、开水炉、卫生器具、穿墙套管、排水设备、管道支架等，图上均注有详细尺寸，可供安装时直接使用。

［实例 1］　图 8-8～图 8-10 所示为某三层办公楼的给水排水管

道平面图和系统图，试对这套施工图进行解读。

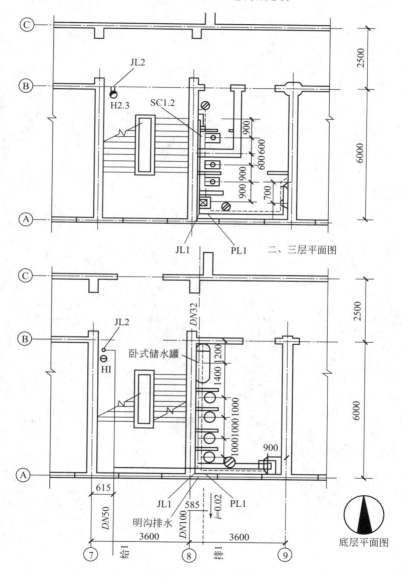

图 8-8　管道平面图

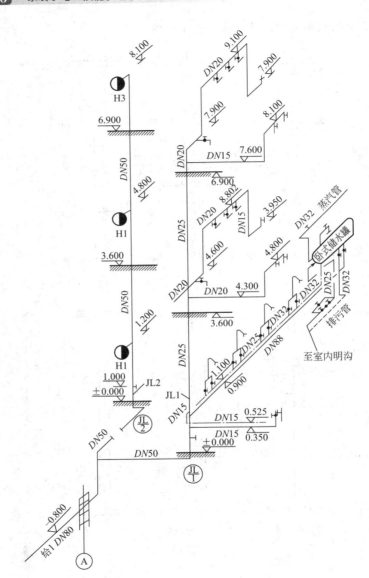

图 8-9　给水管道系统图

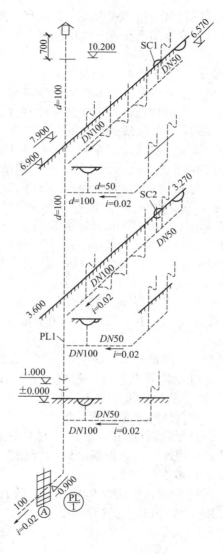

图 8-10　排水管道系统图

通过解读平面图，得知该办公楼底层设有淋浴间，二层和三层设有卫生间。淋浴间内设有四组淋浴器、一个洗脸盆、一个地漏。

二层卫生间内设有三套高水箱蹲式大便器、两套小便器、一个洗脸盆、两个地漏。三层卫生间的布置与二层相同。每层楼梯间均设有消火栓箱。

给水引入管的位置处于 7 号轴线东 615mm 处，由南向北进入室内并分两路，一路由西向东进入淋浴间，立管编号为 JL1；另一路进入室内后向北至消防栓箱，消防立管编号为 JL2。

JL1 位于 A 轴线和 8 号轴线的墙角处，该立管在底层分两路供水，一路由南向北沿 8 号轴线沿墙敷设，管径为 $DN32mm$，标高为 0.900m，经过四组淋浴器进入储水罐。另一路沿 A 轴线沿墙敷设，送至洗脸盆。标高为 0.350m，管径为 $DN15mm$。管道在二层也分两路供水，一路为洗涤盆供水，标高为 4.6m，管径为 $DN20mm$。又登高至标高 5.800m，管径为 $DN20mm$，为蹲式大便器高水箱供水，再返低至 3.950m，管径为 $DN15mm$，为洗脸盆供水。另一路由西向东，标高为 4.300m，登高至 4.800m 转向北，为小便器供水。

JL2 设在 B 轴线和 7 号轴线的楼梯间，在标高 1.000 处设闸阀，消火栓编号为 H1、H2、H3，分别设在 1～3 层距地面 1.2m 处。

排水系统图中，一路是地漏、洗脸盆、蹲式大便器及洗涤盆组成的排水横管，在排水横管上设有清扫口。清扫口之前的管径为 $DN50mm$，之后的管径为 $DN100mm$。另一路是由两个小便器、地漏组成的排水横管。地漏之前的管径为 $DN50mm$，之后的管径为 $DN100mm$。两路横管坡度均为 0.020。底层是由洗脸盆、地漏组成的排水横管，为埋地敷设，地漏之前的管径为 $DN50mm$，之后的为 $DN100mm$，坡度为 0.020。

排水立管及通气管管径为 $DN100mm$，立管在底层和三层分别距地面 1.00m 处设检查口，通气管伸出屋面 0.7m。排出管管径 $DN100mm$，穿墙处标高为 -0.900m，坡度为 0.020。

8.1.4　室外给排水系统施工图

（1）解读方法

① 平面图解读　室外给排水管道平面图主要表示一个小区或

楼房等给排水管道布置情况，解读时应注意下列注意事项。

　　a. 查明管路平面布置与走向。通常给水管道用粗实线表示，排水管道用粗虚线表示，检查井用直径 2～3mm 的小圆表示。给水管道的走向是从大管径到小管径，通向建筑物；排水管的走向从建筑物出来到检查井，各检查井之间从高标高到低标高，管径从小到大。

　　b. 查明消火栓、水表井、阀门井的具体位置。当管路上有泵站、水池、水塔及其他构筑物时，要查明这些构筑物的位置、管道进出的方向，以及各构筑物上管道、阀门及附件的设置情况。

　　c. 了解排水管道的埋深及管长。管道通常标注绝对标高，解读时要搞清楚地面的自然标高，以便计算管道的埋设深度。室外给排水管道的标高通常是按管底来标注的。

　　d. 特别要注意检查井的位置和检查井进出管的标高。当设有标高的标注时，可用坡度计算出管道的相对标高。当排水管道有局部污水处理构筑物时，还要查明这些构筑物的位置，进出接管的管径、距离、坡度等，必要时应查看有关详图，进一步搞清构筑物构造及构筑物上的配管情况。

　　② 纵断面图解读　由于地下管道种类繁多，布置复杂，为了更好地表示给排水管道的纵断面布置情况，有些工程还绘制管道纵断面图，解读时应注意下列注意事项。

　　a. 查明管道、检查井的纵断面情况。有关数据均列在图样下面的表格中，一般列有检查井编号及距离、管道埋深、管底标高、地面标高、管道坡度和管道直径等。

　　b. 由于管道长度方向比直径方向大得多，纵断面图绘制时纵横向采用不同的比例。

　　c. 识图方法。管道纵断面图分为上下两部分，上部分的左侧为标高塔尺，靠近塔尺的左侧注上相应的绝对标高，右侧为管道断面图形，下部分为数据表格。

　　读图时，先解读平面图，然后根据平面图解读断面图。读断面图时，先看是哪种管道的纵断面图，然后看该管道纵断面图形中有哪些节点，并在相应的平面图中找该管道及其相应的各节点，最后在该管道纵断面图的数据表格内，查找其管道纵断面图形中各节点的有关数据。

（2）室外给排水管道施工图解读举例

[**实例 2**] 某大楼室外给排水管道平面力和纵断面图如图 8-11 和图 8-12 所示。

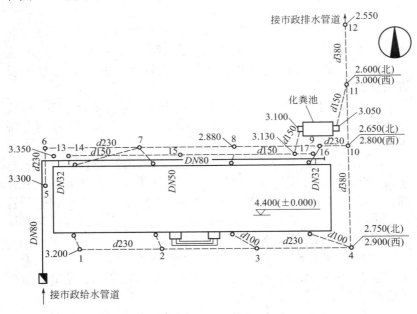

图 8-11 某大楼室外给排水管道平面图

室外给水管道布置在大楼北面，距外墙约 2m（用比例尺量），平行于外墙埋地敷设，管径 DN80mm，由 3 处进入大楼，管径为 DN32mm、DN50mm、DN32mm。室外给水管道在大楼西北角转弯向南，接水表后与市政输水管道连接。

室外排水系统有污水系统和雨水系统，污水系统经化粪池后与雨水管道汇总排至市政排水管道。污水管道由大楼 3 处排出，排水管管径、埋深见室内排水管道施工图。污水管道平行于大楼北外墙敷，管径 d150mm，管路上设有 5 个检查井（编号 13、14、15、16、17）。大楼污水汇集到 17 号检查井后排入化粪池，化粪池的出

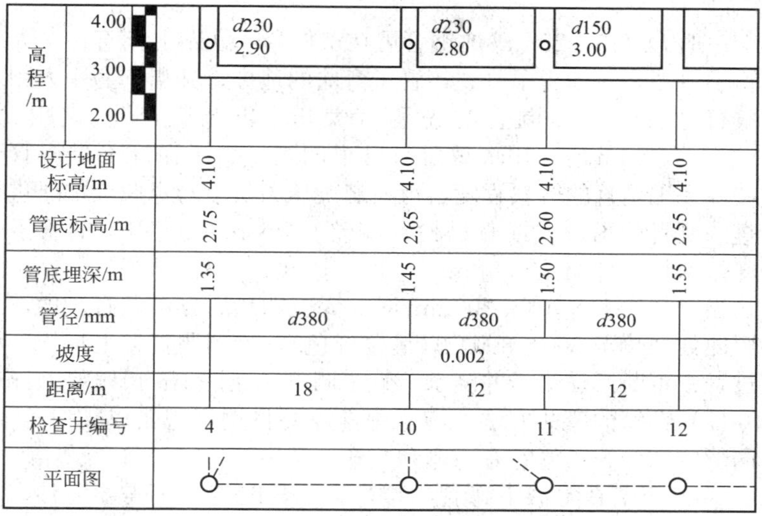

高程/m		d230 2.90	d230 2.80	d150 3.00	
4.00 3.00 2.00					
设计地面标高/m	4.10	4.10	4.10		4.10
管底标高/m	2.75	2.65	2.60		2.55
管底埋深/m	1.35	1.45	1.50		1.55
管径/mm		d380	d380	d380	
坡度		0.002			
距离/m		18	12	12	
检查井编号	4	10	11		12
平面图					

图 8-12 某大楼室外排水管道纵断面图

水管接至 11 号检查井后与雨水管汇合。

室外雨水收集大楼屋面雨水,大楼南面设 4 根雨水立管、4 个检查井(编号 1、2、3、4),北面设有 4 个立管、4 个检查井(编号 6、7、8、9),大楼西北设一个检查井(编号 5)。南北两条雨水管管径均为 d230mm,雨水总管自 4 号检查井至 11 号检查井,管径 d380mm,污水雨水汇合后管径仍为 d380mm。雨水管起点检查井管底标高:1 号检查井 3.200m,5 号检查井 3.300m,总管出口 12 号检查井管底标高 2.550m,其余各检查井管底标高见平面图或纵断面图。

8.2 钢管的制备

8.2.1 钢管的调直、弯曲方法

(1) **钢管的调直方法** 由于搬动装卸过程中的挤压、碰撞,管子往往产生弯曲变形,这就给装配管道带来了困难,因此在使用前必须进行调直。

一般 $DN15\sim25\text{mm}$ 的钢管可在工作台或铁砧上调直。一人站在管子一端，转动管子，观察管子弯曲的地方，并指挥另一人用木锤敲打弯曲处。在调直时先调直大弯，再调直小弯。管径为 $DN25\sim100\text{mm}$ 时，用木锤敲打已很困难，为了保证不敲扁管子或减轻手工调直的劳累程度，可在螺旋压力机上对弯曲处加压进行调直。调直后用拉线或直尺检查偏差。$DN100\text{mm}$ 以下的管子弯曲度每米长允许偏差 0.5mm。

当管径为 $DN100\sim200\text{mm}$ 时，要经加热后方可调直。做法是将弯曲处加热至 $600\sim800\text{℃}$（呈樱红色），抬到调直架上加压，调直过程中不断滚动管子并浇水。管子调直后允许 1m 长偏差 1mm。

(2) 钢管的弯曲方法　施工中常需要将钢管弯曲成某一角度、不同形状的弯管。弯管有冷弯和热弯两种方法。

① 冷弯　在常温下弯管叫冷弯。冷弯时管中不需要灌沙，钢材质量也不受加温影响，但冷弯费力，弯 $DN25\text{mm}$ 以下的管子要用弯管机。弯管机形式较多，一般为液压式，由顶杆、胎模、挡轮、手柄等组成，胎膜是根据管径和弯曲半径制成的。使用时将管子放入两个挡轮与胎模之间，用手摇动油杆注油加压，顶杆逐渐伸出，通过胎模将管子顶弯。该弯管机可应用于 $DN50\text{mm}$ 以下的管子。在安装现场还常采用手工弯管台，如图 8-13 所示，其主要部件是两个轮子，轮子由铸铁毛坯经车削而成，边缘处都有向里凹进

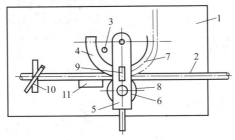

图 8-13　手工弯管台

1—管台；2—要弯的管子；3—销子；4—大轮；5—推架；
6—小轮；7—刻度（指示弯曲角度）；8—小分界线销子；
9—观察孔；10—压力钳；11—靠铁

的半圆槽，半圆槽直径等于被弯管子的外径。大轮固定在管台上，其半径为弯头的弯曲半径。弯制时，将管子用压力钳固定，推动推架，小轮在推架中转动，于是管子就逐渐弯向大轮。靠铁是防止该处管子变形而设置的。

② 热弯的工序

a. 充沙。管子一端用木塞塞紧，把粒径 8～5mm 的洁净河沙加热、炒干、灌入管中。弯管最大时应搭设灌沙台，将管竖直排在台前，以便从上向内灌沙。每充一段沙，要用手锤在管壁上敲击振实，填满后以敲击管壁沙面不再下降为合格，然后用木塞塞紧。

b. 画线。根据弯曲半径 R 算出应加热的弧长 L，即

$$L = \frac{2\pi R}{360} \alpha$$

其中，α 为弯曲角度。在确定弯曲点后，以该点为中心两边各取 $L/2$ 长，用粉笔画线，这部分就是加热段。

c. 加热。加热在地炉上进行，用焦炭或木炭作燃料，不能用煤，因为煤中含有硫，对管材起腐蚀作用，而且用煤加热会引起局部过热。为了节约焦炭，可用废铁皮盖在火炉上以减少损失。加热时要不时转动管子使加热段温度一致。加热到 950～1000℃ 时，管面氧化层开始脱落，表明管中沙子已热透，即可弯管。弯管的加热长度一般为弯曲长度的 1.1～1.2 倍，弯曲操作的温度区间为 750～1050℃，低于 750℃ 时不得再进行弯曲。

管壁温度可由管壁颜色确定：微红色约为 550℃，樱红色约为 700℃，浅红色约为 800℃，深橙色约为 900℃，橙黄色约为 1000℃，浅黄色约为 1100℃。

d. 弯曲成形。弯曲工作在弯管台上进行。弯管台是用一块厚钢板做成，钢板上钻有不同距离的管孔，板上焊有一根钢管作为定销，管孔内插入另一个销子，由于管孔距离不同，就可弯制各种弯曲半径的弯头。把烧热的管子放在两个销钉之间，扳动管子自由端，一边弯曲一边用样板对照，达到弯曲要求后，用冷水浇冷，继续弯其余部分，直到与样板完全相符为止。由于管子冷却后会回弹，故样板要较预定弯曲度多弯 3° 左右。弯头弯成后，趁热涂上机油，机油在高温弯头表面上沸腾而形成一层防锈层，防止弯头锈

蚀。在弯制过程中如出现过大椭圆度、鼓包、褶皱时，应立即停止成形操作，趁热用手锤修复。

成形冷却后，要清除内部沙粒，尤其要注意要把粘接在管壁上的沙粒除净，确保管道内部清洁。

目前制作各种弯头，采用机械热撼弯技术，加热采用氧-乙炔火焰或中频感应电热，制作规范。

热弯成形不能用于镀锌钢管，镀锌钢管的镀层遇热会变成白色氧化锌并脱落掉。

③ 几种常用弯管制作

a.乙字弯制作。乙字弯又叫回管、灯叉管，如图 8-14 所示。它由两个小于 90°的弯管和中间一段直管组成，两平行直管的中心距为 H，弯管弯曲半径为 R，弯曲角度为 α，一般为 30°、45°、60°。

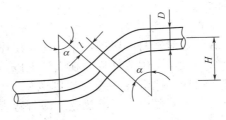

图 8-14　乙字弯

可按自身条件求出

$$l = \frac{H}{\sin\alpha} = 2R\tan\frac{\alpha}{2}$$

当 $\alpha=45°$、$R=4D$ 时，可化简求出 $l=1.414H-3.312D$，每个弯管画线长度为 $0.785R=3.14D\approx3D$，两个弯管加 l 长即为乙字弯的画线长 L。

$$L = 2\times3D+1.414H-3.312D = 2.7D+1.414H$$

乙字弯在用作室内采暖系统散热器进出口与立管的连接管时，管径为 $DN15\sim20mm$，在工地可用手工冷弯制作。制作时先弯曲一个角度，再由 H 定位第二个角度弯曲点，因为保证两平行管间距离 H 的准确是保证系统安装平、直的关键尺寸。这样做可以避免角度弯曲不准、l 定位不准而造成 H 不准。弯制后，乙字弯管整体要与平面贴合，没有翘起现象。

b.半圆弯管的制作。半圆弯一般由三个弯曲半径相同的弯管组成，其中两个为 60°（或 45°）的弯管，一个为 120°的弯管，如图 8-15 所示，其展开长度 L（mm）为

$$L = \frac{3}{4} \pi R$$

制作时，先弯曲两侧的弯管，再用胎管压制中间的 120°弯，半圆弯管用于两管交叉在同一平面上，一个管采用半圆弯管绕过另一管。

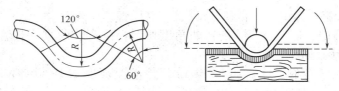

图 8-15　平圆弯管的组成与制作

c.圆形弯管的制作。用作安装压力表的圆形弯管如图 8-16 所示，其画线长度为

$$L = 2\pi R + \frac{2}{3} \pi R + \frac{1}{3} \pi r + 2l$$

式中，第一项为一个圆弧长，第二项为一个 120°弧长，第三项为两边立管弯曲时 60°总弧长，l 为立管弯曲段以外直管长度，一般取 100mm。如图 8-16 所示，R 取 60mm，r 取 33mm，则画线长度为 737.2mm。

撼制此管用无缝钢管，选择稍小于圆环内圆的钢管作胎具（如选择 ϕ100mm 管），用氧-乙炔火焰烘烤，先撼环弯至两侧管子夹角为 60°状态时浇水冷却，再撼两侧立管弧管，逐个完成，使两立管在同一中心线上。

④ 制作弯管的质量标准及产生缺陷原因

a.无裂纹、分层、过烧等缺陷。外圆弧应均匀，不扭曲。

b.壁厚减薄率：中、低压管≤15%，高压管≤10%，且不小于设计壁厚。

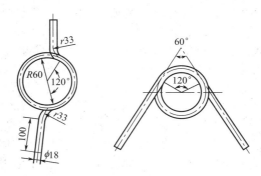

图 8-16　圆形表弯管

c.椭圆度：中、低压管≤8％，高压管≤50％。

d.中、低压管弯管的弯曲角度偏差：按弯管段直管长管端偏差 Δ 计，如图 8-17 所示。

机械弯管：$\Delta \leqslant \pm 3$mm/m；当直管长度 $L > 3$m 时，$\Delta \leqslant \pm 10$mm。

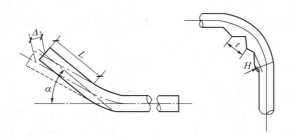

图 8-17　弯曲角度管端轴线偏差及弯曲波浪度

地炉弯管：$\Delta \leqslant \pm 5$mm/m；当直管长度 $L > 3$m 时，$\Delta \leqslant \pm 15$mm。

e.中、低压管弯管内侧有褶皱时，波距 $t \leqslant 4H$，波浪高度 H 允许值依管径而定。当外径≤108mm，$H \leqslant 4$mm；外径为 133～219mm，$H \leqslant 5$mm；外径为 273～324mm，$H \leqslant 7$mm；外径 > 377mm，$H \leqslant 8$mm。

弯管产生缺陷的原因见表 8-3。

表 8-3　弯管产生缺陷的原因

缺陷	产生缺陷的原因
褶皱	①加热不均匀,浇水不当,使弯曲管段内侧温度过高 ②弯曲时施力角度与钢管不垂直 ③施力不均匀,有冲击现象 ④管壁过薄 ⑤充沙不实,有空隙
椭圆度过大	①弯曲半径小 ②充沙不实
管壁减薄太多	①弯曲半径小 ②加热不均匀,浇水不当,使内侧温度太低
裂纹	①钢管材质不合格 ②加热燃料中含硫过多 ③浇水冷却太快,气温过低
离层	钢管材质不合适
弯曲角度偏差	①样板画线有误,热弯时样板弯曲度应多弯 3°左右 ②弯曲作业时,定位销活动

8.2.2　钢管的管子切断

在管路安装前,需要根据安装要求的长度和形状将管子切断,常用的方法有锯割、刀割、磨割、气割、凿切、等离子切割等,施工时可根据现场条件和管子的材质及规格,选用合适的切断方法。

(1) 钢管切断　钢管切断可用锯割、刀割、气割等方法。

① 锯割　锯割是常用的一种切断钢管的方法,可采用手工锯割和机械锯割。

手工切断即用手锯切断钢管。在切断管子时,应预先划好线。划线的方法是用整齐的厚纸板或油毡缠绕管子一周,然后用石笔沿样板纸边划一圈即可。切割时,锯条应保持与管子轴线垂直,用力要均匀,锯条向前推动时加适当压力,往回拉时不宜加力。锯条往复运动应尽量拉开距离,不要只用中间一段锯齿。锯口要锯到管子底部,不可把剩余的部分折断,以防止管壁变形。

为满足切割不同厚度金属材料的需要,手锯的锯条有不同的锯齿。在使用细齿锯条时,因齿嘴小,会有几个锯齿同时与管壁的断面接触，锯齿吃力小，而不至于卡掉锯齿且较为省力，但这种齿距切断速度慢，一般只适用于切断直径 40mm 以下的管材。使用粗齿锯条切管子时，锯齿与管壁断面接触的齿数少，锯齿吃力大，容易卡掉锯齿且较费力，但这种齿距切断速度快，适用于切断直径 15～50mm 的钢管。机械锯割管子时，将管子固定在锯床上，用锯条对准切断线锯割。它用于切割成批量的直径大的各种金属管和非金属管。

② 管子割刀切割　切割是指用管子割刀切断管子，一般用于切割直径 DN100mm 以下的薄壁管子，不适用于铸铁管和铝管。管子割刀切割具有操作简便、速度快、切口断面平整的优点，所以在施工中普遍使用，其外形见图 8-18。使用管子割刀切割管子时，应将割刀的刀片对准切割线平稳切割，不得偏斜，每次进刀量不可过大，以免管口受挤压使得管径变小，并应对切口处加油。管子切断后，应用铰刀铰去管口缩小部分。

图 8-18　管子割刀与刀片

管子割刀切割的操作方法如下。

a. 在被切割的管子上划上切割线，放在龙门压力钳上夹紧。

b. 将管子放在割刀滚轮和刀片之间，刀刃对准管子上的切割线，旋转螺杆手柄夹紧管子，并扳动螺杆手柄绕管子转动，边转动边拧紧，滚刀即逐步切入管壁，直到切断为止。

c. 管子割刀切割管子会造成管径不同程度的缩小，需用铰刀插入管口，刮去管口收缩部分。

③ 砂轮切割机磨割　磨割是指用砂轮切割机（无齿锯）上的砂轮片切割管子。它可用于切割碳钢管、合金钢管和不锈钢管。这种砂轮切割机效率高，并且切断的管子端面光滑，只有少许飞边，用砂轮轻磨或锉刀锉一下即可除去。这种切割机可以切直口，也可以切斜口，还可以用来切断各种型钢。在切割时，要注意用力均匀和控制好方向，不可用力过猛，以防止将砂轮折断飞出伤人，更不可用飞转的砂轮磨制钻头、刀片、钢筋头等。

④ 气割　气割又称氧-乙炔切割。主要用于大直径的碳素钢管及异形切口的切割，它是利用氧气和乙炔燃烧时所产生的热能，使被切割的金属在高温下熔化，产生氧化铁熔渣，然后用高压气流将熔渣吹离金属，此时，管子即被切断。操作时应注意以下问题。

a. 割嘴应保持垂直于管子表面，待割透后，将割嘴逐渐前倾，倾斜到与割点的切线呈 $70°\sim80°$ 角。

b. 气割固定管时，一般从管子下部开始。

c. 气割时，应根据管子壁厚选择割嘴和调整氧气、乙炔压力。

d. 在管道安装过程中，常用气割方法切断管径较大的管子。用气割切断钢管效率高，切口也比较整齐，但切口表面将附着一层氧化薄膜，需要在焊接前除去。

(2) 铸铁管切断　铸铁管硬而脆，切断的方法与钢管有所不同。目前，通常采用凿切，有时也采用锯割和磨割。

凿切所用的工具是扁凿和手锤。凿切时，在管子的切断线下和两侧垫上厚木板，用扁凿沿切断线凿 $1\sim2$ 圈，凿出线沟，然后用手锤沿线沟用力敲打，同时不断转动管子，连续敲打直到管子折断为止，如图 8-19 所示。切断小口径的铸铁管时，使用扁凿和手锤

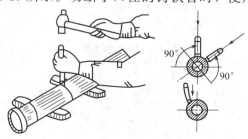

图 8-19　切管示意图

由一人操作即可。切断大口径的铸铁管时，需由两个人操作，一人打锤，一人掌握凿子，必要时还需有人帮助转动管子。操作人员应戴好防护眼镜，以免铁屑飞溅伤及眼睛。

8.2.3 钢管套螺纹

钢管套螺纹是指对钢管末端进行外螺纹加工。加工方法有手工套螺纹和机械套螺纹两种。

(1) 手工套螺纹 手工套螺纹是指加工的管子固定在台虎钳上，需套螺纹的一端管段应伸出钳口外 150mm 左右。把铰板装置放到底，并把活动盘标盘对准固定标盘与管子相应的刻度上。上紧标盘固定把，随后将后套推入管子至与管牙齐平，关紧后套（不要太紧，以能使铰板转动为宜）。人站在管端前方，一手扶住机身向前推进，另一手顺时针方向转动铰板把手。当板牙进入管子两扣时，在切削端加上机油润滑并冷却板牙，然后人可站在右侧继续用力旋转转动把，使板牙徐徐而进。

为使螺纹连接紧密，螺纹加工成锥形，螺纹的锥度是利用套螺纹过程中逐渐松开板牙的松紧螺钉来达到的。当螺纹加工达到规定长度时，一边旋转套螺纹，一边松开松紧螺钉。$DN50\sim100mm$ 的管子可由 $2\sim4$ 人操作。

为了操作省力及防止板牙过度磨损，不同管应有不同的套螺纹次数：$DN32mm$ 以下者，最好两次套成；$DN32mm$、$DN50mm$ 者，可分两次到三次套成；$DN50mm$ 以上者必须在三次以上，严禁一次完成套螺纹。套螺纹时，第一次或第二次铰板的活动标盘对准固定标盘刻度时，要略大于相应的刻度。螺纹加工长度可按表8-4确定。

表 8-4　螺纹加工长度

管径/mm	短螺纹		长螺纹		连接阀门螺纹长度/mm
	长度/mm	螺纹数/牙	长度/mm	螺纹数/牙	
15	14	8	50	28	12
20	16	9	55	30	13.5
25	18	8	60	26	15
32	20	9	65	28	17

管径/mm	短螺纹		长螺纹		连接阀门螺纹 长度/mm
	长度/mm	螺纹数/牙	长度/mm	螺纹数/牙	
40	22	10	70	30	19
50	24	11	75	33	21
70	27	12	85	37	23.5
80	30	13	100	44	26

在实际安装中，当支管要求坡度时，遇到管螺纹不端正，则要求有相应的偏扣，俗称"歪牙"。歪牙的最大偏离度不能超过15°。歪牙的操作方法是将铰板套进管子一两扣后，把后卡爪板根据所需略为松开，使螺纹向一侧倾斜，这样套成的螺纹即成"歪牙"。

(2) 机械套螺纹 机械套螺纹是使用套丝机给管子进行套螺纹。套螺纹前，应首先进行空负荷试车，确认运行正常可靠后方可进行套螺纹工作。

套螺纹时，先支上腿或放在工作台上，取下底盘里的铁屑筛的盖子，灌入润滑油，再把电插头插入，注意电压必须相符。推上开关，可以看到油在流淌。

套管端小螺纹时，先在套丝板上装好板牙，再把套丝架拉开，插进管子，使管子前后抱紧。在管子挑出一头，用台虎钳予以支撑。放下板牙架子，把出油管放下，润滑油就从油管内喷出来，把油管调在适当的位置，合上开关，扳动进给把手，使板牙对准管子头；稍加一点压力，套螺纹操作就开始了。板牙对上管子后很快就套出一个标准螺纹。

套丝机一般以低速工作，如有变速箱，要根据套出螺纹的质量情况选择一定速度，不得逐级加速，以防"爆牙"或管端变形。套螺纹时，严禁用锤击的方法旋紧或放松背面挡脚、进刀手把和活动标盘。长管套螺纹时，管后端一定要垫平；螺纹套成后，再将进刀把和管子夹头松开，将管子缓缓地退出，防止碰伤螺纹。套螺纹的次数：DN25mm以上要分两次进行，切不可一次套成，以免损坏板牙或"硌牙"。在套螺纹过程中要经常加机油润滑和冷却。

管子螺纹应规整，如有断丝或缺丝，不得大于螺纹全扣数的10%。

8.3 塑料管的制备

　　塑料管包括聚乙烯管、聚丙烯管、聚氯乙烯管等。这些管材质软，在200℃左右即产生塑性变形或能熔化，因此加工十分方便。

8.3.1 塑料管的切割与弯曲

　　使用细牙手锯或木工圆锯进行切割，切割口的平面度偏差为：$DN < 50mm$，为 0.5mm；$DN50 \sim 160mm$，为 1mm；$DN > 160mm$，为 2mm。管端用手锉锉出倒角，距管口 50～100mm 处端不得有毛刺、污垢、凸疤，以便进行管口加工及连接作业。

　　公称直径 $DN \leqslant 200mm$ 的弯管，有成品弯头供应，一般为弯曲半径很小的急弯弯头。需要制作时可采用热弯，弯曲半径 $R = (3.5 \sim 4)DN$。

　　塑料管热弯工艺与弯钢管的不同：

　　① 不论管径大小，一律填细沙。

　　② 加热温度为 130～150℃，在蒸汽加热箱或电加热箱内进行。

　　③ 用木材制作弯管模具，木块的高度稍高于管子半径。管子加热至要求温度迅速从加热箱内取出，放入弯管模具内，因管材已成塑性，用力很小，用浇冷水方法使其冷却定形，然后取出沙子，并继续进行水冷。管子冷却后要有 1°～2°的回弹，因此制作模具时把弯曲角度加大 1°～2°。

8.3.2 塑料管的连接

　　塑料管的连接方法可根据管材、工作条件、管道敷设条件而定。壁厚大于 4mm、$DN \geqslant 50mm$ 的塑料管均可采用对口接触焊；壁厚小于 4mm、$DN \leqslant 150mm$ 的承压管可采用套管或承口连接；非承压的管子可采用承口粘接、加橡胶圈的承口连接；与阀件、金属部件或管道相连接，且压力低于 2MPa 时，可采用卷边法兰连接或平焊法兰连接。

　　(1) **对口焊接**　塑料管的对口焊接有对口接触焊和热空气焊两

种方法。对口接触焊是塑料管放在焊接设备的夹具上夹牢，清除管端氧化层，将两根管子对正，管端间隙在 0.7mm 以下，电加热盘正套在接口处加热，使焊接表面 1～2mm 厚的塑料熔化，并用 0.1～0.25MPa 的压力加压使熔融表面连接成一体。热空气焊是将热空气加热至 200～250℃进行焊接，可以调焊枪内的电热丝电压以控制温度。压缩空气保持压力为 0.05～0.1MPa。焊接时将管端对正，用塑料条对准焊缝，焊枪加热将管件和焊枪条熔融并连接在一起。

(2) 承接口连接　承插口连接的程序是先进行试插，检查承插口长度及间隙，长度以管子公称直径的 1～1.5 倍为宜，间隙应不大于 0.3mm，然后用酒精将承口内壁、插管外壁擦洗干净，并均匀涂上一层胶黏剂，即时插入，保持挤压 2～3min，擦净接口外挤出的胶黏剂，固化后可进行焊接，以增加边缘连接的强度。胶黏剂可采用过氯乙烯树脂与二氯乙烷（或丙酮）质量比 1∶4 的调和物，该调和物称为过氯乙烯胶黏剂，也可采用市场上供应的多种胶黏剂。

如塑料管没有承口，还要自行加工制作。方法是在扩张管端采用蒸汽加热或用甘油加热锅加热，加热长度为管子直径的 1～1.5 倍，加热温度为 130～150℃，此时可将插口的管子插入已加热的管端，使其扩大为承口。也可用金属扩口模具扩张。为了使插入管能顺利地插入承口，可在扩张管端及插入管端先做成 30°斜口，如图 8-20 所示。

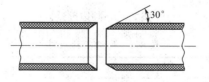

图 8-20　管口扩张前的坡口形式

(3) 套管连接　套管连接是先将管子对焊起来，并把焊缝铲平，再在接头上加套管。套管可用塑料板加热卷制而成，套管与连接管之间涂上胶黏剂，套管的接口、套管两端与连接管还可焊接起来，增加强度。套管尺寸见表 8-5。

表 8-5　套管尺寸

公称直径 DN/mm	25	32	40	50	65	80	100	125	150	200
套管长度/mm	56	72	94	124	146	172	220	272	330	436
套管厚度/mm		3			4		5		6	7

（4）法兰连接　采用钢制法兰时，先将法兰套入管内，然后加热管进行翻边。采用塑料板材制成的法兰或与塑料管进行焊接时，塑料法兰应在内径两面车出 45°坡口，两面都应与管子焊接。紧固法兰时应把密封垫垫好，并在螺栓两端加垫圈。

塑料管管端翻边的工艺是将要翻边的管端加热至 $140\sim150℃$，套上钢法兰，推入翻边模具。翻边模具为钢质，如图 8-21 所示，尺寸见表 8-6。翻边模具推入前先加热至 $80\sim100℃$，不使管端冷却，推入后均匀地使管口翻成垂直于管子轴线的翻边。翻边后不得有裂纹和褶皱等缺陷。

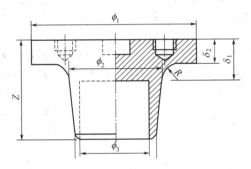

图 8-21　翻边模具

表 8-6　翻边模具尺寸

管子规格/mm	ϕ_1	ϕ_2	ϕ_3	Z	δ_1	δ_2	R
65×4.5	105	56	40	65	30	20.5	9.5
76×5	116	66	50	75	30	20	10
90×6	128	76	60	85	30	19	11
114×7	160	96	80	100	30	18	12
166×8	206	150	134	100	30	17	13

（5）UPVC 管道连接　UPVC 管连接通常采用溶剂粘接，即把

胶黏剂均匀涂在管子承口的内壁和插口的外壁，等溶剂作用后承插并固定一段时间形成连接。连接前，应先检验管材与管件不应受外部损伤，切割面平直且与轴线垂直，清理毛刺，切削坡口合格，黏合面如有油污、尘砂、水渍或潮湿，都会影响粘接强度和密封性能，因此必须用软纸、细棉布或棉纱擦净，必要时蘸用丙酮的清洁剂擦净。插口插入承口前，在插口上标出插入深度，管端插入承口必须有足够深度，目的是保证有足够的结合面，端处可用板锉锉成15°～30°坡口。坡口厚度宜为管壁厚度的 1/3～1/2。坡口完成后应将毛刺处理干净，如图 8-22 所示。

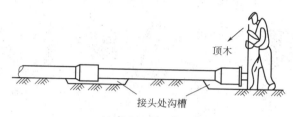

顶木

接头处沟槽

(a) ϕ150mm以下管子插接法

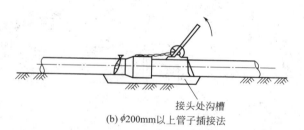

接头处沟槽

(b) ϕ200mm以上管子插接法

图 8-22　UPVC管承插连接

　　管道粘接不宜在湿度很大的环境下进行，操作场所应远离火源、防止撞击和阳光直射。在−20℃以下的环境中不得操作。涂胶宜采用鬃刷，当采用其他材料时应防止与胶黏剂发生化学作用，刷子宽度一般为管径的 1/3～1/2。涂刷胶黏剂应先涂承口内壁再刷插口外壁，应重复二次。涂刷时动作迅速、均匀、适量，无漏涂。涂刷结束后应将管子立即插入承口，轴向需用力准确，应使管子插入深度符合所划标记，并稍加旋转。管道插入后应扶持 1～2min，再静置以待完全干燥和固化。粘接后迅速擦净溢出的多余胶黏剂，以免影响外壁美观。管端插入深度不得小于表 8-7 的规定。

表 8-7 管端插入深度

代 号	1	2	3	4	5
管子外径/mm	40	50	75	110	160
管端插入深度/mm	25	25	40	50	60

(6) 铝塑复合管连接 铝塑复合管连接有两种：螺纹连接、压力连接。

① 螺纹连接 螺纹连接如图 8-23 所示。

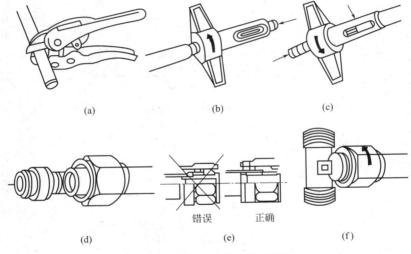

图 8-23 铝塑复合管连接示意图

螺纹连接的工序：

a. 用剪管刀将管子剪成合适的长度。

b. 穿入螺丝接头及 C 形铜环。

c. 将整圆器插入管内到底用手旋转整圆，同时完成管内圆倒角。整圆器按顺时针方向转动，对准管子内部口径。

d. 用扳手将螺母拧紧。

② 压力连接 当使用承压和螺钉管件时，将一个带有外压套筒的垫圈压制在管末端，用 O 形密封圈和内壁紧固起来。压制过

程分两种：使用螺钉管件时，只需拧紧旋转螺钉；使用承压管件时，需用压制工具和钳子压接外层不锈钢套管。

（7）PP-R 管连接　　PP-R 管道连接方式有热熔连接、电熔连接、螺纹连接与法兰连接，这里仅介绍热熔连接和螺纹连接。

① 热熔连接　　热熔连接工具见图 8-24。

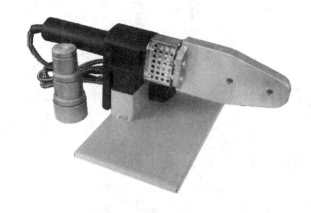

图 8-24　熔接器

热熔连接的工序：

a. 用卡尺与笔在管端测量并标绘出热熔深度，如图 8-25（a）、（b）所示。

b. 管材与管件连接端面必须无损伤、清洁、干燥、无油。

c. 热熔工具接通普通单相电源加热，升温时间约 6min，焊接温度自动控制在约 260℃，可连接施工到达工作温度指示灯亮后方能开始操作。

d. 做好熔焊深度及方向记号，在焊头上把整个熔焊深度加热，包括管道和接头，如图 8-25(c) 所示。无旋转地把管端导入加热套内，插入到所标志的深度，同时无旋转地把管件推到加热头上，达到规定标志处。

e. 达到加热时间后，立即把管材与管件从加热套与加热头上同时取下，迅速无旋转地直线均匀插入到所标深度，使接头处形成均匀凸缘，如图 8-25(d) 所示。

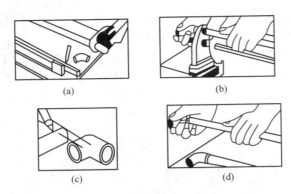

图 8-25　管道熔接示意图

f.工作时应避免焊头和加热板烫伤，或烫坏其他财物，保持焊头清洁，以保证焊接质量。

g.热熔连接技术要求见表 8-8。

表 8-8　热熔连接技术要求

公称直径/mm	热熔深度/mm	加热时间/s	加工时间/s	冷却时间/min
20	14	5	4	3
25	16	7	4	3
32	20	8	4	4
40	21	12	6	4
50	22.5	18	6	5
63	24	24	6	6
75	26	2	10	8
90	32	40	10	8
110	38.5	50	15	10

② 螺纹连接　PP-R 管与金属管件连接，应采用带金属嵌件的聚丙烯管件作为过渡，如图 8-26 所示。

(8) 管道支架和吊架的安装　为了正确支承管道，满足管道补偿、热位移和防止管道振动，防止管道对设备产生推力等要求，管道敷设应正确设计和安装管道的支架和吊架。

管道的支架和吊架形式和结构很多，按用途分为滑动支架，导向支架、固定支架和吊架等。

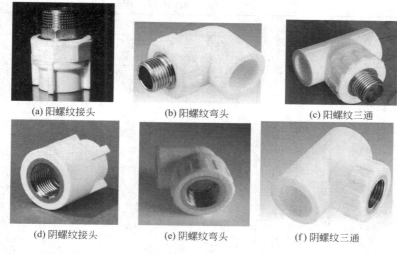

(a) 阳螺纹接头　　　　　(b) 阳螺纹弯头　　　　　(c) 阳螺纹三通

(d) 阴螺纹接头　　　　　(e) 阴螺纹弯头　　　　　(f) 阴螺纹三通

图 8-26　聚丙烯管件

　　固定支架用于管道上不允许有任何位移的地方。固定支架要设置在牢固的房屋结构或专设的结构物上。为防止管道因受热伸长而变形和产生应力，均采取分段设置固定支架，在两个固定支架之间采取补偿器自然补偿的技术措施。固定支架与补偿器相互配套，才能使管道热伸长变形产生的位移和应力得到控制，以满足管道安全要求。固定支架除承受管道的重力（自重、管内介质质量及保温层质量）外，一般还要受到以下三个方面的轴向推力：一是管道伸长移动时活动支架上的摩擦力产生的轴向推力；二是补偿器本身结构或自然补偿管段在伸缩或变形时产生的弹性反力或摩擦力；三是管道内介质压力作用于管道，形成对固定支架的轴向推力。因此，在安装固定支架时一定要按照设计的位置和制造结构进行施工，防止由于施工问题出现固定支架被推倒或位移的事故。

　　滑动支架和一般吊架是用在管道无垂直位移或垂直位移极小的地方，其中吊架用于不便安装支架的地方。支、吊架的间距应合理担负管道荷重，并保证管道不产生弯曲。滑动支架、吊架的最大间距见表 8-9。在安装中，应按施工图等要求施工，考虑到安装具体位置的便利，支架间距应小于表 8-9 的规定值。

表 8-9　滑动支架、吊架的最大间距

管道外径×壁厚/mm	不保温管道/m	保温管道/m		
		岩棉毡 $\rho=100kg/m^3$	岩棉花管壳 $\rho=150kg/m^3$	微孔硅酸钙 $\rho=250kg/m^3$
25×2	3.5	3.0	3.0	2.5
32×2.5	4.0	3.0	3.0	2.5
38×2.5	5.0	3.5	3.5	3.0
45×2.5	5.0	4.0	4.0	3.5
57×3.5	7.0	4.5	4.5	4.0
73×3.5	8.5	5.0	5.0	4.5
89×3.5	9.5	6.0	6.0	5.5
108×4	10.0	7.0	7.0	6.5
133×4	11.0	8.0	8.0	7.0
159×4.5	12.0	9.0	9.0	8.5
219×6	14.0	12.0	12.0	11.0
273×7	14.0	13.0	13.0	12.0
325×8	16.0	15.5	15.5	14.0
377×9	18.0	17.0	17.0	16.0
426×9	20.0	18.5	18.5	17.5

　　为减少管道在支架上位移时的摩擦力，对滑动支架，可采用在管道支架托板之间垫上摩擦系数小的垫片，或采用滚珠支架、滚柱支架。滚珠支架和滚柱支架结构较复杂，一般用在介质温度高和管径较大的管道上。

　　导向滑动支架也称为导向支架，它是只允许管道做轴向伸缩移动的滑动支架，一般用于套筒补偿器、波纹管补偿器的两侧，确保管道中心线位移，以便补偿器安全运行。在方形补偿器两侧 $10R\sim 15R$ 距离处（R 为方形补偿器弯管的弯曲半径），宜装导向支架，以避免产生横向弯曲而影响管道的稳定性。在铸铁阀件的两侧，一般应装导向支架，使铸件少受弯矩作用。

　　弹簧吊架用于管道具有垂直位移的地方，它是用弹簧的压缩或伸长来吸收管道垂直位移的。

　　支架安装在室内要依靠砖墙、混凝土柱、梁、楼板等承重结构用预埋支架或预埋件和支架焊接等方法加以固定。

第9章
水工操作技能

9.1 给水排水系统与地暖安装操作技能

9.1.1 水路走顶和走地的优缺点

水管最好走顶不走地，因为水管安装在地上，要承受瓷砖和人在上面的压力，有踩裂水管的危险。另外，走顶的好处在于检修方便，具体优缺点如下。

（1）**水路走顶** 优点：地面不需要开槽，万一有漏水可以及时发现，避免祸及楼下。

缺点：如果是PP-R管的话，因它的质地较软，所以必须吊攀固定（间距标准60cm）。需要在梁上打孔，加之电线穿梁孔及有的中央空调开孔，对梁体有一定损害。一般台盆、浴缸等出水高度比较低，这样管线会比较长，对热量有损失。

（2）**水路走地** 优点：开槽后的地面能稳固PP-R管，水管线路较短。

缺点：需要在地面开槽，比较费工。跟地面电线管会有交叉。万一发生漏水现象，不能及时发现，对施工要求较高。

（3）**先砌墙再水电** 优点：泥工砌墙相当方便，墙体晾干后放样比较准确，线盒定位都可以由电工一次统一到位。

缺点：泥工需要两次进场施工，会增加工时。材料也需要进场两次比较麻烦。

(4) 先水电再砌墙 优点：砌墙后马上就可进行水电作业，工期紧凑，泥工一次进场即可。

缺点：林立的管线会妨碍泥工砌墙，并影响墙体牢固度，底盒也只能由泥工边施工边定位。由于先水电后砌墙，缩短了墙体晾干期，有时会影响后期的油漆施工。

9.1.2 水路改造的具体注意事项

① 施工队进场施工前必须对水管进行"打压"测试（打 1MPa 水压 15min 测试，如压力表指针没有变动，则可以放心改水管了，反之则不得改管，必须先通知"管理处"，让"管理处"进行检修处理，待"打压"正常后，方可进行改管）。

② 打槽不能损坏承重墙和地面现浇部分，可以打掉批荡层，承重墙上如需安装管路，不能破坏内面钢筋结构。

③ "水"改造完毕，需对水路再次进行打压试验，打压正常后，用水泥砂浆进行封槽。埋好水管后的水管加压测试也是非常重要的。测试时，大家一定要在场，而且测试时间至少在 30min 以上，条件许可的，最好一个小时。1MPa 加压，最后没有任何减少方可测试通过。

④ 冷热水管间的距离在用水泥瓷砖封之前一定要是 15cm，而且一定要平行（现在大部分电热水器、分水龙头冷热水上水间距都是 15cm，也有个别的是 10cm）。如果已经买了，最好装上去，等封好后再卸下来。冷、热水上水管口高度一致。

⑤ 冷、热水上水管口垂直墙面，以后贴墙砖也应注意别让瓦工弄歪了，不垂直的话以后安装非常麻烦。

⑥ 冷、热水上水管口应该高出墙面 2cm，铺墙砖时还应该要求瓦工铺完墙砖后，保证墙砖与水管管口在同一水平面上。尺寸不合适的话，以后安装电热水器、分水龙头等，很可能需要另外购买管箍、螺母等连接件才能完成安装。

⑦ 水管一般市场上普遍用的是 PP-R 管、铝塑管、镀锌管等，而家庭改造水路（给水管）最好用 PPR 管，因为它采用热熔接连接，使用年限可达 50 年。

⑧ 建议所有水龙头都装冷热水管，因为事后想补救超级困难。

⑨ 阳台上如果需要可增加一个洗手池，装修要预埋水管。阳台的水管一定要开槽走暗管，否则阳光照射，管内易生微生物。

⑩ 有的小区是承重墙钢筋较多较粗，不能把钢筋切断，如果业主水改时，考虑后期还会增添一些东西，需要用水，那么可以多预留一两个出水口，当需要用时，安装上水龙头即可。

⑪ 水管的安排除了走向，还要注意埋在墙里接水龙头的水管的高度，否则会影响比如热水器、洗衣机的安装高度。

注意：浴缸和花洒的水龙头所连接的管子是预埋在墙里的，尺寸要准确，不要到时候装不上。如果能先装水龙头，就应先装上。

一般情况安装水管前不用把水龙头和台盆、水槽都买好，只要确定哪里是台盆水龙头、浴缸水龙头、洗衣机水龙头就行了，99%的水龙头和落水都是符合国际规范的，只要工人不粗心，都没事。如果自己做台盆柜，台盆需要提前买好，或看好尺寸。水槽在量台面前确定好尺寸，装台面前买好就行了。

⑫ 水管尽量不要从地上走，要在顶上走，将来维修时比较方便，如果走地面，铺上瓷砖后很难维修，有时还需要地面开槽，包括做防水等等。

⑬ 冷水管在墙里要有 1cm 的保护层，热水管是 1.5cm，因此槽要开得深点。

⑭ 地面如果有旧下水管，一般铺设新的，不要节省，以保安全。

⑮ 加管子移动下水道口的话，在新管道和旧下水道入口对接前应该检查旧下水道是否畅通（可先疏通一下避免日后麻烦）。

⑯ 虽然水管及管件本身没有质量问题，但是冷水管和热水管都有可能漏水。冷水管漏水一般是水管和管件连接时密封没有做好；热水管漏水除密封没有做好外，还可能是密封材料选用不当。

⑰ 水暖施工时，为了把整个线路连接起来，要在锯好的水管上套螺纹，如果螺纹过长，在连接时水管旋入管件（如弯头）过深，就会造成水流截面变小，水流也就小了。

⑱ 连接主管到洁具的管路大多使用蛇形软管。如果软管质量

低劣或水暖工安装时把软管拧得过紧，使用不了多长时间就会使软管爆裂。

⑲ 安装马桶时底座凹槽部位没有用油腻子密封，冲水时就会从底座与地面之间的缝隙溢出污水。

⑳ 装修完工的卫生间，洗面盆位置经常会移到与下水入口相错的地方，买洗面盆时配带的下水管往往难以直接使用。安装工人为图省事，一般又不做S弯，洗面盆与下水管道直通，造成洗面盆下水时返异味，所以必须做S弯。

㉑ 家庭居室中除了厨房、卫生间中的上下水管道之外，每个房间的暖气管其实更容易出现问题。由于管道安装不易检查，因此所有管道施工完毕后，一定要经过注水、加压检查，没有跑、冒、滴、漏才算过关，防止管道渗漏造成麻烦。

㉒ 家里到水管一般4分水管就足够了（一般水管出口都是4分标准接口），如果是别墅或楼房的高层，有可能水压小，才需要考虑是不是用6分管。

㉓ 一般水路改造公司，都是从水表之后全房间改造，一般不做局部改造，因为全部的水管改造他们成本才划得来，同时以后出现问题也好分清责任。

㉔ 水路改造前算好应该留出来多少个接头，一般坐便器的位置需要留一个冷水管出口，脸盆、厨房水槽、淋浴或浴缸的位置，都需要留冷热水两个出口。需要注意的是不要出口留少了或者留错了。

㉕ 如果水管出水的位置改变了，那么相应的下水管也需要改变。

㉖ 水路改造涉及上水和下水，有些需要挪动位置的，包括水表位置，出水口位置、下水管位置等，都最好在准备改造前咨询一下物业有什么是能动的，有什么是不能动的。决定要在墙上开槽走管的话，最好先问问物业走管的地方能不能开槽，要是不能，最好想好其他方法。

㉗ 给洗澡花洒龙头留的冷热水接口，安装水管时一定要调正角度，最好把花洒提前买好，试装一下。尤其注意在贴瓷砖前把花洒先简单拧上，贴好砖以后再拿掉，到最后再安装，防止出现贴砖

时已经把水管接口固定了，而因为角度问题装不上再刨砖的麻烦。

㉘ 给马桶留的进水接口，位置一定要和马桶水箱离地面的高度适配，如果留高了，到最后装马桶时就有可能冲突。

㉙ 卫生间除了给洗衣机留好出水龙头外，最好还能留一个水龙头接口，这样以后想接点水浇花什么的方便。这个问题也可以通过购买带有出水龙头的花洒来解决。

㉚ 卫生间下水改动时要注意是采用柜盆、柱盆还是半挂盆，柜盆原位不动下水不用改动，柱盆要看距离墙面多远可能需要向墙面移动一些，半挂悬盆需要改成入墙的下水，还有就是如果用洗衣机要考虑洗衣机的下水位置，避免洗衣机排水造成前面的地漏反灌。

㉛ 洗手盆处，要是安装柱盆，注意冷热水出口的距离不要太宽，要不装了柱盆，柱盆的那个柱的宽度遮不住冷热水管，从柱盆的正面看，能看到两侧有水管。

㉜ 建议在所有下水管上都安装地漏，不要图一时方便把下水管直接插到下水道里。因为下水道的管径大于下水管，时间长了怪味会从缝隙里冒出来，夏天还可能有飞虫冒出。如果已经安装好浴室柜，并且没有地漏，那么可以在下水管末端捆绑珍珠棉（包橱柜、木门的保护膜）或者塑料袋，然后塞进下水道中，与地面接缝处打玻璃胶进行封堵，杜绝反味和飞虫困扰。

㉝ 水电路不能同槽，水管封槽采用水泥砂浆，水管暗埋淋浴口冷热水口距离 15cm 且要水平，水口距基础墙面突出 2cm 或 2.5cm（视墙体的平整度），水管封槽后一定不能比周边墙面凸出，否则无法贴砖。

㉞ 水电开槽一般都是以能埋进管路富裕一点为准，开槽深度一般在 6～2.5cm（这样才能把水管或者线管埋进墙里不致外露，便于墙面处理），开槽宽度视所埋管道决定，但最宽最好不超过 8cm，不然会影响墙体强度，电路有 20 和 16 的管路，水路有 20mm 和 25mm 的管路。碰到钢筋第一点就是先考虑避让，换位，如果实在避横钢筋需砸弯但不能切断，要是竖钢筋一般移一点位置就能避让开，所有主钢筋都不能切断。开槽一定不能太深，老房子，尤其是砖混结构的老房子，一旦开槽深了，很容易造成大面积

的墙皮脱落。

9.1.3　水管改造敷设的操作技能

（1）**定位**　首先要根据需要进行水路定位，比如，哪里是水盆、哪里是热水器、哪里是马桶等，水工会根据你的要求进行定位。

（2）**开槽、打孔**　定位完成后，水工根据定位和水路走向，开布管槽。管槽很有讲究，要横平竖直，不过，规范的做法是，不允许开横槽，因为会影响墙的承受力。开槽深度，冷水埋管后的批灰层要大于1cm，热水埋管后的批灰层要大于1.5cm，当有需要过墙时，可用电锤和电镐开孔，如图9-1所示。

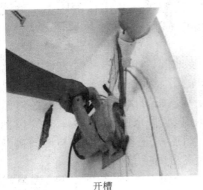

开槽　　　　　　　　　　　　　　开孔

图9-1　开槽开孔过程示意图

（3）**布管**　根据设计过程裁切水管，并用热熔枪接管后将水管按要求放入管槽中，并用卡子固定，如图9-2所示。

在布管过程中，冷热水管要遵循左热右冷、上热下冷的原则进行安排。水平管道管卡的间距，冷水管不大于60cm，热水管不大于25cm。

（4）**接头**　安装水管接头时，冷热水管管头的高度应在同一个水平面上，可用水平尺进行测量，如图9-3所示。

（5）**封接头**　水管安装好后，应立即用管堵把管头堵好，不能有杂物掉进去，如图9-4所示。

(a) 热熔枪接管固定管路

(b) 排布墙壁管

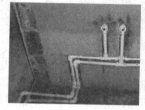
(c) 地管与墙壁管连接

(d) 水走顶部布管连接

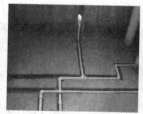
(e) 水走地路布管连接

(f) 卫生间整体布管全貌

图 9-2 布管过程

图 9-3 固定安装管接头

图 9-4　封接头

(6) 打压试验　水管安装完成后要进行打压测试，打压测试就是为了检测所安装的水管有没有渗水或漏水现象，只有经过打压测试，才能放心封槽。打压时应将管路中先灌满水，再连接打压泵，用打压泵打压，如图 9-5、图 9-6 所示。

图 9-5　用软管接好冷热水管密封接头

图 9-6　连接打压泵　　　　图 9-7　打压压力表

打压测试时，打压机的压力一定要达到 0.6MPa 以上，等待 20～30min 以上，如果压力表（见图 9-7）的指针位置没有变化，就说明所安装的水管是密封的，再重点检查各接头是否有渗水现象，如果没有就可以放心封槽了。

注意：水施工中如果有渗水现象，哪怕很微弱，也一定要坚持返工，绝对不能含糊！

9.1.4 下水管道的安装

安装水路管道，有时需要改造安装下水管道，可如图 9-8～图 9-10 所示进行安装。

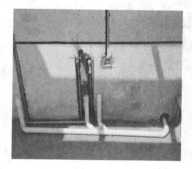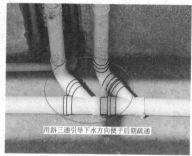

图 9-8 斜三通

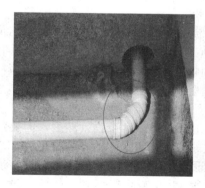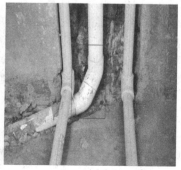

图 9-9 45°转角

（1）**斜三通安装**　连接时用上斜三通既引导下水方向，又便于后期疏通。

（2）**转角安装**　转角处用 2 个斜 45°的转角也是为了下水顺畅和方便疏通，如图 9-9 所示。

（3）**返水弯的制作连接**　连接落水管（洗衣机、墩布池）考虑返水弯，以防臭气上冒，如图 9-10 所示。

图 9-10　返水弯

9.1.5　地暖的安装

地暖采暖"温足凉顶"，舒适自然，近年来，地暖作为公认的最舒适的采暖系统已经走进了千家万户中。所谓"三分产品，七分安装"，地暖采暖的舒适度跟它的安装工艺也有很大关系，下面就以图文的形式讲解地暖的正确安装。

（1）**绘制地暖敷设施工图**　在敷设地暖之前，要根据房屋结构及用户的要求绘制施工图。在绘制施工图时要注意，各房间光照及平时的气温要合理考虑，如阳面的房间管路比阴面房间管路可以适当短一些，以保证整个房间采暖良好。地暖布局施工图如图 9-11 所示。

（2）**整平地面**　地暖正式开始铺设之前，要先将室内的地面清理干净，保证地面的平整，排除地面的凹凸和杂物。然后，需要对整个家进行实地考察，确定壁挂炉以及分集水器的安装位置。

（3）**安装主水管**　在敷设地暖之前要把主水管管道敷设好，地暖主水管必须使用热水管，可使用 PP-R 或者铝塑管，严格按设计图纸走管，安装平直整齐，如图 9-12 所示。

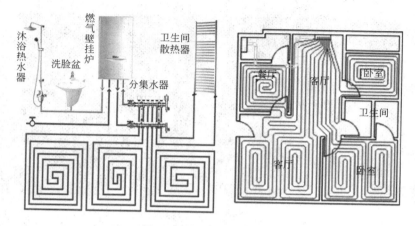

图 9-11 地暖布局施工图

图 9-12 主管道敷设

（4）**安装温控线** 在安装地暖时，有时需要安装温控线，所以应先在安装分集水器的地方开槽，隐埋温控线，并将相关温控线放到其周围，以便连接。如果是用采暖炉直接控制炉内水温的，可不做此步骤。温控线的安装如图 9-13 所示。

（5）**铺设保温层** 为了防止温度通过楼板散热，必须在楼板上敷设保温层。保温板铺设要平整，切割整齐，相互连接要紧密，整

图 9-13　安装温控线

板放在四周，切割板放在中间，并注意保温板的平整度，高差不允许超过±5mm，缝隙不大于 5mm。

（6）**铺设反射膜**　反射膜铺设一定要平整，不得有褶皱。遮盖严密，不得有漏保温板或地面现象。反射膜方格对称整洁，不得有错格现象发生，反射膜之间必需用透明胶带或铝箔胶带粘贴。优质的反射膜和规范的铺设可反射 99% 的热量。

（7）**铺设地暖管**　地暖管应按设计图纸标定的管间距和走向敷设，应保持平直，并用塑料卡钉按照图纸将管材固定于挤塑板上或用绑带固定在钢丝网上。安装间断或完毕时，敞口处应随时封堵。地暖管切割，应采用专用工具；切口应平整，断口面应垂直管轴线。地暖管的铺设如图 9-14 所示。

（8）**安装分集水器**　将组装好的分集水器按照预先根据用户家中实际情况确定的位置和标高，平直、牢固地紧贴于墙壁，并用膨胀螺栓固定好。为防止热量流失，必须要为分集水器到安装房间的这段管道套上专用保温套。将套好保温套的管道连接到分集水器处，并把管道的一头连在它的温控阀门上。管道铺好之后，把管道的这头套上再传回分集水器固定好。分集水器的安装如图 9-15 所示。

（9）**管路水压测试**　地暖管铺设好之后，要对其进行水压试验。首先对管道进行水压冲洗、吹扫等，保证管道内无异物，然后从注水排气阀注入清水，试验压力为工作压力的 1.5～2 倍，但不

图 9-14 铺地暖管

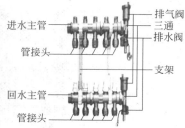

图 9-15 安装分集水器

小于 0.6MPa，稳压 1h 内压力降不大于 0.05MPa，且不渗不漏为合格，如图 9-16 所示。

图 9-16 打压试验

（10）回填找平地面 当压力正常无泄漏后可回填细石混凝土，全部采用人工抹压密实，要保持整个屋子的水平线必须在一个高度，不得出现钢丝网外露现象。铺设混凝土时，在门口、过道、地漏等位置必须做好记号，防止后期施工中不当行为破坏地暖管道。回填混凝土如图 9-17 所示。

图 9-17 回填混凝土

（11）安装壁挂炉 此步骤一般是在房屋装修完成后进行，安装时根据壁挂炉尺寸及安装前预留尺寸、烟道位置，校准正确位置后再安装壁挂炉。壁挂炉底下接口采用软管连接，注意水管安装要正确。壁挂炉的安装如图 9-18 所示。

（12）系统验收 地暖施工完毕后，要让用户对整个地暖系统进行验收，验收分为材料验收、施工验收和调试验收，最后由业主亲自确认签字。

图 9-18　安装壁挂炉

9.2　洗浴用具的安装

9.2.1　花洒的安装

　　花洒现在已经是日常生活中离不开的洗浴用具，几乎每天都要使用，下面讲解淋浴花洒的安装方法。

　　① 在混水阀和花洒升降杆的对比下，用尺子测量好安装孔，再用黑笔描好孔距尺寸，如图 9-19 所示。

　　② 用钻孔机按照之前描好的尺寸进行钻孔，安装入 S 形接头，这种接头可以调节方向，方便与花洒龙头的连接。接头要缠生胶带，圈数不能少于 30 圈，可以防止水管漏水。安装好花洒升降座和偏心件，再盖上装饰盖，如图 9-20 所示。

　　③ 安装花洒的整个支架。取出花洒龙头，把脚垫套入螺母内，然后与 S 形接头接上，用扳手将螺母充分拧紧。用水平尺测量龙头是否安装水平。安装花洒龙头前，必须先安装好滤网。滤网可以过滤水流带来的砂石，虽然可能会出现堵塞，但可保护龙头最重要的部件阀芯不受砂石摩擦的损害。安装花洒支架如图 9-21 所示。

　　④ 将小花洒的不锈钢软管与转换开关连接好，用手固定软管另一端与小花洒连接好，如图 9-22 所示。

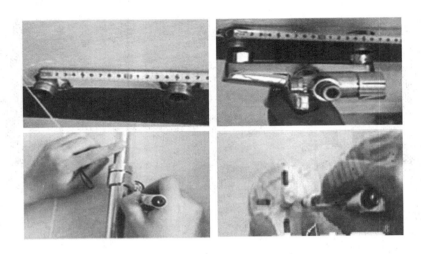

图 9-19　做好安装标记

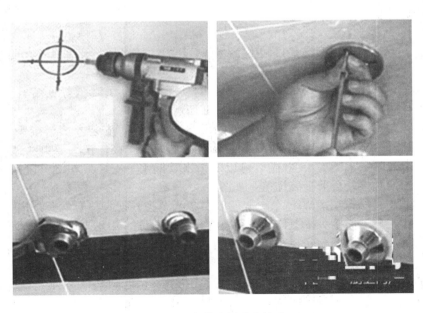

图 9-20　安装花洒进水接头

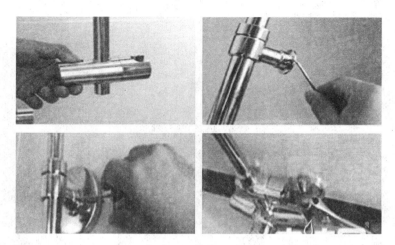

图 9-21　安装花洒支架

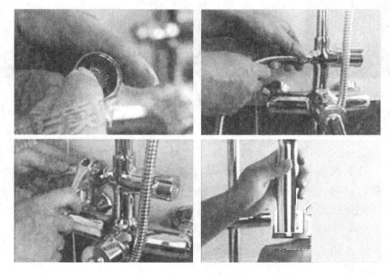

图 9-22　安装软管

⑤ 将顶喷与支架顶端连接好，用扳手进行固定，安装后的效果图如图9-23所示。

⑥ 业主验收：摇晃花洒杆检查是否牢固，开关转换是否顺畅，

检查水管是否漏水。

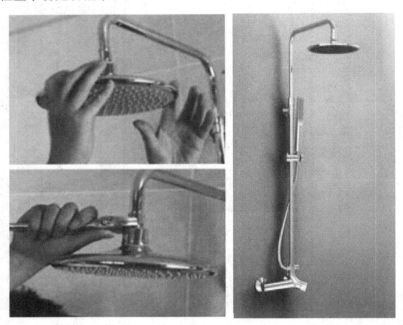

图 9-23 安装顶喷及安装后的效果图

注意事项:

① 花洒应根据业主的实际需要进行安装:确定花洒安装高度时,安装人员根据业主现场的试用情况,确定最适宜的高度,方便业主日后的使用。一般淋浴花洒的龙头距地面最好为 1m。安装升降杆花洒头的高度最好为 2m,这个距离刚好让出水覆盖全身,水流强度大小适宜。移动花洒柄的安装高度通常是 1.7m,需要依据使用者身高做相应调整,最合适的距离是人站在地面上,稍微伸手就能拿到花洒柄,否则太高,垫脚拿花洒则容易站不稳,出现安全事故。

② 冷热水的孔距和高度:一般市场上的淋浴龙头的冷热水中心孔距是 15cm 的,里面都会带着两个 S 接头,可以适当地调整距离,误差不能超过 1cm。冷热水的高度一定要做得一样高。用水平

尺测量龙头是否安装水平。

③ 用布保护龙头：拧紧水龙头时，细心的人会用比较厚的布料或塑料薄膜包在水龙头的螺母处，防止水龙头被扳手刮花。

④ 安装前，最好能放一下管道里面的水，冲洗一下管道。因为新装修的管道里面杂质比较多，甚至于有不少细沙子，要是装上直接拿花洒放水，可能导致这些杂质直接到了花洒的内部，有些就不好清洗了，影响花洒的出水效果。

⑤ 安装完毕清理现场灰尘：在安装过程中难免会产生一些灰土杂尘，应在安装工作全部完成后，予以清理，保证现场清洁，并可用水冲洗一遍。

9.2.2　储水式电热水器的安装

(1) 储水式电热水器安装步骤

① 安装位置：确保墙体能承受两倍于灌满水的热水器重量，固定件安装牢固；确保热水器有检修空间。

② 水管连接：热水器进水口处（蓝色堵帽）连接一个泄压阀，热水管应从出水口（红色堵帽）连接。在管道接口处都要使用生料带，防止漏水，同时安全阀不能旋得太紧，以防损坏。如果进水管的水压与安全阀的泄压值相近时，应在远离热水器的进水管道上安装一个减压阀。热水器的安装效果图如图9-24所示。

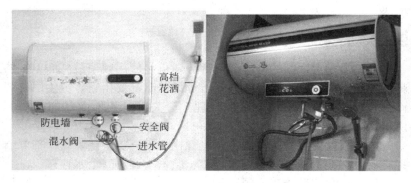

图9-24　热水器的安装效果图

③ 电气接地：热水器应可靠接地。每台商用电热水器应安装

带过载保护和漏电保护的空气开关。在热水器没有充满水之前，不得使热水器通电。

④ 充水：所有管道连接好之后，打开水龙头或阀门，然后打开热水将热水器充水，排出空气直到热水龙头有水流流出，表明水已加满。关闭热水龙头，检查所有的连接处是否有漏水现象。如果有漏水，排空水箱，修好漏水连接处，然后重新给热水器充水。

（2）储水式电热水器安装注意事项

① 储水式电热水器安装是否合格，关系到家人的安全问题，因此在安装储水式电热水器的时候，一定要请专业的工人上门安装，有什么疑问一定要详细询问。

② 普通功率比拟大，对线路请求高，需求大功率插座和电线；假如是还没开始装修的新房，可在卫生间装备特制接地线，而若是老房，则不能选择此种热水器。

③ 储水式电热水器装置时需考虑卫生间面积，并装置在承重墙上。

④ 一般 100L 以下的可以直接悬挂在墙上（前提是那面墙质量一定要好）。悬挂的位置距离地面一定要在 2m 以上，而且与安装插座要尽量远离，并且反方向安装在使用花洒的方向，这样可以避免使用热水器过程中水溅到插座或者电源线的保护器。最好是在插座那里安装个防水罩，可防止水雾气进入插座或者淋湿漏电保护器。

9.2.3 面盆及下水安装

洗脸池是卫生间的基本组成部分，也是使用频率最高的卫生洁具，洗脸、刷牙、洗手及一些经常性的洗漱都要用它，卫生间要装修得实用、美观，对洗脸池的处理十分关键。各种面盆如图 9-25所示。

（1）面盆安装施工流程 膨胀螺栓插入→捻牢→盆管架挂好→把脸盆放在架上找平整→下水连接：脸盆→调直→上水连接。

（2）面盆安装施工要领

① 洗涤盆产品应平整无损裂。排水栓应有不小于 8mm 直径的溢流孔。

图 9-25 各种面盆

② 排水栓与洗涤盆镶接时排水栓溢流孔应尽量对准洗涤盆溢流孔以保证溢流部位畅通，镶接后排水栓上端面应低于洗涤盆底。

③ 托架固定螺栓可采用不小于 6mm 的镀锌地脚螺栓或镀锌金属膨胀螺栓，如墙体是多孔砖，则严禁使用膨胀螺栓。

④ 洗涤盆与排水管连接后应牢固密实，且便于拆卸，连接处不得敞口。洗涤盆与墙面接触部应用硅膏嵌缝。

⑤ 如洗涤盆排水存水弯和水龙头是镀铬产品，在安装时不得损坏镀层。

(3) 卫生间面盆安装

① 安装洗脸盆：安装管架洗脸盆，应按照下水管口中位画出竖线，由地面向上量出规定的高度，在墙上画出横线，根据脸盆宽度在墙上画好印记，打直径为 120mm 深的孔洞。用水冲净洞内砖渣等杂物，把膨胀螺栓插入洞内，用水泥捻牢，脸盆管架挂好，螺栓上套胶垫、眼圈，带上螺母，拧至松紧适度，管架端头超过脸盆固定孔。把脸盆放在架上找平整，将直径 4mm 的螺栓焊上一横铁棍，上端插入固定孔内，下端插入管架子内，带上螺母，拧至松紧适度。

② 安装铸铁架脸盆：应按照下水管口中心画出竖线，由地面向上量出规定的高度，画一横线成十字线，按脸盆宽度居中在横线上画出印记，再各画一竖线，把盆架摆好，在螺孔位置画一个直径 15mm、长 70mm 的孔洞。铅皮卷成卷放入洞内，用长螺钉将盆架固定在墙上，把脸盆放于架上，将活动架的螺栓旋开，拉出活动架，将架勾勾在脸盆孔内，再拧紧活动架螺钉，找平找正即可。

(4) 水龙头安装 水龙头的安装流程如图 9-26 所示。

第一步：取出龙头,检查所有的配件是否齐全：橡胶垫圈2个、螺纹接头1个、套筒1个、进水软管2根。安装前务必清除安装孔周围及供水管道中的污物,确保进水管路内无杂质。为保护龙头表层不被刮花,建议戴着手套进行安装。

第二步：取出塑胶垫圈,垫圈用于缓解龙头金属表面与陶瓷盆接触的压力,保护瓷盆。然后插入一根进水管,并旋紧。

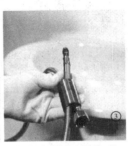

第三步：把螺纹接头穿入第一根进水软管,然后再把第二根进水软管进水端穿过螺纹接头。

第四步：把第二根进水软管旋入进水端口,注意方向正确,用力均衡然后再旋紧螺纹接头。

第五步：把两根进水软管穿入白色胶垫中。

第六步：套上锁紧螺母以固定龙头。乐谷独有的快速安装方式,区别于普通锁紧螺母需要一圈一圈拧紧,费时费力的锁紧方式,只需轻轻水平向上一推,简单快捷无须花大力气。

第七步：然后将套筒拧紧即可。

第八步：分别锁紧两根进水管与角阀接口,切勿用管钳全力扳扭,以防变形甚至扭断。注意冷热水的连接。用进水管的另一端连接出水角阀,乐谷专用进水管内部已经装置有密封胶圈。无需再用缠绕密封胶带,牢固又方便。

图 9-26　水龙头安装流程图

(5) 安装下水器

① 拿出下水器，把下水器下面的固定件与法兰拆下，如图 9-27 所示。

图 9-27 拆开法兰

② 拿起台盆，把下水器的法兰拿出并扣紧在盆上，如图 9-28 所示。

 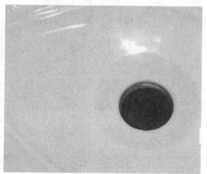

图 9-28 安装法兰圈

③ 法兰旋紧后，把盆放平在台面上。在下水器适当位置缠绕上生料带，防止渗水。把下水器对准盆的下水口放进去，如图 9-29 所示。

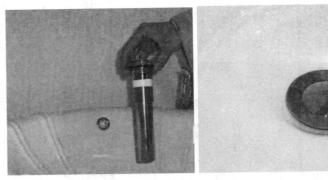

图 9-29 放入下水器

④ 把下水器的固定器拿出，拧在下水器上，用扳手把下水器固定紧，如图 9-30 所示。

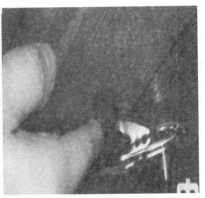

图 9-30 紧固下水器

⑤ 在盆内放水测试，检查是否下水漏水，如图 9-31 所示.

9.2.4 坐便器安装

① 检查坐便器的所有部件及水件，并检查排水按钮连接杆是否调节合适，如不合适可以调节其长短，直到按下的力度和手感感觉舒适为止，如图 9-32 所示。

图 9-31 放水试验

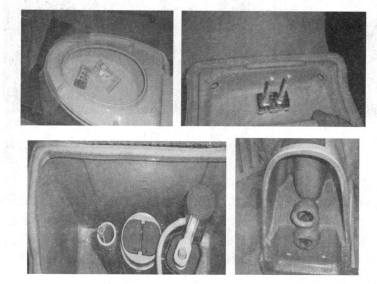

图 9-32 检查部件

② 不同的坐便器底部构造不同，底座孔有单孔构造和双孔构造，要是双孔构造可适用于 300～400mm 的地漏管，双孔需要根据安装尺寸封死一孔，可直接打玻璃胶封堵，如图 9-33 所示。

③ 切割下水管：首先根据坐便器的情况确定下水口预留高度，多余的要切掉，如图 9-34 所示。

图 9-33　封堵玻璃胶

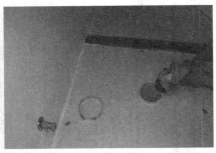

图 9-34　切割下水管

④ 安装密封圈：坐便器安装必须配备法兰，防止坐便器漏水和反味，在安装时可以直接安装打胶。普通牛油法兰时间一长就化了，容易导致密封失效，所以建议用塑胶类的。在安装法兰之前应先将坐便器放在下水试验，并画好标记，以便正式安装时定位准确。把法兰套到坐便器排污管上小心对准下水管，平稳放下，这时候，下水管的管壁就会插到法兰的黏性胶泥里，起到密封作用，如图 9-35 所示。

⑤ 安装角阀和软管：如图 9-36 所示，将角阀和软管接口用扳手拧紧，然后安装或调试水箱配件，如图 9-36 所示。先检查自来水管，放水 3～5min 冲洗管道，以保证自来水管的清洁；再安装角阀和连接软管；然后将软管与安装的水箱配件进水阀连接并按通水源，检查进水阀进水及密封是否正常，检查排水阀安装位置是否灵活，有无卡阻及渗漏，检查有无漏装进水阀过滤装置。

图 9-35 安装密封圈

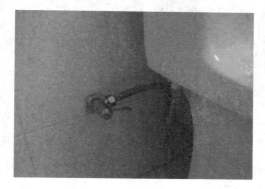

图 9-36 安装角阀和软管

⑥ 安装坐便器盖：将坐便器固定后灌水试验，安装后接通水源，检查进水阀进水及密封是否正常，检查排水阀与安装位置是否相互对应，安装是否紧密，有无渗漏，检查按钮开关链条长短是否合适、开关是否灵活，有无卡堵，检查有无漏装进水阀过滤装置。没有漏水现象时安装盖板，如图 9-37 所示。

图 9-37 安装坐便器盖

⑦ 打胶稳固坐便器：坐便器盖安好后给坐便器周围打胶，一般使用玻璃胶即可。这一步非常重要，不仅起到稳固坐便器的作用，还能进一步防止漏网的异味从坐便器释放出来，所以要在四周打满，如图 9-38 所示。

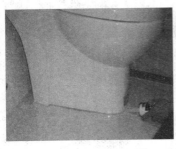

图 9-38　用玻璃胶加固

注意：坐便器安装好以后三天不能使用，以目前的水泥或玻璃胶凝固速度至少也需要一天的时间不能使用，以免影响其稳固。

参 考 文 献

［1］ 徐第等. 安装电工基本技术. 北京：金盾出版社，2001.
［2］ 白公，苏秀龙. 电工入门. 北京：机械工业出版社，2005.
［3］ 王勇. 家装预算我知道. 北京：机械工业出版社，2008.
［4］ 张伯龙. 从零开始学低压电工技术. 北京：国防工业出版社，2010.

化学工业出版社专业图书推荐

ISBN	书　　名	定价
28866	电机安装与检修技能快速学	48
28459	一本书学会水电工现场操作技能	29.8
28479	电工计算一学就会	36
28093	一本书学会家装电工技能	29.8
28482	电工操作技能快速学	39.8
28480	电子元器件检测与应用快速学	39.8
28544	电焊机维修技能快速学	39.8
28303	建筑电工技能快速学	28
28378	电工接线与布线快速学	49
25201	装修物业电工超实用技能全书	68
27369	AutoCAD 电气设计技巧与实例	49
27022	低压电工入门考证一本通	49.8
26890	电动机维修技能一学就会	39
26619	LED 照明应用与施工技术 450 问	69
26567	电动机维修技能一学就会	39
26330	家装电工 400 问	39
26320	低压电工 400 问	39
26318	建筑弱电电工 600 问	49
26316	高压电工 400 问	49
26291	电工操作 600 问	49
26289	维修电工 500 问	49
26002	一本书看懂电工电路	29
25881	一本书学会电工操作技能	49
25291	一本书看懂电动机控制电路	36
25250	高低压电工超实用技能全书	98
27467	简单易学 玩转 Arduino	89
27930	51 单片机很简单——Proteus 及汇编语言入门与实例	79
27024	一学就会的单片机编程技巧与实例	46
10466	Visual Basic 串口通信及编程实例（附光盘）	36
24650	单片机应用技术项目化教程——基于 STC 单片机（陈静）	39.8
20309	单片机 C 语言编程就这么容易	49

ISBN	书　　　　名	定价
20522	单片机汇编语言编程就这么容易	59
19200	单片机应用技术项目化教程（陈静）	49.8
19939	轻松学会滤波器设计与制作	49
21068	轻松掌握电子产品生产工艺	49
21004	轻松学会 FPGA 设计与开发	69
20507	电磁兼容原理、设计与应用一本通	59
20240	轻松学会 Protel 电路设计与制版	49
22124	轻松学通欧姆龙 PLC 技术	39.8
20805	轻松学通西门子 S7-300 PLC 技术	58
20474	轻松学通西门子 S7-400 PLC 技术	48
21547	半导体照明技术技能人才培养系列丛书（高职）——LED 驱动与智能控制	59
21952	半导体照明技术技能人才培养系列丛书（中职）——LED 照明控制	49
20733	轻松学通西门子 S7-200PLC 技术	49
19998	轻松学通三菱 PLC 技术	39
25170	实用电气五金手册	138
25150	电工电路识图 200 例	39
24509	电机驱动与调速	58
24162	轻松看懂电工电路图	38
24149	电工基础一本通	29.8
24088	电动机控制电路识图 200 例	49
24078	手把手教你开关电源维修技能	58
23470	从零开始学电动机维修与控制电路	88
22847	手把手教你使用万用表	78
22836	LED 超薄液晶彩电背光灯板维修详解	79
22829	LED 超薄液晶彩电电源板维修详解	79
22827	矿山电工与电路仿真	58
22515	维修电工职业技能基础	79
21704	学会电子电路设计就这么容易	58
21122	轻松掌握电梯安装与维修技能	78
21082	轻松看懂电子电路图	39
20494	轻松掌握汽车维修电工技能	58

ISBN	书 名	定价
20395	轻松掌握电动机维修技能	49
20376	轻松掌握小家电维修技能	39
20356	轻松掌握电子元器件识别、检测与应用	49
20163	轻松掌握高压电工技能	49
20162	轻松掌握液晶电视机维修技能	49
20158	轻松掌握低压电工技能	39
20157	轻松掌握家装电工技能	39
19940	轻松掌握空调器安装与维修技能	49
19939	轻松学会滤波器设计与制作	49
19861	轻松看懂电动机控制电路	48
19855	轻松掌握电冰箱维修技能	39
19854	轻松掌握维修电工技能	49
19244	低压电工上岗取证就这么容易	58
19190	学会维修电工技能就这么容易	59
18814	学会电动机维修就这么容易	39
18813	电力系统继电保护	49
18736	风力发电与机组系统	59
18015	火电厂安全经济运行与管理	48
16565	动力电池材料	49
15726	简明维修电工手册	78

欢迎订阅以上相关图书

图书详情及相关信息浏览：请登录 http://www.cip.com.cn

购书咨询：010-64518800

邮购地址：北京市东城区青年湖南街 13 号化学工业出版社 （100011）

如欲出版新著，欢迎投稿 E-mail：editor2044@sina.com